U0291926

砂浆实验及检测培训教材

郭群　陈晶　朱立德　赵青林　编著

中国建材工业出版社

图书在版编目（CIP）数据

砂浆实验及检测培训教材/郭群等编著. —北京：
中国建材工业出版社，2014.9
ISBN 978-7-80227-544-7

Ⅰ. ①砂⋯ Ⅱ. ①郭⋯ Ⅲ. ①砂浆-实验-技术培训
-教材②砂浆-检测-技术培训-教材　Ⅳ. ①TQ177.6

中国版本图书馆 CIP 数据核字（2014）第 183626 号

内 容 简 介

本书是中国建筑材料联合会培训中心和国家建材职业技能鉴定指导中心专用教材。根据职业技能鉴定要求和劳动力市场化管理需要，职业技能鉴定必须满足操作直观、项目明确、能力确定、水平相当且可操作性强的要求。因此，本书以标准要求为主线，从选择原料、配方设计及优化、性能检测，到质量控制、应用推广等方面进行详细讲解，为培训人员解析产品配方设计及优化的原理，同时也为大专院校学生、建筑施工人员及相关检测机构检测人员提供了查阅和学习的平台。

砂浆实验及检测培训教材

郭群　陈晶　朱立德　赵青林　编著

出版发行：**中国建材工业出版社**

地　　址：北京市西城区车公庄大街 6 号

邮　　编：100044

经　　销：全国各地新华书店

印　　刷：北京雁林吉兆印刷有限公司

开　　本：787mm×1092mm　1/16

印　　张：12.25

字　　数：304 千字

版　　次：2014 年 9 月第 1 版

印　　次：2014 年 9 月第 1 次

定　　价：**39.80 元**

本社网址：**www. jccbs. com. cn**　　　微信公众号：**zgjcgycbs**

广告经营许可证号：京西工商广字第 8143 号

本书如出现印装质量问题，由我社发行部负责调换。联系电话：**(010) 88386906**

本书编委会

主编：郭 群 陈 晶 朱立德 赵青林

参编：杨孟吉 段瑜芳 王友明 董峰亮

　　　彭 雪 李玉海 蔡文龙 何子明

前　言

随着建筑技术的飞速发展，预拌砂浆以其品质、效率、环保等方面的显著优越性，在国内建筑市场上应运而生。实现"城镇化"要求我们重新建设大量现代化、功能化的城镇，给建材行业带来了重大的商机以及巨大的发展空间，给砂浆行业带来了新的春天。

为加强对砂浆企业高级技术人才的培养，提升技术核心岗位人员的理论及实践水平，同时满足各地政府主管部门在预拌砂浆建厂资格审查、招投标和持证上岗等方面的要求，受中国建筑材料联合会培训中心和国家建材职业技能鉴定指导中心共同委托，我们组织专家学者编写了《砂浆实验及检测培训教材》这本书，奉献给广大砂浆从业人员。

根据职业技能鉴定要求和劳动力市场化管理需要，职业技能鉴定必须满足操作直观、项目明确、能力确定、水平相当且可操作性强的要求，因此，本书以标准要求为主线，从选择原料、配方设计及优化、性能检测，到质量控制、应用推广等方面进行详细讲解，为培训人员解析产品配方设计及优化的原理，同时也为大专院校学生、建筑施工人员及相关检测机构检测人员提供了查阅和学习的平台。

本书由建筑材料工业技术情报研究所教授级高级工程师郭群、建筑材料工业技术情报研究所工程师及《中国砂浆》杂志副主编陈晶、建筑材料工业干混砂浆产品质量监督检验测试中心副主任朱立德和武汉理工大学材料学院教授赵青林共同编著，杨孟吉、段瑜芳、王友明、董峰亮、彭雪、李玉海、蔡文龙、何子明等同志作为本书专家委员会成员，也参与了部分内容的编写。

本书还得到了中国建筑材料联合会培训中心常务副主任李江教授、建筑材料工业技术监督研究中心副主任李应权教授、中国建筑材料科学研究总院王武祥教授、国家建材职业技能鉴定指导中心孙倩女士、北京易隆盛兴新型建材有限公司总经理谌凡先生、《中国砂浆》杂志主编童程罡先生的大力支持，在此一并表示衷心的感谢。

同时感谢瓦克化学（中国）有限公司、北京易隆盛兴新型建材有限公司、北京名昂瑞祥科技有限公司、德高（广州）建材有限公司、凯诺斯（中国）铝酸盐技术有限公司、山东迈瑞克新材料有限公司、江苏兆佳建材科技有限公司、阿尔博波特兰（安庆）有限公司为本书提供了大量实验数据，使本书得以顺利完成。

本书还参考引用了国内外诸多专家、学者及有关企业公开发表的研究成果和技术数据，在此亦表示感谢。

由于编写时间仓促，书中疏漏及不妥之处，恳请广大读者给予谅解和指正。

《砂浆实验及检测培训教材》编委会

2014 年 7 月

China Building Materials Press

我们提供

图书出版、图书广告宣传、企业/个人定向出版、设计业务、企业内刊等外包、代选代购图书、团体用书、会议、培训，其他深度合作等优质高效服务。

编辑部	宣传推广	出版咨询	图书销售	设计业务
010-88385207	010-68361706	010-68343948	010-88386906	010-68343948

邮箱：jccbs-zbs@163.com　　网址：www.jccbs.com.cn

发展出版传媒　　服务经济建设

传播科技进步　　满足社会需求

目　　录

第一章 职业资格

职业资格是对从事某一职业所必备的学识、技术和能力的基本要求。职业资格包括从业资格和执业资格。

从业资格是指从事某一专业（工种）学识、技术和能力的起点标准。

执业资格是指政府对某些责任较大、社会通用性强、关系公共利益的专业（工种）实行准入控制，是依法独立开业或从事某一特定专业（工种）学识、技术和能力的必备标准。

职业资格分别由国务院劳动、人事行政部门通过学历认定、资格考试、专家评定、职业技能鉴定等方式进行评价，对合格者授予国家职业资格证书。从业资格通过学历认定或考试取得，执业资格通过考试方法取得。

1.1 职业技能鉴定

职业技能鉴定的本质是一种考试，具有考试所应有的共性特征：通过一定手段对人的心理素质、社会行为表现以及专业技能水平等方面，按一定参照系统进行检测、评估、考察或甄别，以便对人的各项表现作出比照性的评判或结论。

但是职业技能鉴定是专门以职业技能为着眼点的考试，因此，它又是一种具有特定内容，特定手段和特定目的的考试。与一般考试不同，它是以社会劳动者的职业技能为对象，以规定的职业标准为参照系统，以相关知识和实际操作的考核作为综合手段，为劳动者持证上岗和用人单位就业准入提供资格认证的活动。

根据我国的具体情况，可以将职业技能鉴定定义为，它是按照国家规定的职业标准，通过政府授权的考核鉴定机构，对劳动者的专业知识和技能水平进行客观公正、科学规范的评价与认证的活动。职业技能鉴定包括职业资格一级（高级技师）、职业资格二级（技师）、职业资格三级（高级）、职业资格四级（中级）和职业资格五级（初级）的资格考评。从这个角度说，按照某一职业要求，对劳动者的技能水平进行技术等级考核、录用考核、晋级考核等，都可以称之为职业技能鉴定。世界多数国家和地区都采用大致类似的方式开展职业资格认证。

职业技能鉴定是一项基于职业技能水平的考核活动，属于标准参照型考试。它是由考试考核机构对劳动者从事某种职业所应掌握的技术理论知识和实际操作能力作出客观的测量和评价。

职业技能鉴定的主要内容包括：职业知识、操作技能和职业道德三个方面。这些内容是依据国家职业（技能）标准、职业技能鉴定规范（即考试大纲）和相应教材来确定的，并通过编制试卷来进行鉴定考核。

1.2 职业技能鉴定的工作体系

1.2.1 职业技能鉴定的工作体系

从我国职业技能鉴定体系建立以来，到目前为止，已经形成了一个比较完整的工作体系，这个体系包括 4 个子系统和 11 个主要工作环节。

我国《劳动法》、《职业技能鉴定规定》、《职业资格证书规定》的颁布，奠定了职业技能鉴定工作及其机构的法律基础。同时，各地区和各行业也以此为依据，结合各自的实际，制定了地方性《职业技能鉴定实施方法》和行业性的《行业特有工种职业技能鉴定实施办法》等配套行政法规和技术管理文件。此外，劳动保障部为进一步推动职业技能鉴定工作的开展，会同有关部门制定并颁发了《关于进一步推动职业学校实施职业资格证书制度的意见》等，这样，从中央到地方和行业，初步建立起职业技能鉴定的法律、法规体系，形成了依法鉴定的良好局面。

1.2.2　国家职业分类和职业标准的技术体系

《中华人民共和国职业分类大典》是我国第一部系统地对职业进行科学分类的权威性文献，具有国家标准的权威性，填补了我国职业分类的一项空白，是职业技能鉴定体系的技术基础。在此基础上，劳动保障部组织有关专家，参照国际先进技术和经验，按照职业功能分析法，设计制定了国家职业标准技术规程，改造和调整了我国原有职业标准体系的模式，确定以职业活动为导向，以职业技能为核心的原则。职业技能鉴定中心按照这个技术规程，对原有的国家职业标准进行修订和开发，更新了原工人技术等级标准和职业技能鉴定规范，建立起动态的国家职业分类和职业标准体系。我国第一次职业分类工作的完成和新的国家职业标准的制定，为推行国家职业资格证书制度奠定了扎实的基础。

第二章　检验员管理

2.1　检验员岗位职责

1. 根据企业战略规划制定管理实施计划，确定公司质量方针，质量目标的实现。

2. 结合公司质量管理实际的产品质量标准，制定原材料、外协件、工序产品、成品检验规范，明确检验方式、检验程序及不良品处理的事项。

3. 把握品质控制重点，制定关键、特殊工序操作标准并协助相关部门人员执行。

4. 加强内外部协调沟通，负责顾客满意度信息的收集、汇总和分析，采取措施改进和完善品质工作。

5. 遵照公司指令，妥善处理顾客投诉，力求公正、客观。

6. 及时处理产品实现各过程中的品质工作。

7. 牵头组织有关部门对质量事故的调查分析，提出处置建议，防范类似事故的再度发生。

8. 确保公司的品质能够满足客户的需求。

9. 协助做好相关部门的配合工作。

2.2　检验员职业要求

1. 认真贯彻执行质量检验标准（规程），严格执法，不徇私情，正确判决，对检验结果的正确性负责。

2. 按时完成检验任务，防止漏检、少检和错检，确保生产顺利进行。

3. 认真填写质量检验记录，数字准确，字迹清晰，结论明确，并将检验记录分类建档保存。

4. 贯彻执行检验状态标识的规定，防止不同状态的物资、产品混淆。检查、监督生产过程中的状态标识执行情况，对不符合要求的予以纠正。

5. 负责进料、过程和成品的质量状况的统计和分析工作，并提出改进的意见和建议。

6. 搞好首检，加强巡检，特别要加强质控点的巡检，发现问题及时纠正。对于将不合格品混入下道工序的行为有权制止和批评。

7. 发现重大质量问题立即向生产、研发部门反映，以便及时采取措施，减少损失。

8. 有权制止不合格品的交付和使用。

9. 有权对个别的一般性的不合格品作出处置。

10. 认真参加培训学习，努力提高自身的综合素质。

第三章 基本概念

3.1 计量单位

3.1.1 国际单位制

（1）SI 基本单位

国际单位制的构成如下：

$$
\text{国际单位制 SI}
\begin{cases}
\text{SI 单位}
\begin{cases}
\text{SI 基本单位（7 个）}\\
\text{SI 导出单位（其中 21 个具有专门名称和符号）}
\end{cases}\\
\text{SI 词头（}10^{24} \sim 10^{-24}\text{ 共 20 个）}\\
\text{SI 单位的倍数或分数单位}
\end{cases}
$$

SI 基本单位是 SI 的基础，其名称和符号见表 3-1。

表 3-1　国际单位制基本单位

SI 基本单位	单位名称	单位符号
长度	米	m
质量	千克（公斤）	kg
时间	秒	s
电流	安（培）	A
热力学温度	开（尔文）	K
物质的量	摩（尔）	mol
发光强度	坎（德拉）	cd

（2）SI 导出单位和词头

SI 导出单位由 21 个专门名称和符号组成，其名称和符号见表 3-2。

表 3-2　具有专门名称和符号的 SI 导出单位

量 的 名 称	SI 导出单位		
	名称	符号	用 SI 基本单位和 SI 导出单位表示
（平面）角	弧度	rad	$1\text{rad}=1\text{m/m}=1$
立体角	球面度	sr	$1\text{sr}=1\text{m}^2/\text{m}^2=1$
频率	赫兹	Hz	$1\text{Hz}=1\text{s}^{-1}$
力	牛顿	N	$1\text{N}=1\text{kg}\cdot\text{m/s}^2$
压强，应力	帕斯卡	Pa	$1\text{Pa}=1\text{N/m}^2$
能（量），功，热量	焦耳	J	$1\text{J}=1\text{N}\cdot\text{m}$
功率，辐（射能）通量	瓦特	W	$1\text{W}=1\text{J/s}$
电荷（量）	库仑	C	$1\text{C}=1\text{A}\cdot\text{s}$

续表

量 的 名 称	SI 导出单位		
	名称	符号	用 SI 基本单位和 SI 导出单位表示
电压，电动势，电位	伏特	V	$1V=1W/A$
电容	法拉	F	$1F=1C/V$
电阻	欧姆	Ω	$1Q=1V/A$
电导	西门子	S	$1S=1\Omega^{-1}$
磁通（量）	韦伯	Wb	$1Wb=1V \cdot s$
磁通（量）密度，磁感应强度	特斯拉	T	$1T=1Wb/A$
电感	亨利	H	$1H=1Wb/A$
摄氏温度	摄氏度	℃	$1℃=1K$
光通量	流明	lm	$1lm=1cd \cdot sr$
（光）照度	勒克斯	lx	$1lx=1lm/m^2$
（放射性）活度	贝克勒尔	Bq	$1Bq=1s^{-1}$
吸收剂量，比授（予）能，比释动能	戈（瑞）	Gy	$1Gy=1J/kg$
剂量当量	希（沃特）	Sv	$1Sv=1J/kg$

SI 的词头由 10 的倍数或分数进位组成，其名称和符号见表 3-3。

表 3-3 用于构成十进倍数和分数单位的 SI 词头

所表示的因数	词头名称	词头符号	所表示的因数	词头名称	词头符号
10^{24}	尧（它）	Y	10^{-1}	分	d
10^{21}	泽（它）	Z	10^{-2}	厘	c
10^{18}	艾（可萨）	E	10^{-3}	毫	m
10^{15}	拍（它）	P	10^{-6}	微	强
10^{12}	太（拉）	T	10^{-9}	纳（诺）	n
10^{9}	吉（咖）	G	10^{-12}	皮（可）	p
10^{6}	兆	M	10^{-15}	飞（母拖）	f
10^{3}	千	k	10^{-18}	阿（托）	a
10^{2}	百	h	10^{-21}	仄（普托）	z
10^{1}	十	da	10^{-24}	幺（科托）	y

注：词头符号一律用正体；10^6 及其以上的词头符号用大写体，其余皆用小写体，词头不能无单位单独使用，必须与单位合用。

3.1.2 中国法定计量单位

中国法定计量单位，以国际单位制的单位为基础，结合中国的实际情况，适当选用了一些其他非国际单位制单位共同组合构成。

中国法定计量单位的具体构成如下：

①国际单位制的基本单位（表 3-1）；

②国际单位制中具有专门名称和符号的导出单位（表 3-2）；

③国家选定的非国际单位制单位（表 3-4）；

④由以上单位构成的组合形式的单位；

⑤由词头和以上单位所构成的十进倍数和分数单位（词头见表 3-3）。

表 3-4 国家选定的非国际单位制单位

量的单位	单位名称	单位符号	换算关系和说明
时间	分 小时 天（日）	min h d	1min＝60s 1h＝60min＝3600s 1d＝24h＝86400s
平面角	角秒 角分 度	″ ′ °	$1''=(\pi/64800)$ rad （π 为圆周率） $1'=60''=(\pi/10800)$ rad $1°=60'=(\pi/180)$ rad
旋转速度	转每分	r/min	$1r/min=(1/60)$ s^{-1}
长度	海里	n mile	1n mile＝1852m （只用于航程）
速度	节	kn	Lkn＝1n mile/h＝（1852/3600）m/s
质量	吨 原子质量单位	t u	$1t=10^3$kg $1u\approx1.660540\times10^{-27}$kg
体积	升	L	$1L=1dm^3 10^{-3}m^3$
能	电子伏	eV	$1eV\approx1.602177\times10^{-19}$J
级差	分贝	dB	
线密度	特克斯	tex	1tex＝1g/km
面积	公顷	hm²	1hm²＝10000m²（国际符号为 ha）

表 3-4 所列的我国选定的非国际单位制单位中，大多是从国际计量委员会考虑到某些国家和领域的实际情况而公布的，可以与国际单位制并用或暂时保留与国际制单位并用的制外单位中选取的，具有较好的国际通用性。

3.2 干混砂浆发展现状

干混砂浆也称干拌砂浆，国家标准 JG/T 230—2007《预拌砂浆》定义干混砂浆（Dry-mixed Mortar）为：将经干燥筛分处理的集料与水泥以及根据性能确定的各种组分，按一定比例在专业生产厂混合而成，在使用地点按规定比例加水或配套液体拌合使用的干混拌合物。它是在工厂经准确配料和均匀混合而制成的砂浆半成品，到施工现场只需加水搅拌即可使用的一种建筑工程材料，在建筑工程中起粘结、衬垫和传递应力的作用。

从广义上讲，干混砂浆的产生本身就是砂浆产业生态化发展的必然。因为干混砂浆已在各国实现了工业化生产，其配合比一般是通过优化设计和试配后得出的。生产工艺简单，采用电脑自动配料，计量准确，质量稳定，生产效率高。施工可采用大规模机械化作业，使得原料损耗低、浪费少，对环境污染小。且施工单位使用干混砂浆，既可提高建筑施工的速度，又便于施工过程的管理和现代化施工机械的推广使用。具体表现在以下几个方面：

其一，品种丰富多样。通过添加功能多样的外加剂，不仅大大改善了砂浆的功能，而且扩充了砂浆的品种。目前，国内外已经形成了 260 多个干混砂浆品种，几乎涵盖了所有的土建工程项目，且新产品仍在不断开发。除了普通干混砂浆（砌筑砂浆、抹灰砂浆、地面砂浆和普通防水砂浆）外，还可通过调整配方，使其成为具有一系列特殊功能的特种干混砂浆，如保温和装饰砂浆、自流平砂浆和灌浆料等。具体施工时可根据不同建筑部位以及不同使用要求购买专用品种的砂浆，既节约成本又方便施工管理。

其二，施工工艺简单。只需在施工现场将水加到砂浆中，即可配制出高质量的性能可靠的砂浆。加之结合机械泵送施工，使得整个施工过程变得更加有效率和节省费用。能克服传统砂浆仅靠人工施工、和易性难控制、骨料筛分随意性大等问题，避免砂浆空隙率过高、干缩率大、耐久性差等性能缺陷，防止墙体或地坪等出现空鼓、裂缝和渗透等；

其三，砂浆质量优良。材料露天堆放时，杂质较多，含泥量大，而干混砂浆所有配料在生产车间按照精确的计量，充分混合均匀后，到现场按照确定的水灰比加水搅拌即可，它克服了现场配料计量不准确、污染环境、含泥量超标等众多问题，具有性能优异且稳定的特点，可满足不同工程应用要求。

其四，存储方便节约。干混砂浆采用罐装或定量袋装，便于运输与存放，随用随拌，避免浪费，降低工程造价。使用预拌砂浆在降低工人劳动强度，提高施工效率，缩短本环节工期等方面效果显著。传统的现场搅拌砂浆在施工前需要对基面进行湿润并进行界面处理，劳动强度大，施工效率低，且对施工人员技术依赖性大。而采用预拌砂浆，基底无需特别处理，效率高，新拌砂浆保水性好，具有良好的施工性能，施工速度更快，质量也更好。同时与传统砂浆相比，使用预拌砂浆在缩短工期方面具有以下优点：在用量较少、作业面较分散的情况下，可有效地减少运料时间，缩短工时；减少在砂浆配制和搅拌上所消耗的工时；大幅减少施工完成后清理施工现场的工时。

其五，环境污染减小。传统砂浆在施工现场拌制使用，需要占用一定的场地，而且粉尘对场地会造成一定的环境污染，采用干混砂浆后建筑工地没有了各种堆积如山的原料，减少了对周围环境的影响。

其六，循环利用废渣。干混砂浆在生产中可引入部分工业废弃物作为原料，以改善砂浆的工作性、耐久性等性能，同时通过加入不同种类的工业废弃物可得到不同性能要求的砂浆，这使得一些工业废弃物得以高附加值循环再用。

干混砂浆于 1893 年在欧洲首先发明，由 Terranova 首先申请了矿物质纹理外观的饰面干混砂浆的生产专利，之后于 20 世纪初在法国开始工业化生产。然而 20 世纪 50 年代以前欧洲绝大部分仍然使用现场搅拌砂浆，干混砂浆产业的兴起是在二次大战后的奥地利、德国。欧洲商品砂浆首先是以预拌砂浆的形式出现，之后于 1960 年第一次提出了干混砂浆的概念，因此干混砂浆在欧洲是最发达的，2004 年全球的需要量的一半大约 9000 万吨是在欧洲生产的。从 20 世纪 60 年代到 80 年代，中欧各国干混砂浆行业增长强劲，现在发展主要在东欧和西欧，以及亚洲和拉丁美洲的一部分市场。目前，在欧、美、日等发达国家和地区干混砂浆已基本取代了传统砂浆技术。2007 年，欧洲最大干混砂浆生产企业——德国麦克斯特公司（从 2008 年起隶属法国圣戈班集团）在欧洲的年销量达 500 万吨，年产 10 万吨以上的工厂有 200 余家。法国、意大利、澳大利亚、新西兰、美国、日本等发达国家，干混砂浆已经成为建筑业不可缺少的材料。在发展中国家，干混砂浆也有较快的发展。一些亚洲国家（如新加坡、泰国、马来西亚等）虽起步较晚，但发展非常迅速。1984 年，新加坡建立了第一个干混砂浆生产厂，主要生产墙面砂浆产品，马来西亚于 1987 年也投产了一条干混砂浆生产线，同样用于生产墙面砂浆产品干混砂浆。随着商品砂浆市场的迅速发展，东南亚市场上的干混砂浆产品的种类也丰富起来，许多新产品如自流平砂浆、防火砂浆、彩色墙面砂浆等都已成功投放市场。目前在韩国、泰国、马来西亚、新加坡等亚洲国家和地区，都有大规模的专业干混砂浆生产厂。总之，目前干混砂浆已取得了十分成功的开发、生产和应用经验。无论是外加剂的发明和制备技术、砂浆品种的改进和开发研究，还是干混砂浆生产工艺的研究完善以及在产品系列标准的制定方面都已取得了很大的成绩。

追溯中国干混砂浆的发展史，应始于 20 世纪 80 年代，当时上海和北京开始了干混砂浆的研究工作。随着 1998 年广东省建成投产的第一条干混砂浆生产线的问世，中国干混砂浆发展改革的步伐便得到了加快。2000 年在香港特别行政区建成投产了 15 万吨的干混砂浆厂，2001 年上海、北京等地相继有干混砂浆生产线投产运行。目前长江三角洲、珠江三角洲和环渤海地区是中国干混砂浆发展最快的三个地区，80％的中国干混砂浆企业都集中在那里。

据中国散装水泥推广发展协会报道，2010 年我国散装水泥供应量达到近 9 亿吨。若按 15％用于干混砂浆企业，我国干混砂浆年需求水泥用量将近 1.35 亿吨。为加快普通干混砂浆的进程，各省市也纷纷制定了地方扶持政策，如武汉市为发展普通干混砂浆，为企业免费资助砂浆罐和干混砂浆运输车等，到 2010 年底共有 6 家干混砂浆企业建成投产，年设计生产能力达到 200 万吨，设计能力略超出目前实际市全年砂浆的需求量（约 150 万吨），完全能满足全市的需求并可向周边地区适量供应普通干混砂浆。虽然 2010 年武汉市实际供应干混砂浆仅 6 万吨，湿拌砂浆 7 万吨，但预计到 2015 年，普通干混砂浆供应量将达到 300 万吨，武汉市中心城区和其他省辖市州、直管市中心城区禁止现场搅拌砂浆。因此从中国干混砂浆 50％的增长速度来看，未来的中国将成为世界干混砂浆研发、生产和应用的大型基地之一。

现在几乎世界上所有与干混砂浆有关的大公司都在中国设有分厂、分公司或办事处。有的是建干混砂浆生产线，如法国圣戈班伟伯（Saint-Gobain Weber）麦克斯特（Maxit）公司在北京建设一座年产 40 万吨的干混砂浆工厂，是目前国内较大的干混砂浆生产线，还有如德国的汉高（Henkel）公司、可耐福（Knauf）公司和海德堡（Heidelberg）水泥集团等也都在中国建立了干混砂浆厂；有的是销售干混砂浆生产设备、物流和施工机械，如德国摩泰克（m-tec）公司；有的是生产或销售干混砂浆用的聚合物干粉，如总部位于荷兰的阿克苏诺贝尔（AkzoNobel）集团、德国瓦克（Wacker）公司、科莱恩（Clariant）公司和拜耳（Bayer）公司等。其中德国瓦克公司在江苏张家港建立了用于干混砂浆的聚合物干混生产厂，这些合作项目的建立，不仅为中国建筑市场带来高质量的建筑材料，也为我国建筑建材业带来世界最新的建筑材料理念和先进的管理经验。干混砂浆的技术核心在于其外加剂的性能与配比，但目前国内这方面的研究与国外还有很大的差距，大部分国内的研究机构在外加剂的研发上往往仅限于模仿国外产品，而缺乏独立创新的意识，且由于设备、人员素质等因素的影响，国内产品的总体水平大大低于进口产品，进口产品性能优异、稳定，但价格往往较高。

3.3 湿拌砂浆发展现状

湿拌砂浆起源于 19 世纪的奥地利，直到 20 世纪 50 年代以后，欧洲的湿拌砂浆才得到迅速的发展，主要原因是第二次世界大战后欧洲需要大量建设，劳动力短缺、工程质量的提高以及环境保护的要求，使其开始对建筑湿拌砂浆进行系统研究和应用。到 20 世纪 60 年代，欧洲各国政府出台了建筑施工环境行业投资优惠等方面的导向性政策来推动建筑砂浆的发展，随后建筑湿拌砂浆很快风靡西方发达国家。

近年来，特别是 2006 年以后，北京因奥运工程和环保压力，强制推广使用湿拌砂浆，在保证高质量的条件下大大降低了工程成本，缩短了工程的工期，符合节能减排降噪的绿色环保理念。由此，国家出台很多的政策限制现场使用水泥搅拌砂浆，这样加速了湿拌砂浆的推广和普及。

2007 年 6 月，商务部、住房和城乡建设部等 6 部委联合下发《关于在部分城市限期禁止现场搅拌砂浆工作的通知》，同年 9 月 1 日起，北京等 10 个城市禁止在施工现场使用水泥搅拌砂浆。2008 年 8 月 1 日起，重庆等 33 个城市禁止在施工现场使用水泥砂浆，中华人民共和国《循环经济促进法》中明确规定了"鼓励使用散装水泥，推广使用预拌混凝土和预拌砂浆"。2009 年 7 月 1 日，长春等 84 个城市禁止在施工现场使用水泥搅拌砂浆。同年 8 月《国务院办公厅关于印发 2009 年节能减排工作安排的通知》，第六项"大力发展循环经济"中明确要求"启动第三批禁止现场搅拌砂浆工作"。2012 年 7 月，商务部开始对列入限期禁止现场搅拌砂浆的 127 个城市进行专项检查，从政策上进一步为预拌砂浆，尤其是湿拌砂浆的快速发展展示出了美好的前景。

由于湿拌砂浆在整个建筑产业链中仅仅是其中的一个环节，链条中的相关行业有很多，如设计、监理、施工、工人习惯、墙材（砌块）特点、机械、自动化控制、外加剂、物流装备等。所谓"牵一发而动全身"。由现场搅拌砂浆到湿拌砂浆是一个产业的变革。其实相关行业中对应的习惯、标准、技术、流程、政策等配套还不够细化，湿拌砂浆行业还没有与其相关行业磨合到位。

混凝土的发展为湿拌砂浆生产创造了先天条件，在设备上，无需新添设备，只要对商品混凝土站现有的设备进行合理的改造和利用，可以白天生产混凝土，夜间生产砂浆，搅拌运输车用来运送砂浆，充分利用生产设备在夜间的闲置时间，使经济效益最大化。在管理上，物流运输采用 GPS 统一管理，使用搅拌运输车送湿拌砂浆，配送及时，减少客户投诉。改造后的搅拌站采用先进电控系统，操作简单方便，混凝土和湿拌砂浆的生产控制系统安全切换，管理优化，无需增加管理成本，可以实现混凝土和砂浆材料区分管理和控制。

推广使用湿拌砂浆，是节约资源、保护环境、提高工程质量的有效措施，是贯彻落实国家提倡"节能减排"工作的一项重要内容。在填充辅材的选择上，优先采用无机矿粉材料，明显提高砂浆的施工性和稳定性。改性剂采用环保材料——醚化聚羧酸减水剂，解决了保水剂与减水剂相容性差的问题，有利于提高砂浆早期黏附力和后期的粘结强度，根本上解决了砂浆空鼓开裂的现象。砂浆的施工性好，抹灰上墙省时省力，与传统的现场搅拌砂浆相比效率提高近一倍。另外，原材料选择余地较大，集料可采用干料，也可采用湿料（不需烘干），因而可降低砂浆制造成本。

湿拌砂浆在我国还是一件新生事物，社会各方和各个领域对于湿拌砂浆的认识还很不够，认识水平还较低。尽管目前我国的湿拌砂浆在政策体系和组织管理建设中取得了一定的进展，但发展过程中存在的问题也日益突出，主要表现为以下几点：

1. 湿砂浆的单次运输量大，对施工面积及施工人员数量有一定量的要求；

2. 湿拌抹灰砂浆的收水时间相应较长，适宜于上午开始上浆、下午收压的大面积施工，下午上浆会相应延长工人的工作时间；

3. 湿砂浆的存储需要一定的空间，对场地面积局促的工地不适宜使用；

4. 湿拌抹灰砂浆具有保水性较强的特点，在初次使用时，工人难以很好地掌握湿砂浆的工作特性，产生不习惯的感觉，因为工人习惯了现拌砂浆收水快、干燥快的特性。对需要改变工人施工习惯的新产品往往会在前期产生"不好用"的错觉；

5. 当抹灰厚度较大时，湿拌抹灰砂浆凝结时间相对会延长，工人在上第一道砂浆时会按照以前的时间习惯进行第二道的砂浆上墙，可能存在第一道砂浆收水不足就进行第二道砂浆的上墙施工，这样很可能造成砂浆在未干硬之前滑落的情况（第一道砂浆未收水就进行第二道砂浆抹灰会出现这种情况）。

3.4 生态干混砂浆发展现状

从我国建筑业发展需要看，未来10年干混砂浆的市场十分广阔。干混砂浆作为一种新型建筑材料，因为直接应用于各种建筑工程，它的应用直接影响到室内居住环境和室外地下水源等与我们生活息息相关的各个方面。发展生态干混砂浆可减轻地球环境负荷、保障生态体系协调发展、创造舒适生活环境。目前国内已经非常关注水泥和混凝土领域的生态化发展，但对于干混砂浆，由于起步相对较晚，使得还未引起公众的关注。但生态干混砂浆及其制备技术是今后干混砂浆行业发展的大趋势，这样才能使干混砂浆行业走向可持续发展的道路。

在此，发展干混砂浆生态化的重要性体现在以下几个方面：

（1）对于胶凝材料，利用粉煤灰、矿渣、城市垃圾灰及其他的工业废弃物或石灰石粉、火山灰等天然矿物粉替代水泥，在砂浆制备时可以有效解决废弃物处理占地、资源和节省能源的问题。

（2）对于有机类外加剂，如何降低制造成本并保证在后期使用中不对环境造成二次污染是必须考虑的问题。愈来愈多的关于房屋不恰当装修带来的对人身体伤害的报道令人触目惊心。因此如何采用生物来提取更加适合环境的外加剂是需要考虑的问题。其实，人们利用生物类外加剂是有悠久历史的。在古代及中世纪，人们已经开始将肥皂、树脂、蛋白质及灰烬等与无机粘结剂和集料相混合，以提高砂浆的性能。在古罗马，人们也将蛋白质作为石膏的缓凝组分，将动物血作引气剂使用过。这些纯生态型的外加剂的使用，对人体的伤害是非常小的。

（3）对于集料，一方面巨大的砂石骨料需求导致天然资源（特别是河砂和山砂）的匮乏，进而导致生态环境的破坏，另一方面工业固体废弃物的堆放又对环境造成了很大的影响。其中部分工业废弃物，如石屑、废弃混凝土或粒状钢渣是可以代替天然集料用于干混砂浆制备的，且在使用中还能合理发挥废弃混凝土中胶结材或钢渣的潜在活性，达到提高干混砂浆性能、充分保护天然资源和高效循环利用资源的目的。

3.5 名词解释

预拌砂浆：由专业生产厂生产的湿拌砂浆或干混砂浆。

湿拌砂浆：水泥、细集料、外加剂和水以及根据性能确定的各种组分，按一定比例，在搅拌站经计量、拌制后，采用运输车运至使用地点，放入专用容器储存，并在规定时间内使用完毕的湿拌拌合料。

湿拌砌筑砂浆：用于砌筑工程的湿拌砂浆。

湿拌抹灰砂浆：用于抹灰工程的湿拌砂浆。

湿拌地面砂浆：用于建筑地面及屋面找平层的湿拌砂浆。

湿拌防水砂浆：用于抗渗防水部位的湿拌砂浆。

干混砂浆：经干燥筛分处理的集料与水泥以及根据性能确定的各种组分，按一定比例在专业生产厂混合而成，在使用地点按规定比例加水或配套液体拌合使用的干混拌合物。干混砂浆也称干拌砂浆。

普通干混砂浆：用于砌筑、抹灰、地面和普通防水工程的干混砂浆。

干混砌筑砂浆：用于砌筑工程的干混砂浆。

干混抹灰砂浆：用于抹灰工程的干混砂浆。

干混地面砂浆：用于建筑地面及屋面找平层的干混砂浆。

干混普通防水砂浆：用于抗渗防水部位的干混砂浆。

特种干混砂浆：具有特种性能的干混砂浆。

干混瓷砖粘结砂浆：用于陶瓷墙地砖粘结的干混砂浆。

干混耐磨地坪砂浆：用于混凝土地面、具有一定耐磨性的干混砂浆。

干混界面处理砂浆：用于改善砂浆层与基面粘结性能的干混砂浆。

干混特种防水砂浆：用于有特殊抗渗防水要求部位的干混砂浆。

干混自流平砂浆：用于地面、能流动找平的干混砂浆。

干混灌浆砂浆：用于设备基础二次灌浆、地脚螺栓锚固等的干混砂浆。

干混外保温粘结砂浆：用于膨胀聚苯板外墙外保温系统的粘结砂浆。

干混外保温抹面砂浆：用于膨胀聚苯板外墙外保温系统的抹面砂浆。

干混聚苯颗粒保温砂浆：用于建筑物墙体保温隔热层、以聚苯颗粒为集料的干混砂浆。

干混无机集料保温砂浆：用于建筑物墙体保温隔热层、以膨胀珍珠岩或膨胀蛭石等为集料的干混砂浆。

保水增稠材料：改善砂浆可操作性及保水性能的非石灰类材料。

添加剂：改善砂浆某些性能的改性材料。

玻璃化温度（T_g 值）：聚合物高弹态与玻璃态直接的转换温度，高于玻璃化温度时，聚合物呈高弹态，具有很好的柔韧性，低于玻璃化温度，聚合物呈玻璃态，显示出脆性。严格意义上来说，玻璃化温度是一个温度范围，一般厂家是取温度范围中一个点作为技术资料中玻璃化温度，玻璃化温度反应胶粉的柔韧性，玻璃化温度越高，胶粉越硬。

最低成膜温度（MFT）：胶粉分散后的乳液只有在特定温度之上才能成膜，发挥聚合物作用，胶粉可以成膜的最低温度值叫 MFT，低于此温度，胶粉不能成膜。

灰分：有机聚合物类材料按照国家规范或者行业标准，在特定温度下烧到恒重后，参与固体物质质量百分比。

填料：起填充作用的矿物材料。

晾置时间：涂胶后至叠合试件能达到规定的拉伸胶粘强度时最大时间间隔。

滑移：在垂直面上，用梳理后的胶粘剂涂层粘贴后陶瓷砖向下滑动的现象。

润湿能力：梳理后胶粘剂涂层润湿陶瓷砖的能力。

填缝：填充墙地砖间接缝的过程（不包括填充伸缩缝）。

填缝剂：所有适用于填充墙地砖间接缝的材料。

液态外加剂：在施工现场与水泥基填缝剂混合的特殊液态聚合物的水分散体。

贮存期：填缝剂在规定的条件下，能保证其使用性能的时间。

熟化时间：水泥基填缝剂拌合后到再次搅拌可使用的时间间隔。

可操作时间：砂浆拌合好后能够使用的最长时间。

抗折强度：砂浆破坏时，在其三点施加的弯应力的大小。

抗压强度：砂浆破坏时，在其方向相反的两点施加的压应力的大小。

吸水量：砂浆表面与水接触时，由于毛细管作用吸收的水量。

收缩：砂浆在硬化过程中体积的减小。

耐磨性：砂浆表面抵抗磨损的能力。

横向变形：硬化砂浆试件受到三点荷载时，破坏前试件中央发生的最大位移。

抗化学侵蚀性：砂浆抵抗化学作用的能力。

膨胀聚苯板薄抹灰外墙外保温系统：置于建筑物外墙外侧的保温及饰面系统，是由膨胀聚苯板、胶粘剂和必要时使用的锚栓、抹面胶浆、耐碱网格布及涂料等组成的系统产品。薄抹灰增强防护层的厚度宜控制在：普通型 3～5mm，加强型 5～7mm。该系统采用粘接固定方式与基层墙体连接，也可辅有锚栓。

抹面胶浆：聚合物抹面胶浆，由水泥基或其他无机胶凝材料、高分子聚合物和填料等材料组成，薄抹在粘贴好的膨胀聚苯板外表面，用以保证薄抹灰外保温系统的机械强度和耐久性。

耐碱网布：耐碱型玻璃纤维网格布，由表面涂覆耐碱防水材料的玻璃纤维网格布制成，埋入抹面胶浆中，形成薄抹灰增强防护层，用以提高防护层的机械强度和抗裂性。

建筑外墙腻子：涂饰工程前，施涂于建筑外墙，以找平、抗裂为主要目的的基层表面处理材料。

动态开裂性：表层材料抵抗基层裂缝扩展的能力。

薄涂腻子：单道施工厚度小于或等于 1.5mm 的外墙腻子。

厚涂腻子：单道施工厚度大于 1.5mm 的外墙腻子。

第四章 砂 浆 产 品

砂浆产品因具有许多优点而逐渐被关注，并逐渐成为世界建材行业发展速度最快的产品之一。从我国的国情出发，建筑砂浆的生态化、多样化和工业化是我国建筑业的发展趋势，也是建筑砂浆生产技术发展的必然之果。

砂浆产品按用途可分为普通砂浆和特种砂浆两大类；按所用胶凝材料可分为水泥类、石膏类、石灰类和工业废渣类；按使用功能可分为结构性砂浆、功能性砂浆与装饰性砂浆。结构性砂浆用于砌筑、抹灰、粘结、锚固、界面处理和非承重构件等，功能性砂浆用于保温、防水、防火、修补等，装饰性砂浆用于墙面、屋面、地面等的装饰。每大类包括若干品种。下面对普通砂浆和特种砂浆两大类砂浆的种类、技术要求、相应配合比设计方法及推荐配方进行分项阐述。

4.1 砌筑砂浆

4.1.1 砌筑砂浆简介

砌筑砂浆主要应用于砖、石和各种砌块等的砌筑，对于加气混凝土砌块、轻质保温砌块等用砌筑砂浆一般需引入外加剂。砌筑砂浆的性能特点是高触变性和高粘结性，针对不同种类的砌体配制具有不同性能的砂浆砌筑，是干混砌筑砂浆产品的研发趋势。目前，现代工程中最常用的三种砌筑砂浆是水泥砂浆、石灰砂浆和水泥石灰混合砂浆。其中，在潮湿的环境下或水中通常采用的是水泥砂浆；石灰砂浆应用范围比较窄，仅限用于强度要求低、干燥环境中的砌体工程；水泥石灰混合砂浆基于和易性好、粘接性好，且可以配制成各种强度等级的砌筑砂浆等优点，除对耐水性有较高要求的砌体外，可广泛用于各种砌体工程中。

砌筑砂浆作为一种建筑材料得到了相当广泛的应用，其用量仅次于混凝土，它与建筑业尤其是砌体结构的发展息息相关。随着砌体结构的不断变化，砌筑砂浆的技术也在不断地发展，尤其是在组成材料和施工工艺等方面的进步非常显著。然而，随着技术的不断进步，施工现场管理不规范、部分工程技术人员对砌筑砂浆的知识掌握不足等问题也随之产生。这些问题若得不到及时的解决，将会严重阻碍砌体工程的进展，影响砌体结构的正常使用以及砌体工程的质量。传统砂浆常常表现出砌筑灰缝不饱满、砌体劈剪强度低等问题。具体表现在以下几点：

（1）砌筑砂浆较差的和易性引起沉底结块的问题出现

砌筑砂浆的和易性较差是因为施工建设单位或者现场工程人员，随意选择水泥强度等级，而不是按照砌筑砂浆的强度等级要求来选择。如果水泥强度等级较高，将会导致砂子的用量过多而砂浆水泥用量较少。由于砂子间存在的摩擦力较大，使得砌筑时挤浆较困难，砂浆的表面泌水和沉淀现象容易产生，从而造成砂浆的和易性变差。而当水泥强度等级过高时，搅拌不均匀、搅拌时间过短、砂浆存放时间过长或者没有按照施工配比计量物料都将会导致砂浆沉底结块的现象出现。

（2）施工过程中不规范的水泥砂浆和混合砂浆互相替代

在砌体结构的施工过程中，施工人员不使用混合砂浆而是用同强度等级的水泥砂浆将其取代的情况时有发生。人们想当然地认为，既然混合砂浆试件的强度低于水泥砂浆试件的强度，那么用水泥砂浆替代混合砂浆砌筑的砌体强度将会更高。例如用 M5.0 水泥砂浆代替 M5.0 混合砂浆，显然并不影响砂浆强度等级，实际上却降低了整个砌体强度。因为水泥砂浆砌体的抗压强度和抗剪强度设计值比同等级的混合砂浆要小得多。如果盲目进行砂浆品种替换，很容易导致砌体抗压强度和抗剪切强度不符合设计的要求。当然，砂浆替代并不是绝对不行的，如果在施工过程中必须要进行砂浆替代，需要重新核算替代后的砌体结构强度，以达到砌体承载力要求，并做相应的说明，避免留下工程事故隐患。

（3）砂浆强度稳定性较差

通常情况下，施工现场以体积法估算要使用的砂浆量，而没有根据施工配合比进行计量，忽略了砂子体积随含水率的变化而变化这一规律，从而导致砌筑砂浆中的砂子量过多或过少，不符合配合比规定的要求。另外，砌筑砂浆中掺合料或外加剂的掺量以及施工方法都会影响砂浆的强度。据有关研究报道，当塑化剂掺量是规定用量的 2 倍时，砂浆强度会下降约 40%；特别是微沫剂的掺量，掺量很少，一般来说是水泥用量的 0.005%～0.01%，在实际的施工过程中，其掺量的微幅变化使得砂浆强度随之发生变化，造成施工现场的计量条件很难满足要求。此外，造成砂浆强度不稳定的原因还有施工现场砂浆搅拌不均、机械搅拌加料顺序颠倒和人工搅拌或翻拌次数不足。

（4）砂浆强度评定存在问题

砌体灰缝中砂浆的强度通常是通过砂浆立方体抗压强度来标定的，但是通过这种方法得到的结果并不是很准确，砌体灰缝中砂浆强度与立方体试件的抗压强度值受各种因素的影响会存在一定的差异。比如普通黏土烧结砖吸水面不同，试件一般是单面，灰缝则是双面；试件和灰缝在厚度上相差很大；底模材料和含水率也都不一样，对于试件材料只有一种底模材料，而灰缝会因砌块不同而有多种。在含水率方面，试件底模含水率要求在 2% 以下，而砌块的含水率可以达到 10% 以上。当前，砂浆灰缝强度检测方法主要有回弹法、贯入法和筒压法等。每种方法都有自己的优缺点，一般来说，筒压法比其他两种要直观，但是筒压法很难鉴别砂浆强度很低的情况。贯入法与回弹法条件要求比较苛刻，不仅要建立适合本地区使用的测强曲线，而且还要考虑砂浆的表面硬度。要较准确地评定砂浆的强度，即使立方体试件硬度与灰缝中砂浆硬度相同时，仍然需要对砌体灰缝中砂浆的强度进行进一步的探讨，看其是否能满足设计的要求，因为立方体试件的抗压强度和砌体灰缝中的砂浆强度之间存在较大差异。

干混砌筑砂浆最大的优点是可以解决因现场配制受施工人员技术水平和客观条件的影响而使其质量波动的问题。实际应用中可根据墙体材料的不同及砌体应具备的功能来合理调整砌筑干混砂浆的配合比。

干混砌筑砂浆加水经机械搅拌后，一般为手工砌筑，对于自保温烧结砖在砌筑时也可借用砌筑工具（图 4-1）。

4.1.2 执行标准

（1）砌筑砂浆目前执行的标准是 GB/T 25181—2010《预拌砂浆》。

图 4-1 手工直接砌筑（左）和借助工具砌筑（右）

（2）JGJ/T 223—2010《预拌砂浆应用技术规程》。

（3）其性能指标试验方法执行 JGJ/T 70—2009《建筑砂浆基本性能试验方法标准》。

（4）GB 50203—2011《砌体结构工程施工质量验收规范》中对砌筑砂浆规定如下：砌筑砂浆应进行配合比设计。当砌筑砂浆的组成材料有变更时，其配合比应重新确定。砌筑砂浆的稠度宜按表 4-1 的规定采用。

表 4-1　砌筑砂浆的稠度

砌 体 种 类	砂 浆 稠 度/mm
烧结普通砖砌体 蒸压粉煤灰砖砌体	70～90
混凝土实心砖、混凝土多孔砖砌体 普通混凝土小型空心砌块砌体 蒸压灰砂砖砌体	50～70
烧结多孔砖、空心砖砌体 轻骨料小型空心砌块砌体 蒸压加气混凝土砌块砌体	60～80
石砌体	30～50

注：1. 采用薄灰砌筑法砌筑蒸压加气混凝土砌块砌体时，加气混凝土粘结砂浆的加水量按照其产品说明书控制；

　　2. 当砌筑其他砌体时，砌筑砂浆的稠度可根据块体吸水特性及气候条件确定。

4.1.3　性能指标

1. 《预拌砂浆》（GB/T 25181—2010）规定干混普通砌筑砂浆的性能指标见表 4-2。

表 4-2　干混普通砌筑砂浆性能指标

项　　目		普通干混砌筑砂浆
保水率/%		≥88
凝结时间/h		3～9
2h 稠度损失率/%		≤30
抗冻性[①]	强度损失率/%	≤25
	质量损失率/%	≤5

① 有抗冻性要求时，应进行抗冻性试验。

普通砌筑砂浆性能指标除满足表 4-2 要求外，抗压强度还应符合表 4-3 的规定。

表 4-3　普通砌筑砂浆抗压强度指标要求

强度等级	M5	M7.5	M10	M15	M20	M25	M30
28d 抗压强度/MPa	≥5.0	≥7.5	≥10.0	≥15.0	≥20.0	≥25.0	≥30.0

2. 砌筑砂浆的性能要点

由于砌筑砂浆在建筑砌体中起着结合作用，因此砌筑砂浆的性能要点如下：

(1) 施工性。新拌砌筑砂浆应具有良好的施工性，易于在砌体材料表面摊铺成均匀的薄层，以利于砌筑施工和砌体材料的粘结，并提高灰缝的饱满度，减少竖向灰缝中的瞎缝和假缝。

(2) 强度。砌筑砂浆硬化后应具有一定的强度、良好的粘结力等力学性能，以保证砌体的整体性和强度。

(3) 耐久性。砌筑砂浆硬化后应具有良好的耐久性。耐久性好的砌筑砂浆有利于保证其自身不发生破坏，并对工程结构起到应有的保护作用。

4.1.4　砌筑砂浆配合比设计

目前，砌筑砂浆用水泥一般采用硅酸盐水泥、普通硅酸盐水泥。经过实验验证并在水泥品质波动小的情况下，当配制砂浆和砌块的性能符合要求时，粉煤灰硅酸盐水泥、火山灰硅酸盐水泥、矿渣硅酸盐水泥和复合硅酸盐水泥也推荐使用。水泥强度等级应根据砂浆强度设计要求进行选择。普通砌筑砂浆采用的水泥，其强度等级不宜大于 42.5 级，其中水泥用量一般不应小于 $200kg/m^3$，胶凝材料总量宜为 $300 \sim 350kg/m^3$。

砌筑砂浆用砂宜选用中砂，砂的含泥量不应超过 5%。集料应进行干燥处理，砂含水率应小于 0.5%，轻集料含水率应小于 1.0%，其他材料含水率应小于 1.0%。掺加料应符合相应规定，粉煤灰的品质指标和粒化高炉矿渣粉的品质指标应符合国家标准 GB/T 1596—2005《用于水泥和混凝土中的粉煤灰》、GB/T 18046—2008《用于水泥和混凝土中的粒化高炉矿渣粉》和 GB/T 18736—2002《高强高性能混凝土用矿物外加剂》的要求。磨细生石灰应符合行业标准 JC/T 479—2013《建筑生石灰》的要求。配制干混砂浆用外加剂应具有法定检测机构出具的该产品砌体强度型式检验报告并经砂浆性能试验合格后方可使用。干混砌筑砂浆的砌体力学性能应符合 GB 50003—2011《砌体结构设计规范》的规定，干混普通砌筑砂浆拌合物的表观密度不应少于 $1800kg/m^3$。具有冻融循环次数要求的砌筑砂浆经冻融试验后质量损失率不得大于 5%，抗压强度损失率不得大于 25%。在现场，按推荐用水量拌合出的砌筑砂浆的工作性能和试配抗压强度必须同时符合要求。

砌筑砂浆配合比设计可参考 JGJ/T 98—2010《砌筑砂浆配合比设计规程》。按照 JGJ/T 98—2010，砌筑砂浆配合比设计可参考以下内容：

(1) 水泥砌筑砂浆配合比设计

水泥砌筑砂浆的材料用量可按表 4-4 选用。

试配强度应按式 (4-1) 计算。

$$f_{m,0} = kf_2 \tag{4-1}$$

式中　$f_{m,0}$——砂浆的试配强度（MPa），应精确至 0.1MPa；

f_2——砂浆强度等级值（MPa），应精确至 0.1MPa；

k ——系数，按表 4-5 取值。

表 4-4　每立方米水泥砂浆材料用量　　　　　　　　　　（kg/m³）

强度等级	水泥	砂	用水量
M5	200～230		
M7.5	230～260		
M10	260～290		
M15	290～330	砂的堆积密度值	270～330
M20	340～400		
M25	360～410		
M30	430～480		

注：1. M15 及 M15 以下强度等级水泥砂浆，水泥强度等级为 32.5 级；M15 以上强度等级水泥砂浆，水泥强度等级为 42.5 级；

2. 实际用水量以达到要求稠度为准；

3. 施工现场气候炎热或干燥季节，可酌量增加用水量；

4. 掺加添加剂后，各材料用量及用水量会与此表有一些出入，具体以试验结果为准。

表 4-5　砂浆强度标准差 δ 及 k 值

强度等级 施工水平	强度标准差 δ/MPa							k
	M5	M7.5	M10	M15	M20	M25	M30	
优良	1.00	1.50	2.00	3.00	4.00	5.00	6.00	1.15
一般	1.25	1.88	2.50	3.75	5.00	6.25	7.50	1.20
较差	1.50	2.25	3.00	4.50	6.00	7.50	9.00	1.25

（2）水泥粉煤灰砌筑砂浆配合比设计

水泥粉煤灰砌筑砂浆材料用量可按表 4-6 选用。

表 4-6　每立方米水泥粉煤灰砂浆材料用量　　　　　　　（kg/m³）

强度等级	水泥和粉煤灰总量	粉煤灰	砂	用水量
M5	210～240			
M7.5	240～270	粉煤灰掺量可占胶凝材料总量的 15%～25%	砂的堆积密度值	270～330
M10	270～300			
M15	300～330			

注：1. 表中水泥强度等级为 32.5 级；

2. 实际用水量以达到要求稠度为准；

3. 施工现场气候炎热或干燥季节，可酌量增加用水量；

4. 掺加添加剂后，各材料用量及用水量会与此表有一些出入，具体以试验结果为准。

4.1.5　配合比试配、调整与确定

（1）查表选取砌筑砂浆配合比的材料用量后，应先进行试拌，测定拌合物的各项性能，

当不能满足要求时，应调整材料用量，直到满足要求为止。并将此配合比作为试配的基准配合比。

（2）一般来说，基准配合比仅考虑了产品是否满足性能要求，但实际使用中，施工性和成本往往是影响砂浆的重要因素。所以应当综合考虑产品各方面性能及成本，进行配合比的再设计，在满足性能条件下，尽可能降低生产成本。砂浆试配时，应至少采用 3 个不同的配合比，其中一个配合比为基准配合比，其余两个配合比的胶凝材料用量可以按基准配合比分别增加和减少 10％。

（3）根据砂浆表观密度实测值及理论值校正试配砂浆配合比。

① 应按下式计算砌筑砂浆的理论表观密度值：

$$\rho_t = \sum Q_i$$

式中　ρ_t——砂浆的理论表观密度值，kg/m^3；

　　　Q_i——砂浆中各种材料用量，kg/m^3。

② 应按下式计算砂浆配合比校正系数（δ）：

$$\delta = \rho_c / \rho_t$$

式中　ρ_c——砂浆的实测表观密度值，kg/m^3。

③ 当砂浆实测表观密度值与理论表观密度值之差的绝对值不超过理论表观密度值的 2％时，可确定为砂浆的配合比；当超过 2％时，应将配合比中每项材料用量乘以校正系数 δ 后，确定为砂浆的配合比。

（4）砂浆性能对原料种类、产地、质量的依赖性强。在进行砂浆设计和开发时，应当尽可能使用长期有质量保证的原材料，避免因原材料的变化造成砂浆产品质量的波动。

4.1.6　砌筑砂浆参考配方

为了达到不同应用情况下的强度等级，加之结合地方资源状况以及外加剂的选择的不同，专门的预拌或干混砂浆生产公司所拥有砌筑砂浆配方是有所不同的。表 4-7 至表 4-10 给出的为不同强度等级砌筑砂浆的配方。

表 4-7　不同强度等级砌筑砂浆

强度等级	灰砂比	配方/(kg/m³)					性能指标							
		水泥	粉煤灰	矿粉	砂	外加剂	稠度/mm	分层度/mm	抗压强度/MPa		设计密度/(kg/m³)	实测密度/(kg/m³)	误差/%	实际体积/m³
									7d	28d				
M5	1：5.62	123	85	52	1460	8.8	92	15	7.2	8.8	1994	1990	0.20	1.002
M7.5	1：4.61	152	108	50	1430	8.6	90	8	8.6	11.1	2016	2000	0.79	1.008
M10	1：4.18	187	102	51	1420	9.6	84	4	12.2	14.4	2030	2020	0.49	1.005
M15	1：3.46	220	120	60	1385	9.9	79	8	15.5	20.1	2050	2010	1.95	1.020
M20	1：2.71	288	96	96	1300	13.2	89	8	23.8	26.7	2054	2020	1.66	1.017
M25	1：2.41	432	54	54	1280	15.5	86	7	25.8	28.1	2100	2070	1.43	1.014
M30	1：2.16	464	58	58	1250	17.1	87	5	28.6	32.4	2112	2070	1.99	1.020

表 4-8 DM5 砌筑砂浆参考配方

序 号	原 材 料	质量分数
1	P·O42.5 水泥	11%
2	Ⅱ级粉煤灰	4%
3	中砂	85%
4	添加剂 BNE-5320	0.04%～0.08%

表 4-9 DM10 砌筑砂浆参考配方

序 号	原 材 料	质量分数
1	P·O42.5 水泥	14%
2	Ⅱ级粉煤灰	4%
3	中砂	82%
4	添加剂 BNE-5320	0.04%～0.08%

表 4-10 DM15 砌筑砂浆参考配方

序 号	原 材 料	质量分数
1	P·O42.5 水泥	16%
2	Ⅱ级粉煤灰	5%
3	中砂	79%
4	添加剂 BNE-5320	0.04%～0.08%

以上配方的砂浆的黏聚性、保水性较好，无离析、泌水现象，操作手感佳，和易性、稠度、分层度以及强度等都可以达到国标对干混砌筑砂浆的要求，其密度实测值与设计值之差的绝对值均在设计值的 2% 以内，实际体积也满足 $1m^3$ 的要求。随着强度等级的提高，砂的用量要逐渐降低。

4.2 抹灰砂浆

4.2.1 抹灰砂浆简介

抹灰砂浆主要用于墙面打底、找平和满足一般饰面要求，要解决的主要问题是抹灰层的开裂、空鼓、脱落等。由于我国墙体基材品种繁多，各地气候差异较大，抹灰砂浆性能的针对性非常重要。应针对不同的基材性能配制具有不同性能的抹灰砂浆产品，如按照所用基材的不同可分为高吸水基材抹灰砂浆、中吸水基材抹灰砂浆、低吸水基材抹灰砂浆等。毋庸置疑，干混抹灰砂浆将是我国应用量非常大的建筑干混砂浆产品之一。

由于用传统抹灰砂浆施工后，抹灰层易开裂、空鼓、脱落，而成为建筑工程中的质量通病。针对不同的墙体基材、气候环境、施工水平，系统研究干混抹灰砂浆配料技术，特别是胶凝材料的种类及用量，骨料的颗粒级配及用量，外加剂的种类及用量，以及其与干混抹灰砂浆的保水性、流变性、粘结性、弹性模量、尺寸稳定性等性能指标的变化关系等，成为抹灰砂浆产品研究的新趋势。

抹灰砂浆可以是水泥基、水泥石灰基或者石膏基的。水泥基抹灰砂浆主要用于外墙而石膏基主要用于内墙。从 20 世纪 70 年代中期开始，机器喷涂成为墙面抹灰砂浆的主要施工方法。为了满足这种技术的要求，只有借助新型外加剂才能达到以下性能：

（1）良好的保水性。大部分的墙是由多孔材料（比如砖、轻质多孔混凝土）构成。毛细管作用会使这些材料从抹灰砂浆中吸水，从而导致其脱水。在早期，须先将墙体用水润湿，然后再进行抹灰，这显然是很费力的方法。保水剂，包括纤维素醚类的生物聚合物被逐步使用来简化抹灰施工。有了这项技术后，一个工时可以进行 $50m^2$ 的抹灰，而之前只能达到每个工时 $20m^2$。

（2）粘结和防止下垂。机器喷涂需要采用增粘剂来提供足够的粘结性能，从而阻止集料甚至整个抹灰层的下垂和表面泌水。另外，其他生物聚合物如淀粉醚、瓜尔胶和纤维素醚同样可以达到这种效果。

（3）良好的和易性。易施工形成所设计的表面造型和粗糙度，并可为后续的装饰层，如内墙腻子、装饰砂浆或瓷砖提供良好的平面。

抹灰砂浆一般用手工涂抹或者机器喷涂到墙上（图 4-2），传统抹灰砂浆与干混抹灰砂浆对比情况见表 4-11。

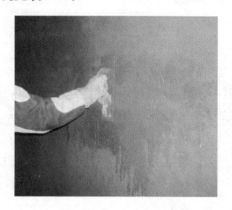

图 4-2 手工涂抹（左）和机器喷涂（右）抹灰

表 4-11 传统抹灰砂浆与干混抹灰砂浆对比

项目	传统抹灰砂浆	干混抹灰砂浆
搅拌	现场称量及拌制导致质量不稳定，难以控制使用时间，常有现场加水二次调整砂浆稠度的现象，导致砂浆品质降低	工厂预拌，现场只需加入适量水搅拌即可，添加剂的使用赋予砂浆合适的可操作时间，易于保证砂浆质量
施工	往往需要大量的基面浇水或界面处理，不能进行机械施工，劳动强度大，施工效率低，对施工人员技术依赖性大，容易产生下坠变形，并要分多层施工，需要浇水养护	底层稍作处理即可，可以机械施工，效率高，加入添加剂后，砂浆与墙体附着力良好，落地灰减少，具有良好的施工性和抗下垂性能，保水性能较好，无需多次浇水养护
质量	高收缩率，经常产生裂缝，结构疏松，容易产生渗漏，与底层粘结力较弱，空鼓率高	减少裂缝，与底层有良好粘结力，不空鼓，较低收缩率，高致密性，抗渗性能好，耐久性高
损耗	施工性较差，施工时材料容易散落，保水性差，容易造成失水、风干，造成浪费	施工性好，落地灰少，损耗极低，保水性好，不易造成浪费

项 目	传统抹灰砂浆	干混抹灰砂浆
材料的贮运	要在工地现场贮存多种原材料，并需要较大的贮存空间，转运砂浆到施工现场需额外流程及工序	统一散装到达工地，易于贮存和装卸。弹性控制用量，随用随配，材料贮存于施工现场附近，易于管理，并于施工点搅拌，无需运送
文明施工	搅拌、贮存和施工过程中遗留大量散落的废料，灰尘大，需要大量劳动力清理施工现场残留的干硬浆体	减少清理废料的需要，现场干净清洁，可采用机械化无尘施工

4.2.2 执行标准

（1）抹灰砂浆目前执行的标准是 GB/T 25181—2010《预拌砂浆》。

（2）JGJ/T 223—2010《预拌砂浆应用技术规程》。

（3）JGJ/T 220—2010《抹灰砂浆技术规程》。

（4）其性能指标试验方法执行 JGJ/T 70—2009《建筑砂浆基本性能试验方法标准》。

4.2.3 性能指标

抹灰砂浆按生产工艺不同分为湿拌抹灰砂浆和干混抹灰砂浆。而干混抹灰砂浆按砂浆层厚度不同，又可以分为普通抹灰砂浆和薄层抹灰砂浆，其中砂浆层厚度大于 5mm 的称为普通抹灰砂浆，抹灰层厚度不大于 5mm 的称为薄层抹灰砂浆。普通抹灰砂浆代号为 DP，按强度等级可分为 M5、M10、M15、M20 等。

（1）GB/T 25181—2010《预拌砂浆》中规定干混普通抹灰砂浆的性能指标见表 4-12。

表 4-12　干混普通抹灰砂浆性能指标

项　目		干混普通抹灰砂浆
保水率/%		≥88
凝结时间/h		3～9
2h 稠度损失率/%		≤30
14d 拉伸粘结强度/MPa		M5：≥0.15 ＞M5：≥0.20
28d 收缩率/%		≤0.20
抗冻性①	强度损失率/%	≤25
	质量损失率/%	≤5

① 有抗冻性要求时，应进行抗冻性试验。

普通抹灰砂浆性能指标除满足表 4-12 要求外，抗压强度还应符合表 4-13 的规定。

表 4-13　普通抹灰砂浆抗压强度指标要求

强度等级	M5	M10	M15	M20
28d 抗压强度/MPa	≥5.0	≥10.0	≥15.0	≥20.0

（2）抹灰砂浆的性能要点

抹灰砂浆与砌筑砂浆不同，抹灰砂浆的主要技术要求不是抗压强度，而是施工性、与基层的粘结力及尺寸稳定性。

施工性主要指砂浆与基层墙体的附着力、砂浆的黏度、润滑性及砂浆收汗快慢（指抹灰上墙后的砂浆具有进行找平、压光等正常施工过程的操作时间）等，施工性好坏直接决定了砂浆的施工效率，因此，施工性是抹灰砂浆非常重要的一个指标，主要通过优选原材料，尤其是优选添加剂来实现。

抹灰砂浆以较小的厚度与基材大面积接触，硬化后形成一个受约束的大而薄的薄壁硬化体。砂浆的塑性变形及硬化体的尺寸变形（包括化学形变、干湿形变、冷热形变等）大小直接决定了砂浆的抗开裂性能；砂浆与基层墙体良好的粘结力有助于抑制砂浆由于变形而产生的空鼓和开裂。因此需要多掺一些胶结材料或者通过优选原材料来提高砂浆与基层墙体的粘结能力，同时减小砂浆的尺寸变形，减少开裂，避免砂浆空鼓和脱落。

4.2.4 抹灰砂浆配合比设计

普通抹灰砂浆配合比设计可参考 JGJ/T 220—2010《抹灰砂浆技术规程》。按照该标准，抹灰砂浆可参考表 4-14 进行配合比设计。

表 4-14 抹灰砂浆配合比的材料用量 （kg/m³）

强度等级	水　泥	粉煤灰	砂	水
M5	250～290	内掺，等量取代水泥量的 10%～30%	1m³ 砂的堆积密度值	270～320
M10	320～350			
M15	350～400			
M20	380～450	0		250～300

砂浆的试配抗压强度应按下式计算：

$$f_{m,0} = k f_2 \tag{4-2}$$

式中　　$f_{m,0}$——砂浆的试配强度（MPa），应精确至 0.1MPa；

　　　　f_2——砂浆强度等级值（MPa），应精确至 0.1MPa；

　　　　k——砂浆生产（拌制）质量水平系数，取 1.15～1.25。

注：①砂浆生产（拌制）质量水平为优良、一般、较差时，k 值分别取为 1.15、1.20、1.25。

②由于普通干混抹灰砂浆必须掺加添加剂来改善其综合性能，因此各材料用量及用水量会与此表有一些出入，具体以试验结果为准。

③实际用水量以稠度达到 90～100mm 为准。

通过调整水泥和细集料的比例，满足砂浆的强度要求；同时由于砂浆的干缩较大，为更好地避免抹灰砂浆开裂的问题，一般在抹灰砂浆中可以掺用一定数量的优质粉煤灰、保水剂和抗裂纤维等，并通过引入相应功能的外加剂，保证抹灰砂浆的良好工作性，最后结合当地原材料供应情况和实际试验结果来确定工程最终使用的配合比。为此，抹灰砂浆需根据面层的结构形式和基体砌块的种类等情况，选择合适的强度等级，若抹灰砂浆强度与基体强度的差别在两个强度等级以上就容易导致空鼓、开裂等质量通病。抹灰砂浆要求有更好的工作性能，并且注重于粘结强度的要求，其抗压强度要求不是很高，目前根据 GB/T 25181—2010《预拌砂浆》中的规定，抹灰砂浆的最高强度等级为 M20，是很容易达到的。

4.2.5 抹灰砂浆参考配方

预拌砂浆生产公司所拥有的现代抹灰砂浆配方是非常复杂的，表 4-15 至表 4-18 给出了抹灰砂浆的参考配方。

表 4-15　DP5 抹灰砂浆参考配方

序　号	原　材　料	质量分数
1	P·O42.5 水泥	12%
2	Ⅱ级粉煤灰	4%
3	中砂	84%
4	添加剂 BNE-5320	0.05%～0.08%

表 4-16　DP10 抹灰砂浆参考配方

序　号	原　材　料	质量分数
1	P·O42.5 水泥	15%
2	Ⅱ级粉煤灰	5%
3	中砂	80%
4	添加剂 BNE-5320	0.05%～0.08%

表 4-17　DP15 抹灰砂浆参考配方

序　号	原　材　料	质量分数
1	P·O42.5 水泥	17%
2	Ⅱ级粉煤灰	5%
3	中砂	78%
4	添加剂 BNE-5320	0.05%～0.08%

表 4-18　DP20 抹灰砂浆参考配方

序　号	原　材　料	质量分数
1	P·O42.5 水泥	20%
2	Ⅱ级粉煤灰	5%
3	中砂	75%
4	添加剂 BNE-5320	0.05%～0.08%

4.3　普通地面砂浆

4.3.1　普通地面砂浆简介

干混地面砂浆主要用于建筑地面及屋面找平层的干混砂浆，其强度等级分为 M15、M20 和 M25。地面砂浆以不同等级抗压强度、粘结性、耐磨性、抗冲击性和尺寸稳定性为性能特点。作为建筑工程的重要组成部分，地坪材料一直具有相当重要的地位而又不为人们所重视。

目前我国建筑工程的楼（地）面层多为普通水泥砂浆面层，在施工过程中常常发生水泥地面空鼓、开裂、起砂等质量通病，给建设单位、施工单位造成不应有的损失。随着现代工业技术的发展和生产需要，随着人民生活水平的提高和生活质量的进步，地面砂浆已从简单的具有平整、耐磨要求发展到具有一定的装饰性和功能性的要求。出现了地暖砂浆、彩色地面砂浆、耐磨地面砂浆和防滑地面砂浆等，尤其在工业基础设施建设中，工业地面砂浆的发展有了长足的进步，新型的自流平砂浆成为新宠。20 世纪工业发达国家根据各国工业发展的具体情况，对工业地面砂浆的研发及应用投入了大量的人力物力，使之在较短的时期内取得了显著的效果，不仅满足了现代工业快速发展的需求，也使地坪行业脱颖而出，逐步形成完整而独立的学科，使工业地坪的应用从最初的被动选择变成一个积极和不断发展的新兴行业。我国工业地坪的应用推广，已走过了从幼稚到逐步成熟的历史，已成为了种类齐全的规模化发展的地坪行业。

图 4-3 为目前机械施工铺装地暖和用高流动性找平砂浆找平后的工业地坪效果图。干混地面砂浆在现场于砂浆罐底部加水搅拌后直接泵送到各楼层，适当借助人工均匀摊铺后，整平收光即可。工人劳动强度大幅降低，施工效率大幅提高。

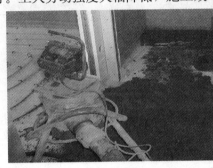

图 4-3　泵送地暖砂浆施工现场（左）和找平地面砂浆施工后的效果图（右）

4.3.2　执行标准

（1）普通干混地面砂浆目前执行的标准是 GB/T 25181—2010《预拌砂浆》。

（2）其性能指标试验方法执行 JGJ/T 70—2009《建筑砂浆基本性能试验方法标准》。

（3）GB 50209—2010《建筑地面工程施工质量验收规范》中对地面砂浆要求如下：

当找平层厚度小于 30mm 时，宜用水泥砂浆做找平层；

水泥砂浆的体积比（强度等级）应符合设计要求，且体积比应为 1∶2，强度等级不宜小于 M15；

水泥砂浆面层与下一层应结合牢固，且应无空鼓和开裂。当出现空鼓时，空鼓面积不应大于 400cm²，且每自然间或标准间不应多于 2 处；

地面找平砂浆宜采用硅酸盐水泥、普通硅酸盐水泥，不同品种、不同强度等级的水泥不应混用；砂应为中粗砂，当采用石屑时，其粒径应为 1～5mm，且含泥量不应大于 3%。

4.3.3　性能指标

（1）GB/T 25181—2010《预拌砂浆》中规定干混普通地面砂浆的性能指标见表 4-19。

表 4-19　干混普通地面砂浆性能指标

项　　目		干混普通地面砂浆
保水率/%		≥88
凝结时间/h		3～9
2h 稠度损失率/%		≤30
抗冻性①	强度损失率/%	≤25
	质量损失率/%	≤5

① 有抗冻性要求时，应进行抗冻性试验。

普通地面砂浆性能指标除满足表 4-19 要求外，抗压强度还应符合表 4-20 的规定。

表 4-20 普通地面砂浆抗压强度指标要求

强度等级	M15	M20	M25
28d 抗压强度/MPa	≥15.0	≥20.0	≥25.0

（2）地面砂浆的性能要点

地面要经受各种侵蚀、摩擦和冲击作用，因此地面砂浆必须具有足够的强度、良好的粘结力和耐磨性，较小的尺寸变化即良好的抗开裂性也是地面砂浆不可或缺的性能。目前，水泥地面砂浆是工业与民用建筑中用得最为广泛的一种地面，如果采用材料不当或施工方法不规范，容易产生起壳、起砂、空鼓、开裂等缺陷。地面砂浆一旦出现质量问题，处理工艺复杂，且费用昂贵。

4.3.4 地面砂浆配合比设计

普通干混地面砂浆的配合比设计同样类似砌筑砂浆配合比设计的步骤。但地面砂浆的稠度较低，根据 GB/T 25181—2010《预拌砂浆》中的规定，其施工稠度一般控制为 45～55mm，所以现场拌制时用水量较少。一般在地面砂浆中也加入少量优质的掺合料，如Ⅱ级干排粉煤灰。但在有泵送需要时，稠度需适当增加以保证泵送性能。

同时对地坪砂浆，不仅可参照砌筑砂浆的配合比设计方法来进行，也可参照混凝土的设计方法来进行设计。目前部分混凝土中集料的颗粒尺寸也有控制在 4.75mm 以下的，如活性粉末混凝土等。因此按强度进行设计时，可参照混凝土配合比设计原理来进行，当然必须通过试拌调整和制作砂浆试块，经过强度检验后最后确定实际配合比。

进行砂浆配合比计算时，其计算公式和有关参数表格中的数值均系以干燥状态为基准。干燥状态指砂的含水率小于 0.5%，轻集料含水率小于 1.0%，其他材料含水率小于 1.0% 的物料状态。当以饱和面干骨料为基准进行计算时，则应做相应的修正。具体砂浆配合比设计如下：

（1）确定砂浆试配强度 $f_{m,0}$

现场拌合时干混砂浆的试配强度按式（4-3）计算：

$$f_{m,0} = f_2 + 0.645\sigma \tag{4-3}$$

式中　$f_{m,0}$——砂浆的试配强度，精确至 0.1MPa；

　　　f_2——砂浆抗压强度平均值，精确至 0.1MPa；

　　　σ——干混砂浆厂强度标准差，精确至 0.01MPa。

在此借鉴砌筑砂浆配合比设计方法，当干混砂浆厂有强度标准差统计资料时按统计值计算。也可以参照 GB 50203—2011《砌体结构工程施工质量验收规范》的验收要求，砂浆的试配强度取设计强度等级值的 1.10～1.20 倍。

（2）计算水灰比

根据确定后的试配强度和水泥强度按常用混凝土公式变化得到的公式（4-4）计算水灰比（W/C）。

$$\frac{W}{C} = \frac{\alpha_a f_{ce}}{f_{m,0} + \alpha_a \alpha_b f_{ce}} \tag{4-4}$$

式中　　$f_{m,0}$——砂浆的试配强度，精确至 0.1MPa；

　　　　f_{ce}——配制用水泥抗压强度值，精确至 0.1MPa；

　　W/C——水灰比。

　　α_a, α_b——砂浆回归系数，可通过干混砂浆厂试验资料经过数理统计整理后确定。如无条件也可参考有关部门系数。建议采用：$\alpha_a=0.25$，$\alpha_b=0.45$ 来计算。计算出的水灰比值，还应考虑砂浆是否有水灰比最大值的限制。

（3）估计砂浆用水量 Q_w

根据砂浆所用水泥品种、砂的粒径粗细程度和施工的和易性要求（即稠度要求），可参考表 4-21，初步估计砂浆用水量进行砂浆配合比计算。

表 4-21　砂浆用水量参考表

水泥品种	砂的颗粒粗细	推荐用水量/（kg/m³）	备　注
普通硅酸盐水泥	粗砂	270	（1）本表适用于砂浆稠度 40～60mm，稠度每增加 10mm，用水量增加 1～10kg/m³；（2）水泥用量多时酌情增加用水量
	中砂	280	
	细砂	310	
矿渣、粉煤灰硅酸盐水泥	粗砂	275	
	中砂	285	
	细砂	315	

若施工采用高层泵送，可适当增加稠度来保证泵送性能，在这种情况下砂浆中需掺加减水剂，相应砂浆用水量可按下式计算：

$$Q_{wa} = Q_{w0}(1-\beta) \tag{4-5}$$

式中　　Q_{wa}——掺减水剂混凝土每立方米砂浆的用水量，kg/m³；

　　　　Q_{w0}——未掺减水剂混凝土每立方米砂浆的用水量，kg/m³；

　　　　β——减水剂的减水率。

减水剂的减水率应经试验确定。若掺有其他外加剂和掺合料，则需根据稠度状态通过调整水量，确定最后用水量。

（4）计算水泥用量 Q_c

按上述步骤计算出水灰比和初步估计出用水量以后，可以根据（4-6）计算出每立方米砂浆的水泥用量 Q_c。

$$Q_c = \frac{Q_w}{\dfrac{W}{C}} \tag{4-6}$$

式中，Q_c，Q_w 和 W/C 的意义同前。

（5）计算砂子用量 Q_s

每立方米砂浆砂子用量按式（4-7）或式（4-8）计算。

用绝对体积法计算配合比时：

$$Q_s = \left(1000 - \frac{Q_w}{\rho_w} - \frac{Q_c}{\rho_c}\right)\rho_s \tag{4-7}$$

式中 Q_c，Q_w——意义同前。

ρ_w，ρ_c，ρ_s——分别指水的密度、水泥的表观密度和砂子表观密度，kg/m^3。一般普通硅酸盐水泥为 $3.1\times10^3 kg/m^3$，矿渣硅酸盐水泥、粉煤灰硅酸盐水泥为 $3.0\times10^3 kg/m^3$。

按假定密度法计算配合比时：

首先必须假定砂浆的密度。砂浆的密度与水泥的表观密度及用量、砂子的表观密度、粒径粗细、级配情况以及用量、施工拌制和捣实条件等因素有关。砂浆密度一般为 $2.0\sim2.2\times10^3 kg/m^3$，通常选用 $2.1\times10^3 kg/m^3$。因此砂子的用量 Q_s 可按式（4-8）来计算。

$$Q_s = Q_m - Q_c - Q_w \qquad (4\text{-}8)$$

式中 Q_m——砂浆的假定密度，kg/m^3；

Q_s，Q_c，Q_w——意义同前。

（6）初步计算砂浆质量配合比

$$水泥：水：砂 = Q_c：Q_w：Q_s = 1：W/C：n$$

其中 $n = Q_s / Q_c$。

若引入其他外加剂或掺合料，则根据掺入量分别扣除水量式（4-5）或折算水泥用量。然后重新计算各原材料的质量配合比。

（7）试拌校核和调整

按初步计算的砂浆配合比，根据试拌所需材料，计算出各种材料的用量，拌合砂浆并检查砂浆的稠度是否符合设计和施工的要求，若不符合要求需经过适当的调整。符合要求后，测定砂浆实际密度并制作砂浆抗压试件，每组为 6 块试件，经过规定龄期养护后，进行砂浆抗压强度试验，以校核其强度。根据试配实验结果确定是否继续调整配合比，当各项指标符合技术要求后即可确定砂浆的实际配合比。

$$水泥：砂 = Q_c：Q_s = 1：n$$

其中 $n = Q_s / Q_c$。

在实际生产时亦可按此配合比计算出每立方米砂浆所需各材料的用量。按质量法计算并加入搅拌机中进行干拌。

在试配时，为了保证砂浆强度和经济合理性，一般应选择 3 个水灰比进行配合比计算，并制成足够数量的砂浆试块，经养护28d后作强度和相应的水灰比（或砂灰比）的关系曲线。在曲线上查出要求抗压强度时的水灰比，再进行必要的修正后，确定砂浆最终配合比，供施工使用。为了避免砂浆强度离散性过大，必须加强和提高施工管理水平，必须对砂浆所用材料的计量、各种材料的拌合、配合比的控制、试块的制作、养护条件等一系列工序，都应有统一的规章制度和办法，一环扣一环，共同遵守、相互检查，才能可靠地保证砂浆的质量。

4.3.5 地面砂浆参考配方

水泥地面砂浆应具有抗裂性好、强度高、耐磨性好、粘结力强、施工质量容易保证、色泽一致、观感良好等特点。为此干混地面砂浆要有一定的流动性，可通过泵送及简易振动找平施工即可得到平整的地面。其不仅可完全消除传统地面砂浆所产生的不平整、容易剥离空鼓、易脆裂和起粉等缺点，而且施工效率高，装饰性强。为此改进型干混地面砂浆中一般含有减水剂、纤维素醚和可再分散乳胶粉。具体参考配方见表4-22和表4-23。

表 4-22　DS15 地面砂浆参考配方

序　号	原　材　料	质 量 分 数
1	P・O42.5 水泥	16%
2	Ⅱ级粉煤灰	4%
3	中砂	80%
4	添加剂 BNE-5320	0.03%～0.06%

表 4-23　DS20 地面砂浆参考配方

序　号	原　材　料	质 量 分 数
1	P・O42.5 水泥	18%
2	Ⅱ级粉煤灰	4%
3	中砂	78%
4	添加剂 BNE-5320	0.03%～0.06%

4.4　普通防水砂浆

普通防水砂浆属于普通砂浆中的一种，GB/T 25181—2010《预拌砂浆》定义：用于抗渗防水部位的砂浆。而对特种防水砂浆的定义是：用于有特殊抗渗防水要求部位的砂浆。干混普通防水砂浆代号为 DW，按强度等级可分为 M5、M10、M15、M20，按抗渗等级可分为 P6、P8、P10。

普通防水砂浆可用于外墙抹灰及地面、厨卫、水池、地下室等要求抹灰层具有防水、防潮功能的场所。

广东省地标 DBJ/T 1536—2004《干混砂浆应用技术规程》中要求：

(1) 外墙抹灰必须采用防水砂浆，地面、厨卫、水池、地下室等要求抹灰层具有防水、防潮功能的场所应采用防水砂浆。

(2) 一般公共建筑、9 层及以下住宅外墙防水砂浆的厚度应不少于 10mm；特别重要的建筑，外墙面高度大于 24m 的公共建筑，9 层以上的住宅，砌体材料为空心砖、多孔材料或对防水要求较高的建筑物防水砂浆的厚度应不少于 15mm。

4.4.1　执行标准

(1) 干混普通防水砂浆目前执行的标准是 GB/T 25181—2010《预拌砂浆》。

(2) 其性能指标试验方法执行 JGJ/T 70—2009《建筑砂浆基本性能试验方法标准》。

4.4.2　性能指标

1. GB/T 25181—2010《预拌砂浆》中规定普通防水砂浆的性能指标见表 4-24。

表 4-24　普通防水砂浆性能指标

项　　目	普通防水砂浆
保水率/%	≥88
凝结时间/h	3～9
2h 稠度损失率/%	≤30

项　　目		普通防水砂浆
14d 拉伸粘结强度/MPa		≥0.20
28d 收缩率/%		≤0.15
抗冻性①	强度损失率/%	≤25
	质量损失率/%	≤5

① 有抗冻性要求时,应进行抗冻性试验。

普通防水砂浆性能指标除满足表 4-24 要求外,抗压强度应符合表 4-25 的规定,抗渗压力应符合表 4-26 的规定。

表 4-25　普通防水砂浆抗压强度指标要求

强度等级	M5	M10	M15	M20
28d 抗压强度/MPa	≥5.0	≥10.0	≥15.0	≥20.0

表 4-26　普通防水砂浆抗渗压力指标要求

抗渗等级	P6	P8	P10
28d 抗渗压力/MPa	≥0.6	≥0.8	≥1.0

2. 普通防水砂浆的性能要点

防水必须先防止开裂,因此普通防水砂浆应具有良好的粘结力、抗渗性及抗裂性。

4.4.3　普通防水砂浆参考配方

普通防水砂浆参考配方见表 4-27。

表 4-27　普通防水砂浆参考配方

原材料	掺量/kg	原材料	掺量/kg
水泥	350	砂	560
粉煤灰	50	硅灰	10
pp 纤维	0.5	灰色木质素纤维	1
可再分散乳胶粉	30	硬脂酸钙	5
纤维素醚	1	减水剂	0.45

4.5　保温砂浆

保温砂浆是指由阻隔型保温材料和砂浆材料混合而成的,用于构筑建筑表面保温层的一种建筑材料。目前市面上的保温砂浆主要为两种:有机保温砂浆(胶粉聚苯颗粒保温砂浆)和无机保温砂浆(玻化微珠防火保温砂浆,复合硅酸铝保温砂浆)。

胶粉聚苯颗粒保温砂浆是一种双组分的保温材料,主要由聚苯颗粒加由胶凝材料、抗裂添加剂及其他填充料等组成的干混砂浆。

无机保温砂浆(玻化微珠防火保温砂浆,复合硅酸铝保温砂浆)是一种用于建筑物内外墙粉刷的新型保温节能砂浆材料,以无机玻化微珠(又称闭孔膨胀珍珠岩)作为轻骨料,加由胶凝材料、抗裂添加剂及其他填充料等组成的干混砂浆。具有节能利废、保温隔热、防火防冻、耐老化的优异性能以及低廉的价格等特点，目前市场前景看好。

相对保温板而言，胶粉聚苯颗粒保温砂浆与无机玻化微珠保温砂浆的保温性能略差，但无机玻化微珠保温砂浆由于以不燃烧的无机材料组成，相对来说比较安全，不过其造价高，会导致工程总体成本上升。近年来市场上研发的太空隔热涂料，能在饰面层上达到保温效果，减少了保温层的施工成本，是最新型的保温材料，所以，保温砂浆在未来被取代已经成为一种趋势。

4.5.1 性能指标

GB/T 20473—2006《建筑保温砂浆》中规定的保温砂浆的性能指标见表 4-28。

表 4-28　硬化后的物理力学指标

项　　目	技　术　要　求	
	Ⅰ 型	Ⅱ 型
干密度 /（kg/m³）	240～300	301～400
抗压强度 /（MPa）	≥0.20	≥0.40
导热系数 /［W/（m·K）］	≤0.070	≤0.085
线性收缩率 /％	≤0.30	≤0.30
压剪粘结强度 /kPa	≥50	≥50
燃烧性能级别	应符合 GB 8624 规定的 A 级要求	应符合 GB 8624 规定的 A 级要求

4.5.2 保温砂浆参考配方

表 4-29～表 4-32 中列出了多种典型的保温砂浆配方。

表 4-29　保温砂浆保温体系所用砂浆的配比　　　　　　质量分数 /（％）

原　料	规　格	界面剂	有机骨料保温砂浆	无机骨料保温砂浆	防护砂浆	饰面砂浆（蠕虫状）	饰面砂浆（豆粒状）
普通硅酸盐水泥	P·O42.5	30～40	75～85	70～80	20～30	—	—
白色硅酸盐水泥	—	—	—	—	—	10～15	8～12
铝酸盐水泥	—	—	1.5～2	1.5～3	—	—	—
熟石灰粉	—	—	0～5	0～5	5～8	5～8	8～12
砂	约 3mm	—	—	—	—	8～15	—
	1.0～4.0mm	—	—	—	—	—	30～40
	0.1～1.0mm	—	—	—	—	55～70	20～30
	0～0.3mm	50～60	—	—	50～60	—	—
石灰石粉	<0.1mm	10～15	5～10	5～10	10～20	5～10	15～25
EPS 粒子	<5mm	—	5～7	—	—	—	—
闭孔玻璃微珠	<1mm	—	—	10～15	—	—	—
乳胶粉	—	3～5	1～2	1～2	1.5～5	1～2	0.5～1.5
纤维素醚 atocell N6035 或 N9051	—	0.15～0.3	0.2～0.3	0.2～0.3	0.1～0.3	0.1～0.25	0.1～0.2

原 料	规 格	界面剂	有机骨料 保温砂浆	无机骨料 保温砂浆	防护砂浆	饰面砂浆 (蟮虫状)	饰面砂浆 (豆粒状)
淀粉醚	—	—	0.01～0.03	0.01～0.02	—	0.01～0.02	0.01～0.02
引气剂	—	—	—	—	—	0.25～0.05	0.01～0.02
分散剂	—	—	0.03～0.05	0.03～0.05	—	0.25～0.05	0～0.02
憎水剂	—	—	0.1～0.3	0.1～0.3	—	0.15～0.3	0.25～0.5
缓凝剂	—	—	0.1～0.3	0.1～0.3	0～0.7	—	—
纤维	<0.2mm	—	0.1～0.4	0.1～0.4	0.1～0.5	0.1～0.5	0.1～0.5
无机颜料	—	—	—	—	—	0～0.5	0～5

表 4-30 聚苯颗粒保温砂浆

原 料	配比，质量份					
	1	2	3	4	5	6
粒径 3mm 聚苯颗粒	900（体积）					
粒径 5mm 聚苯颗粒		1100（体积）		1000（体积）		
粒径 4mm 聚苯颗粒			1000（体积）			
粒径 3.5mm 聚苯颗粒					950（体积）	
粒径 4.5mm 聚苯颗粒						1050（体积）
P·O42.5 硅酸盐水泥	145				150	
P·O52.5 硅酸盐水泥		165	155	160		160
Ⅱ级粉煤灰	50			60	25	20
Ⅰ级粉煤灰		70				20
高钙粉煤灰			60		30	25
聚丙烯纤维	0.4	1	0.7	0.5	0.7	0.5
重质碳酸钙粉	1.3	1.7	1.7	1.5	1.4	1.6
有机硅防水剂	1	2.1	1.5	1.3	1.8	1.2
纤维素醚 atocell N9265	1	2.1	1.5	1.3	3.6	1.2
聚乙烯醇	1.7	2.3	1.9	1.9	2	1.8
十二烷基硅酸钠	0.026	0.03	0.028	0.028	0.027	0.029
胶粉	1.7	3.6	2.5	2	3.1	2.4

表 4-31 高效节能玻化微珠保温砂浆

原 料	配比，质量份		
	1	2	3
水泥	32.89	65	50
玻化微珠	65	30	45.35
复合纤维	0.01	0.01	0.1
甲基纤维素醚 atocell N9051	0.1	0.1	0.5
可再分散乳胶粉	2	5.89	4
引气剂	0.005	0.005	0.05

表 4-32　节能型墙体复合保温砂浆

原　料	配比，质量份		
	1	2	3
水泥	35	35	35
膨胀珍珠岩	70	80	75
海泡石	15	10	13
活性炭	15	10	12

4.6　保温体系粘结砂浆

　　墙体保温系统起源于 20 世纪 60 年代的瑞典和德国，至今已将近 50 年的历史。在 20 世纪 70 年代初期的能源危机期间，由于建筑节能的要求，墙体保温体系在欧美得到大面积的推广应用。如今墙体保温技术已成为欧洲等发达国家市场占有率最高的一种建筑节能技术。经过多年的实际运用和在全球不同气候条件下长时间的考验，证明该类产品的保温系统既增强了建筑物装饰效果，又改善了居住的舒适度，结构合理，隔热效果优良，对主体结构有很好的保护作用，并且施工方便，投资增加不多，综合增加不多，综合经济效益显著。

　　目前广泛应用的墙体保温系统主要有三种：

　　(1) 外墙外保温系统。包括胶粉聚苯颗粒外墙外保温系统、膨胀聚苯板（EPS）薄抹灰砂浆外墙外保温系统、岩棉纤维平行于墙面的外墙外保温系统、岩棉纤维垂直于墙面的外墙外保温系统、挤塑板（XPS）薄抹灰砂浆外墙外保温系统等。如图 4-4、图 4-5 所示。

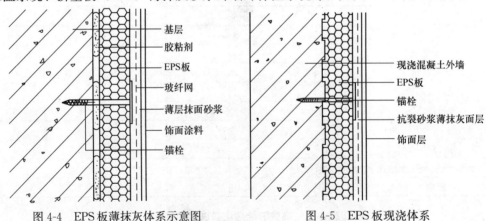

图 4-4　EPS板薄抹灰体系示意图　　　　　图 4-5　EPS板现浇体系

　　(2) 内墙内保温系统。包括胶粉聚苯颗粒内墙内保温系统（图 4-6）、膨胀聚苯板（EPS）薄抹灰砂浆内墙内保温系统等。

　　(3) 自保温体系。包括多孔砖、加气混凝土砌块、空心砌块等。

　　与墙体保温系统相对应的特种干混砂浆主要包括粘结砂浆、抗裂砂浆、装饰砂浆和腻子等产品。

4.6.1　保温体系粘结砂浆简介

　　当保温体系采用聚苯板（EPS）或挤塑板（XPS）或岩棉纤维作为内外墙保温用材料时，在墙体基质和保温板之间需要采用粘结砂浆来保证保温板和墙体基质之间的粘结。它不仅需要和墙体基质具有足够好的粘结强度，而且也要和保温板具有良好的粘结，保证外墙在服役过程中不会因粘结强度不够而出现掉板、开裂或剥蚀等建筑质量问题。

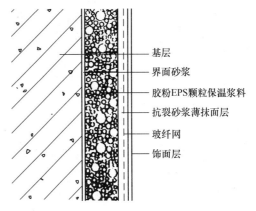

图 4-6　胶粉聚苯颗粒保温体系

（基层）
（界面砂浆）
（胶粉EPS颗粒保温浆料）
（抗裂砂浆薄抹面层）
（玻纤网）
（饰面层）

为此保温粘结砂浆应具有下列优点：

（1）高粘结性能，对基底和保温层都有良好的粘结力；

（2）足够的变形能力（柔性）和良好的抗冲击性能；

（3）表面可以选择多种材料做装饰层，能提高涂料面层的使用和装饰效果；

（4）自身质量轻，对墙体要求低，能直接在混凝土和砖墙上使用；

（5）环保、无毒，节省大量能源消耗；

（6）通过聚合物改性，极佳的粘结附着力和表面强度，极薄（3mm），底层具有足够的保护能力，能配合加强网格，抵抗冲击震动；

（7）低收缩，不开裂，不起壳，长期的耐候性和稳定性，耐水，耐碱，抗冻融；

（8）优良的保水性和匀质性，具有良好的施工性能；

（9）快干、早强、施工效率高。

4.6.2　性能指标

保温板粘结砂浆的性能应符合表 4-33 的要求。

表 4-33　保温板粘结砂浆性能指标

项　　目		EPS（模塑聚苯板）	XPS（挤塑聚苯板）
拉伸粘结强度/MPa（与水泥砂浆）	常温常态	≥0.60	≥0.60
	耐水	≥0.40	≥0.40
拉伸粘结强度/MPa（与保温板）	常温常态	≥0.10	≥0.20
	耐水		
可操作时间/h		1.5～4.0	

4.6.3　粘结砂浆配方设计

从粘结砂浆的特性可以看出，粘结砂浆必须具有足够好的粘结强度、良好的变形能力和抗冲击性能、良好的施工性能和耐久性，且要有良好的抗裂性。为此在砂浆配方设计时必须考虑到表 4-34 所列情况。

表 4-34　粘结砂浆配方设计思路

砂浆使用要求	相应技术要求	材料选择匹配
优异的粘结性能	粘结强度高	足量普通硅酸盐水泥、足量可再分散胶粉
良好的变形能力和抗冲击能力	压折比小，韧性好	添加粉煤灰和可再分散胶粉
良好的施工性能	工作性好	添加高效减少剂、增塑剂
良好的耐久性	长期强度稳定，耐酸，耐碱，耐热，耐老化	各组分协同作用
良好的抗裂性	收缩小，足够的劈裂抗拉强度	添加保水剂，可考虑纤维增强

4.6.4　粘结砂浆参考配方

粘结砂浆参考配方见表 4-35。

表 4-35　粘结砂浆参考配方

组　成	规格型号	质量分数/%
水泥	P·O42.5	28.00～35.00
级配砂	<1mm	配平
可再分散乳胶粉	VINNAPAS5044N 或 LL4023N	2.5～3.00
碳酸钙	<0.075mm	0～5.00
保水剂	HPMS-100000S	0.15～0.25
抗下滑助剂	FP6	0.05～0.10
其他功能型添加剂	—	0.10～1.00

4.7　抹面砂浆

保温体系抹面砂浆主要用于膨胀聚苯板（EPS）薄抹灰砂浆墙体保温系统、岩棉纤维平行于墙面的墙体保温系统、岩棉纤维垂直于墙面的墙体保温系统和挤塑板（XPS）薄抹灰砂浆墙体保温系统等。其中以在外墙外保温应用最为广泛。保温体系抹面砂浆是一种具有一定防水功能的薄层抹灰砂浆，对于墙体保温，建筑节能等都大有好处。保温系统在实际工程运用中最容易出现的问题就是开裂，导致潮气或雨水的侵蚀，造成保温层的系数增大，降低隔热效果。所以保温体系抹面砂浆的抗裂性、柔性、抗冲击性及吸水量为系统质量的重要因素。

4.7.1　性能指标

依据 JG 149—2003《膨胀聚苯板薄抹灰外墙外保温系统》，技术指标要求见表 4-36。

表 4-36　抹面砂浆技术指标要求

试　验　项　目		性能指标
拉伸粘结强度（与膨胀聚苯板）/MPa	原强度	≥0.10，膨胀聚苯板破坏
	耐水	≥0.10，膨胀聚苯板破坏
	耐冻融	≥0.10，膨胀聚苯板破坏
柔韧性	抗压强度/抗折强度（水泥基）	≤3.0
可操作时间/h		1.5～4.0

4.7.2　抹面砂浆配方设计原理

抹面砂浆是墙体保温体系中重要的功能组成部分之一，防裂是墙体保温体系要解决的关键技术之一。以外墙外保温体系为例，如图 4-7 所示，引起开裂的主要因素有四个方面。

（1）薄层结构失水。造成薄层结构失水，一方面是由于自由水分的蒸发，使得砂浆薄层结构失水产生干燥收缩，使得砂浆产生开裂，失去防水功能，而导致砂浆层渗漏，并致脱落。另一方面是保温层吸水，使得砂浆早期快速失水。

（2）外界环境影响。当外墙抗裂砂浆不具备防水功能时，在遭受外界雨水冲刷及室外温度变化的影响后，易使得外墙防护砂浆层产生热裂、渗漏、空鼓及脱落病害。

（3）界面变形不一致。造成砂浆和保温层界面变形不一致的主要原因一方面是当温度变化时，由于保温层和抗裂（或抹面）砂浆的温度膨胀系数不一致，使界面部位产生不一致的变形，而易导致界面处产生空鼓，进而开裂而脱落。另一方面是由于砂浆的体积收缩，使得二者产生界面变形不一致。

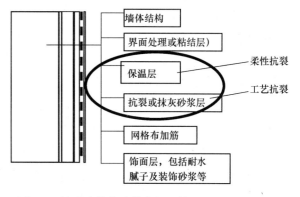

图 4-7　抗裂砂浆在墙体外保温体系中的功能示意图

（4）化学收缩。它是水泥水化后，生成物的体积比反应前物质的总体积小而使砂浆收缩，这类收缩又称为水化收缩。它是所有胶凝材料水化都具有的一种特性，是由于水化反应前后化合物平均密度不同而造成的。一般其体积减缩总量为水泥-水体系的 7 ％～9 ％，这部分收缩是不能够恢复的。水泥水化反应引起的化学收缩会引起砂浆的体积变化，进而可能会导致收缩裂缝的产生。

由此可见，解决墙体开裂的关键问题为如图 4-8 所示的四个方面。

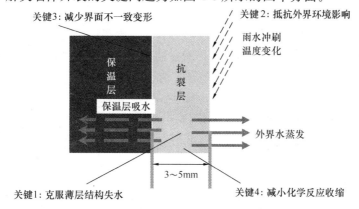

图 4-8　防止外墙开裂的四个关键性问题

从这四个方面来看，在材料选择时必须综合考虑，和粘结砂浆相比，其要求砂浆有更好的柔性和抗水分损失性能，因此在粘结砂浆的基础上，除保证足够增强砂浆柔韧性的胶粉外，最好再添加阻碍水扩散的防水剂或具有缓释效应的增稠剂（如纤维素醚），并引入增强纤维，这样才能有助于解决外墙开裂几个关键问题，因为抗裂砂浆的自身柔韧性和防水功能可使其具有以下几个方面的能力：

（1）有效防止砂浆层内自由水分的损失。防水剂和增稠剂在砂浆中的使用可抑制自由水分向外界和保温层的扩散，从而减少自由水分的损失，防止抗裂砂浆早期干燥收缩。

（2）提高砂浆抵抗外界环境变化的能力。防水剂使得砂浆具有一定抵抗水侵蚀的功能，使得外界的雨水无法入内或以滚珠效应排除，进而无法渗透至砂浆层，提高砂浆的耐久性。

（3）降低砂浆的干缩率。胶粉和部分性能优异的防水剂在防水的同时还具有增进砂浆柔韧性的能力，在有效抑制水泥基砂浆在硬化过程中的化学收缩的同时提高砂浆自身的变形能力，从而亦可减少界面变形不一致的影响。

这样抹面砂浆将具有良好的施工性、韧性、抗开裂性和防水性的特征。

4.7.3 抹面砂浆参考配方

抹面砂浆的参考配方见表 4-37。

表 4-37 抹面砂浆的参考配方

组成	规格型号	质量分数/%
水泥	P·O42.5	25.00～28.00
级配砂	＜1mm	配平
可再分散乳胶粉	VINNAPAS5044N 或 LL4023N	3.00～4.00
碳酸钙	＜0.075mm	0～10.00
保水剂	HPMS—100000S	0.2～0.25
木质纤维	PWC500	0.20～0.40
疏水剂	Nanothix1490	0.10～0.20
其他功能型添加剂	—	0.10～1.00

4.8 瓷砖胶粘剂

陶瓷墙地砖胶粘剂(简称瓷砖胶),是一种以有机或无机的胶凝材料、矿物集料、有机外加剂组成的单组分或多组分的混合物,用于陶瓷墙地砖粘贴的一类材料。特殊的配方组成使其兼具无机矿物的刚性和有机聚合物的柔韧性,厚薄施工皆宜,能粘贴瓷砖于各种类型的底材上,从而被广泛应用。瓷砖胶产品按组成分为三类:水泥基胶粘剂(C)、膏状乳液胶粘剂(D)、反应型树脂胶粘剂(R)。水泥基胶粘剂是由水硬性胶凝材料、矿物集料、有机外加剂组成的粉状混合物,使用时需与水或其他液体拌合。而膏状乳液胶粘剂是由水性聚合物分散液、有机外加剂和矿物填料等组成的膏糊状混合物,可直接使用。反应型树脂胶粘剂由合成树脂、矿物填料和有机外加剂组成的单组分或多组分混合物,通过化学反应使其硬化。

由于瓷砖经常被粘贴在像砖一样的多孔基质上,所以保水性能非常重要。万一瓷砖胶粘剂由于水分蒸发而脱水,瓷砖就不再保持牢固,有可能松动甚至脱落。在 20 世纪 70 年代,已出现保水性大于 97％的高效纤维素醚。它们不仅粘结牢固,还可减少水泥浆用量。目前,采用金属刷施工的所谓薄层瓷砖胶粘剂正逐渐流行,如图 4-9 所示。薄层砂浆比传统的瓷砖胶粘剂价格高,是因为它们含有昂贵的外加剂,但从全部材料的节约角度来看,这项技术更经济,且此类瓷砖粘贴技术也已有标准方法。

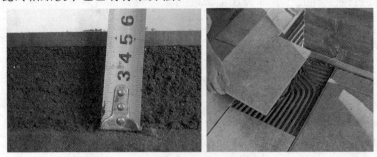

图 4-9 厚层瓷砖铺装(左)和用薄层瓷砖胶粘剂进行瓷砖粘贴(右)比对

瓷砖胶的配方组成、所选原材料、生产的工艺等决定了瓷砖胶的性能特点、所属范畴和适用范围。瓷砖胶专用于建筑物室内外墙面、地面的各类陶瓷砖、石材、马赛克等粘贴。不同类型的瓷砖胶，性能特点不同，适用的范围也不同。有的瓷砖胶适用于混凝土、抹灰、砖墙面上粘贴普通高吸水率砖、陶瓷马赛克和小型天然石材，有的适用于室内外墙地面混凝土、水泥砂浆抹灰面、砖石基面等。

4.8.1 执行标准

瓷砖胶产品执行的相关标准如下：

（1）产品标准

JC/T 547—2005《陶瓷墙地砖胶粘剂》

GB/T 25181—2010《预拌砂浆》

GB 24264—2009《饰面石材用胶粘剂》

GB 18583—2008《室内装饰装修材料 胶粘剂中有害物质限量》

GB 6566—2010《建筑材料放射性核素限量》

（2）工程标准

GB 50210—2001《建筑装饰装修工程质量验收规范》

JGJ 110—2008《建筑工程饰面砖粘结强度检验标准》

4.8.2 性能指标

依据标准 JC/T 547—2005《陶瓷墙地砖胶粘剂》，根据瓷砖胶的不同可选性能，可分为以下几种型号，用代号标识如下：普通型胶粘剂—（1）、增强型胶粘剂—（2）、快速硬化胶粘剂—（F）、抗滑移胶粘剂—（T）、加长晾置时间胶粘剂—（E）。

产品的标记顺序如下：产品类型、代号和标准号。例：

抗滑移—普通型—水泥胶粘剂：C1T JC/T 547—2005；

抗滑移—增强型—快速硬化—水泥基胶粘剂：C2FT JC/T 547—2005。

依据 JC/T 547—2005，瓷砖胶物理性能指标参数见表4-38。

表4-38 水泥基胶粘剂的技术要求

基 本 性 能		
Ⅰ	普通胶粘剂（C1）	
项 目	指 标	
拉伸胶粘原强度/MPa	≥	
浸水后的拉伸胶粘强度/MPa	≥	0.5
热老化后的拉伸胶粘强度/MPa	≥	
冻融循环后的拉伸胶粘强度/MPa	≥	
晾置时间，20min 拉伸胶粘强度/MPa	≥	
Ⅱ	快速硬化胶粘剂（CF）	
项 目	指 标	
早期拉伸胶粘强度，24h/MPa	≥	0.5
晾置时间，10min 拉伸胶粘强度/MPa	≥	
其他所有要求如本表中Ⅰ所列		

可选性能		
Ⅲ	特殊性能（CT）	
项　目	指　标	
滑移/mm	≤	0.5
Ⅳ	附加性能（C2）	
项　目	指　标	
拉伸胶粘原强度/MPa	≥	1.0
浸水后的拉伸胶粘强度/MPa	≥	
热老化后的拉伸胶粘强度/MPa	≥	
冻融循环后的拉伸胶粘强度/MPa	≥	
Ⅴ	附加性能（CE）	
项　目	指　标	
加长的晾置时间，30min 拉伸胶粘强度/MPa	≥	0.5

4.8.3　瓷砖胶粘剂参考配方

国内外生产瓷砖胶的厂家众多，产品种类各异，应用范围各有差异，要求水灰比也各不相同，一般施工的粉∶水为 4∶1。瓷砖胶粘剂参考配方见表 4-39。

表 4-39　瓷砖胶粘剂参考配方

瓷砖胶粘剂原材料	配方/质量分数%
普通硅酸盐水泥或白色硅酸盐水泥	42～45
硅砂（40～70 目）	42～45
优质微硅粉	4～4.5
重钙或粉煤灰（325 目）	约 8.5
高分子纳米胶粉（胶粘剂）	1.5～2.0
聚乙烯醇精细粉末（2488）	约 0.25
羟丙基甲基纤维素	0.15～0.20

注：1. 如制成白色的瓷砖胶粘剂，普通硅酸盐水泥可改用白色硅酸盐水泥或特诺®白。

　　2. 水泥的强度等级建议用 42.5 级。

4.9　瓷砖填缝剂

瓷砖填缝剂又称填缝料、勾缝剂等，是一种聚合物改性水泥基复合材料，主要由水泥、石英砂、填颜料配以多种添加剂经均匀混合而成，如图 4-10 所示。主要有两大类：水泥基填缝剂（CG）和反应型树脂填缝剂（RG）。水泥基填缝剂是由水硬性胶凝材料、矿物集料、有机或无机外加剂等组成的粉状混合物，使用时需与水或液态外加剂混合。反应型树脂填缝剂是由合成树脂、骨料、有机或无机外加剂等组成的混合物，通过化学反应而硬化，产品可以是单组分或多组分。

瓷砖填缝剂适用于建筑物室内外墙面、地面及屋顶各类瓷砖、马赛克、大理石、花岗石、文化石等材料的粘贴接缝处理。不同型号的填缝剂，产品特性不一样，适用范围略有不同。比如，填缝料（超细型）适用于大部分缝隙 1～5mm 的墙地面瓷砖和大理石等的填缝。填缝料（标准型）适用于 3～12mm 的墙地面瓷砖和大理石等的填缝。

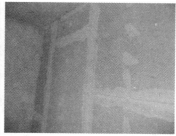

图 4-10　瓷砖勾缝剂（左）和石膏板安装勾缝剂（右）

4.9.1　执行标准

（1）产品标准

JC/T 1004—2006《陶瓷墙地砖填缝剂》

GB 18583—2008《室内装饰装修材料　胶粘剂中有害物质限量》

GB 6566—2010《建筑材料放射性核素限量》

（2）工程标准

GB 50210—2001《建筑装饰装修工程质量验收规范》

4.9.2　性能指标

水泥基填缝剂，可根据性能不同分为两个型号：普通型填缝剂—（1）和改进型填缝剂—（2）。根据产品的附加性能要求的不同又可分为以下三种：快硬性填缝剂—（F）、低吸水性填缝剂—（W）和高耐磨性填缝剂—（A）。不同的附加性能任意地组合构成不同的品种，可用不同的代号加以标识。

产品的标记顺序如下：产品类型、代号和标准号。例：

普通型—水泥基填缝剂：CG1 JC/T 1004—2006；

高耐磨—改进型—水泥基填缝剂：CG2A JC/T1004—2006。

水泥基填缝剂应满足表 4-40 中的技术要求。

表 4-40　水泥基填缝剂（CG）的技术要求

项　　目			指　　标	
			CG1	CG1F
耐磨损性/mm³		$<$	2000	
收缩/（mm/m）		$<$	3.0	
抗折强度/MPa	标准试验条件	$>$	2.50	
	冻融循环后	$>$	2.50	
抗压强度/MPa	标准试验条件	$>$	15.0	
	冻融循环后	$>$	15.0	
吸水量/g	30min	$<$	5.0	
	240min	$<$	10.0	
标准试验条件 24h 抗压强度/MPa		$>$	—	15.0
附加性能	高耐磨性/mm³	$\leqslant$	1000	
	30min 低吸水量/g	$\leqslant$	2.0	
	240min 低吸水量/g	$\leqslant$	5.0	

4.9.3 瓷砖填缝剂参考配方

瓷砖填缝剂产品种类众多，施工要求的水灰比也不尽相同。一般彩色瓷砖填缝料（标准型）采用的配比为粉水比为 5：1（重量）。瓷砖填缝剂参考配方见表 4-41。

表 4-41 瓷砖填缝剂参考配方

瓷砖勾缝剂原材料	质量分数/%
普通硅酸盐水泥或白色硅酸盐水泥	约 35
石英砂（100～200 目） 宽缝时适当级配 40～70 目粗砂	约 50
重钙或粉煤灰（325 目）	10～15
可再分散乳胶粉	约 1
HPMC（4 万）	约 0.1
木质纤维素	约 0.3

注：1. 如制成白色的瓷砖勾缝剂，普通硅酸盐水泥可改用特诺®白色硅酸盐水泥。

2. 水泥的强度等级建议用 42.5 级。

3. 调色：通过无机颜料来调整，例如：铁红、铁黑、铁黄、络绿等，具体添加量以试验定。

4.10 修补砂浆

由水泥、矿物掺合料、细骨料、添加剂等按适当比例组成的粉状混合物，使用时需与一定比例的水或者其他液体搅拌均匀，用于砂浆、混凝土制品、构筑物及建筑物修补的水泥砂浆。修补砂浆是一种用于混凝土结构表面缺陷和加固施工的专用水泥基聚合物砂浆，具有较高的抗压强度、粘结性、抗裂性和防水性。可在工业及民用已开裂的混凝土建筑物表面进行修补，或在已损坏及不能满足设计要求的工业民用建筑进行修复。当今世界由于各种原因所引起的结构失效或建筑功能失效不仅影响了人们的正常生活，而且造成了巨大的经济损失。工业发达国家建设总投资的 40％以上都用于建筑的修补和加固，不足 60％才用于新建筑的建设。在美国已有 40％的桥梁严重损坏，而在我国 30％左右的水泥混凝土路面破损，显然，要将已损设施完全替换掉或者重新修建，这在经济上是不可行的，解决的办法只有修补。

美国、日本等国家已普遍使用掺聚合物的水泥砂浆及以合成聚合物和焦油为主的油灰胶泥进行路面较宽裂缝的修补。在美国，修补砂浆多用于桥梁、甲板表面和修补工程。日本早在 20 世纪 70 年代，聚合物改性修补砂浆和树脂修补砂浆就已经在建筑业处于主导地位，应用于装饰面和修补工程的结构材料。美国战略发展委员会应混凝土修补和保护的要求，为支持混凝土行业的战略需要，促进成立了 Vision2020。Vision2020 的目的是为改善混凝土修补和保护的工作效率、安全性和质量而确定的一个目标，改进修补材料的设计和性能，制造出性能和实际工程中一致的修补砂浆。可见美国建筑行业对混凝土修补砂浆的研究已列入行业发展的规划，对修补砂浆的研究已经相当重视。

早在 20 世纪 60 年代，我国就已经开始了混凝土和水泥制品修补材料的研究和应用工作，但由于当时混凝土建筑和水泥制品的数量不大，且使用期限比较短，因此修补砂浆的用量不大，只是在水工混凝土、桥梁维护和水泥制管厂等有些应用，同时，受当时可选择原材料的限制,品种和种类也很少。现今,由于混凝土建筑和水泥制品使用数量的猛增,以及人们对建筑物质量意识的提高,使得修补砂浆的研究和应用得到了很大发展。修补砂浆的应用已从过去单纯的混凝土破坏修复,发展为混凝土结构和水泥制品的加固补强,混凝土结构和水泥制品的维护和提高耐久性,新、老混凝土的裂缝修补,混凝土结构抗渗防潮修补,混凝土和水泥制品的耐腐蚀修补,道路混凝土的耐磨修补等。

4.10.1　性能指标

国家行业标准正在由建筑材料工业技术监督研究中心制定中,修补砂浆关注的性能指标有:凝结时间、抗压强度、抗折强度、柔韧性、横向变形、拉伸粘结强度、剪切粘结强度和竖向膨胀率等。

4.10.2　修补砂浆参考配方

修补砂浆参考配方见表 4-42。

表 4-42　修补砂浆参考配方

原 材 料	质量分数/%
水泥	33
石英砂	50
填料	15.5
保水剂	0.1
增塑剂	0.4
抗收缩剂 Peramin® SRA40	1
可再分散乳胶粉	2.5～10(占水泥量的比例)

4.11　聚合物防水砂浆

防水砂浆的开发、应用,不仅在建筑中要与密封、保温要求相结合,也要与舒适、节能和环保等各个方面相适应,因而当前对防水砂浆提出了更新的标准和更高的要求。防水砂浆除应用于工业与民用建筑,特别是住宅建筑的屋面、地下室、厕浴、厨房、地面防水外,还将广泛应用于新建铁路、高速公路、市政道路、轻轨交通(包括桥面、隧道)、水利建设、城镇供水工程、污水处理工程、垃圾填埋场工程及建筑物外墙防水。

纵观防水剂的发展史,早在 20 世纪 50 年代末,国外防水剂便在中国市场上普及。美国、加拿大、日本、德国等国在各类防水工程中除使用氯盐、硅酸盐等无机防水剂外,还广泛地使用了具有憎水性的防水剂,如脂肪酸及其盐类、硬脂酸及其盐类、油酸及其盐类等。中国曾对氢氧化铁、氢氧化铝等密实剂进行了研究,但是氢氧化铁、氢氧化铝等胶体的制备方法繁杂,货源不够充裕,为此研制了价格低廉、原料来源广、制造简便的氯化铁防水剂。

20 世纪 80 年代,防水剂以复合多功能产品形成主流,由两种或两种以上组分复合而成的防水剂新产品不断问世。美国采用憎水组分和早强组分复合成防水剂,有效地降低渗透性,并在提高防渗能力的同时,不出现强度损失。之后,日本采用高性能防水组分与塑化剂复合制成了防水性与和易性兼备的新型防水剂,它可使砂浆透水系数仅为普通砂浆的四分之一,并可防止因冻结而引起砂浆受损及龟裂,而对砂浆的强度等性能无不利影响,后期强度发展迅速。它的使用给新的施工工艺的开发利用带来了活力，使施工的管理和组织更方便有效，使防水剂的应用更广泛，效果更佳。

近年来，砂浆防水剂在结构施工中被普遍采用。欧、美、日在此领域处于领先水平。与国外发达国家相比，中国的防水剂产品不仅品种少而且功能少，且产品质量受原材料、加工工艺等影响，波动较大。因此中国引进和开发了不少新型防水剂，在建筑上的应用不断增加，并呈现出良好的持续发展趋势。目前进驻中国市场的有以下几种：

道康宁公司的防水剂。早在 1973 年，道康宁就开始进入中国市场，历经多次重要变迁，以及持续扩充、增长，迄今在中国的投资总额已超过四千万美元，分别在上海、北京、成都、广州及香港设有办事处，在上海松江区设有生产基地和应用服务中心，为国内企业提供生产、技术、销售等服务。其主打产品为 Dow Corning Z—6403、Z—6430、Z—0500 和 Z—6689 四种产品。Dow Corning Z—6403 为高纯度未稀释的异丁基三乙氧基硅烷，可深入渗透到混凝土表层下；主要用于特殊的混凝土基材，如码头、靠海的建筑物、跨海大桥、高速公路、桥梁等的防水、防盐雾处理。Dow Corning Z—6430 为无溶剂的硅烷/硅氧烷浓缩物，主要用于中性和碱性矿物质基材，如砖块、石头的防水处理，处理后的基材可防水，并保持原有外观。Dow Corning Z—0500 主要用于天然石材的保护，对石灰石基材的效果尤佳，即使在高浓度下，基材外观也不会改变。Dow Corning Z—6689 为硅烷/硅氧烷浓缩物，具有固化速度快、固化时间短的特点，用在碱性基材上 5min 后即有凝珠效果；在中性基材（如砖、砂石、面砖）表面，1h 后即能产生绝佳的凝珠效果，让配方商能配制出瞬间优异憎水效果的产品。该公司面向中国市场已几乎完成了本土化研究，具有切实的供中国科技工作者参考的系列数据。

国民淀粉化学有限公司的防水剂。Elotex 易来泰开发的 SEAL80 是用于干混砂浆产品的憎水性添加剂，其产品为粉末状，具有良好的拌合性能，在较低的掺量下使砂浆整体产生良好的憎水性并维持长期作用效果，且对强度还有提高。SEAL80 是采用易溶于水的保护胶体和抗结块剂通过喷雾干燥将硅烷包裹后获得的粉末状硅烷基产品。SEAL80 在水泥浆体中水解后释放的少量产物为乙醇，对环境没有危害。由于 SEAL80 具有以上优异的性能，在中国已被广大科技界和工程界人士认可且广泛使用于外墙外保温系统以及其他有防水性能要求的干混砂浆产品。

德国瓦克化学品公司的防水剂。该公司生产的 SILRES® BS 建筑有机硅产品系列，广泛应用于外墙涂料、混凝土保护、石材防水防油、石膏及水泥制品防水方面。有机硅砂浆防水剂 SILRES BS16、有机硅混凝土防水剂 SILRES BS 1001 和有机硅石膏防水剂 SILRES BS 94 等在中国的有机硅市场亦占有重要地位。其与上海同济大学的合作为其开拓中国市场奠定了良好的基础。

德国赢创（Evonik）公司高施米特股份有限公司（原 Degussa）的防水剂品种也很多，包括 P730、P740、P750、P755 等系列粉末状产品，能满足不同层次用户的需要。

4.11.1 性能指标

聚合物水泥防水砂浆是以水泥、细骨料为主要组分，以聚合物乳液或可再分散乳胶粉等为改性剂，添加适量助剂混合制成的防水砂浆。产品按组分的构成分为单组分（S 类）和双组分（D 类）两类。单组分（S 类）是由水泥、细骨料和可再分散乳胶粉、添加剂等组成。而双组分（D 类）是粉料（水泥、细骨料等）和液料（聚合物乳液、添加剂等）组成。

产品按物理力学性能分为Ⅰ型（通用型）和Ⅱ型（柔韧型），产品的标记顺序如下：产品类型、代号和标准号。例：

单组分，Ⅰ型聚合物水泥防水砂浆：JF 防水砂浆 SⅠ JC/T 984—2011

依据 JC/T 984—2011《聚合物水泥防水砂浆》，聚合物水泥防水砂浆性能指标要求见表 4-43。

表 4-43　聚合物水泥防水砂浆性能

编号	测　试　项　目			性能指标	
				Ⅰ型	Ⅱ型
1	凝结时间①	初凝/min		≥45	
		终凝/h		≤24	
2	抗渗压力②/MPa	涂层试件	7d	≥0.4	≥0.5
		砂浆试件	7d	≥0.8	≥1.0
			28d	≥1.5	≥1.5
3	抗压强度/MPa			≥18.0	≥24.0
4	抗折强度/MPa			≥6.0	≥8.0
5	柔韧性（横向变形能力）/mm			≥1.0	
6	粘结强度/MPa	7d		≥0.8	≥1.0
		28d		≥1.0	≥1.2
7	耐碱性			无开裂、剥落	
8	耐热性			无开裂、剥落	
9	抗冻性			无开裂、剥落	
10	收缩率/%			≤0.30	≤0.15
11	吸水率/%			≤6.0	≤4.0

①凝结时间可根据用户需要及季节的变化进行调整。

②当产品使用的厚度不大于 5mm 时测定涂层试件的抗渗压力；当产品使用的厚度大于 5mm 时测定砂浆试件抗渗压力。亦可根据产品用途，选择测定涂层或砂浆试件的抗渗压力。

4.11.2　聚合物防水砂浆参考配方

聚合物水泥基防水材料有三大类，根据组分、性能特点的不同可分为诸多小类别，在此不一一举例。以德高（广州）建材有限公司生产的水泥基防水产品为例，防水浆料（通用型）产品推荐的粉料与液料的配比是 1∶0.3，防水浆料（柔韧性Ⅱ型）产品推荐的粉料与液料的比为 1∶0.6。防水砂浆的参考配方见表 4-44。

表 4-44　防水砂浆参考配方

材　料	配　方/%
普通硅酸盐水泥	40～50
0.06～0.6mm 石英砂	45～55
可再分散乳胶粉	1～4.4
防水剂	0.1～0.5
其他功能助剂	0.5～3.5

4.12 耐磨地坪

混凝土地面用水泥基耐磨材料是指由硅酸盐水泥或普通硅酸盐水泥、耐磨骨料为基料，加入适量添加剂组成的干混材料。

可用于道路、广场、车间、仓库、停车场、商场、办公及洁净房（电子设备、食品、制药、印刷、日化、医院无菌无尘手术室）等地面。

4.12.1 性能指标

依据 JC/T 906—2002《混凝土地面用水泥基耐磨材料》，技术指标要求见表4-45。

表 4-45　混凝土地面用水泥基耐磨材料的性能指标

项　　目		技　术　指　标	
		Ⅰ型	Ⅱ型
外　　观		均匀、无结块	
骨料含量偏差		生产商控制指标的±5％	
抗折强度，28d，MPa	≥	11.5	13.5
抗压强度，28d，MPa	≥	80.0	90.0
耐磨度比，％	≥	300	350
表面强度（压痕直径）mm	≤	3.30	3.10
颜色（与标准样比）		近似～微	

4.12.2 耐磨地坪参考配方

耐磨地坪参考配方见表4-46。

表 4-46　耐磨地坪参考配方

组　　成	规格型号	质量分数/％
水泥	P·O42.5	35.00～45.00
非金属骨料或金属骨料	级配	配平
高效减水剂	MELMENT F10	0.10～0.30
可再分散乳胶粉	VINNAPAS 5010N 或 ZJ7025	0～0.50
保水剂	H300P2	0.02～0.05
无机颜料	Bayferrox 颜料	适量
其他功能性添加剂	—	0.20～1.00

4.13 自流平砂浆

在住宅和建筑中，地坪砂浆主要用于混凝土或者木板上，从而为铺设地毯和地板提供一个稳定的平面基础。常用的塑性水泥基地坪砂浆为厚层地坪砂浆，其需要大量的劳动力去铺筑和收光，如图 4-11 所示。在 20 世纪 70 年代中期，通过引入高效减水剂，具有高流动度的地坪砂浆逐渐被推广应用。由于其具有很高的流动性，易泵送并且能自动扩散到地面上，只需要很少的劳动力便能获得一个完整的表面，因此很容易施工，如图 4-12 所示。近年来，水泥基和石膏基自流平地坪砂浆正逐渐被深入研究和推广应用。

图 4-11 普通水泥基地坪砂浆（左）和人工铺设普通地坪效果（右）

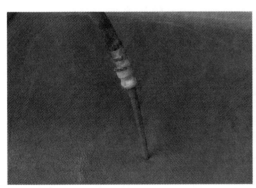

图 4-12 室外水泥基自流平砂浆浇筑（左）和静止几分钟后的镜面效果（右，人影依稀可见）

自流平砂浆置于地坪砂浆、混凝土或者其他基础之上，从而达到一个非常平整的表面。和 20～50mm 典型厚地坪砂浆相比，其一般为至多 15mm 厚的薄层。为了达到这种薄层，通常只能采用很细的集料（粒径<0.1mm）。

为达到均匀的扩散性和自愈合性，自流平砂浆需要使用特殊分散剂。自愈合性是指在铺设的时候，即便被切割，比如用小刀，自流平砂浆也不会留下人为凹槽。干酪素，一种从牛奶中提取的天然生物聚合物，是目前市场上提高自愈合性的一种主要产品。自流平砂浆的流动性一般按照 EN12706 来测试。通常自流平砂浆是水泥基或者无水石膏基的干粉混合物，有些情况下会使用高活性的高铝水泥、波特兰水泥和硬石膏的混合物。当其与水混合后，约 1h 的工作时间可用来铺设该浆体，而 2h 后就可在上面行走。自流平砂浆一般由机器混合，泵送施工。

4.13.1 性能指标

依据 JC/T 985—2005《地面用水泥基自流平砂浆》，水泥地面自流平砂浆的技术要求见

表 4-47。

表 4-47　干混自流平砂浆的性能指标

项　　目		性　能　指　标
外观		均匀、无结块
流动度/mm	初始流动度	≥130
	20min 流动度	≥130
拉伸粘结强度/MPa		≥1.0
耐磨性/g		≤0.50
尺寸变化率/%		−0.15~0.15
抗冲击性		≥无开裂或脱离底板
24h 抗压强度/MPa		≥6.0
24d 抗折强度/MPa		≥2.0

抗压强度等级					
强度等级	C16	C20	C25	C30	C35	C40
28d 抗压强度/MPa	≥16	≥20	≥25	≥30	≥35	≥40

抗折强度等级			
强度等级	F4	F6	F7	F10
28d 抗折强度/MPa	≥4	≥6	≥7	≥10

4.13.2　自流平砂浆参考配方

自流平砂浆参考配方见表 4-48。

表 4-48　自流平砂浆参考配方

组　　成	规 格 型 号	质量分数/%
混合胶凝材料	普通硅酸盐水泥、高铝水泥、无水硬石膏或 α-半水石膏 P·O42.5	30.00~40.00
石英砂	级配砂	配平
重钙粉	≤0.075mm	10.00~20.00
可再分散乳胶粉	VINNAPAS 5010N 或 ZJ7025	1.00~4.00
超塑化剂	MELFLUX 2651F	0.15~0.20
稳定剂	H300P2	0.04~0.15
消泡剂	STRUKTOLSB2320DL	0.05~0.10
促凝剂	碳酸锂	0~0.2
缓凝剂	酒石酸	0~0.25
其他功能性添加剂	—	0.20~1.00

4.14　腻子

腻子，即通常所说的批灰或填泥，是由某种或几种具有粘结性能的基料和大量填料、优质颜料与少量助剂等混合调制而成的柔软膏状物，其功能主要是填平物体表面上的孔洞、裂缝以及其他缺陷，以便于节省涂料和使表面美观。腻子的填料主要有石英粉、石英砂、双飞粉、轻质碳酸钙、滑石粉等，基料一般都是水泥和高分子聚合物，包括聚合物乳液和聚合物粉末，助剂通常有增稠剂、防霉剂、抗老化剂等。腻子中的水泥跟水泥砂浆或水泥混凝土的水泥作用一样，都起到粘结骨料的作用。

据统计，90％建筑涂装中产生的质量问题源自建筑腻子，涂料本身和施工环境等其他因素仅占10％。因此，腻子所能起到的作用远远超出人们的想象，是建筑涂装中不可缺少的材料。建筑腻子的种类繁多，人们分类习惯各不相同，例如根据使用部位不同可以将腻子分为内墙腻子和外墙腻子；根据存储方式不同又可分为粉状腻子、膏状腻子和双组分腻子等。图 4-13 是现在最常见的两种分类方式：

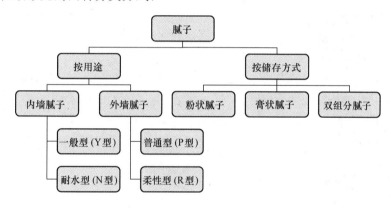

图 4-13　建筑腻子的分类

任何产品都有自己特定的技术性能要求，建筑腻子也不例外，各国对建筑腻子的性能要求不尽相同，同一个国家的不同地区对腻子的性能要求也不一样，为了统一标准，规范市场，我国先后出台了两个建筑腻子用标准，分别是《建筑内墙用腻子》和《建筑外墙用腻子》。由于建筑内墙腻子和建筑外墙腻子所处的环境不相同，内墙腻子是用在建筑物室内墙面，不受风雨和日晒，而外墙腻子用在外墙面，其常年暴露在室外，常受日晒雨淋，所以对二者的性能要求不一样。如内墙腻子一般都不接触水，所以对其耐水性要求比外墙腻子低，只要在水中浸泡 48h 表面无异常即可，而外墙腻子则要求在水中浸泡 96h 表面无异常。内墙腻子的标准状态粘结强度只要大于 0.25MPa 即可，而外墙腻子要求大于 0.6MPa，而且内墙腻子不要求测定冻融循环后的粘结强度，而外墙腻子要求测定 5 次冻融循环后粘结强度，且要达到 0.4MPa 以上。其他性能的要求也有区别，如抗开裂性能、吸水量和打磨性等。总之，由于内外墙腻子所处的环境不同，对性能的要求不同，外墙腻子所处的环境比内墙腻子所处的环境恶劣，所以对其性能要求比内墙腻子的高。

建筑腻子的研究和广泛应用是近十几年的事，由于人们对建筑腻子的性能和作用认识不够，忽视对建筑腻子的质量要求，尽管腻子产品的使用量大大增加，市场上腻子产品种类繁多，但是许多产品存在严重的质量问题，归结起来有以下几点：

（1）腻子有机挥发物含量太高，达不到环保要求。很多建筑单位为了节省成本，仍然采用 107 胶水等有机胶水和双飞粉现场调制腻子。这种胶水大部分都含有甲醛等有毒的挥发性物质。有的还使用聚乙烯醇与甲醛现场熬制胶水，然后与双飞粉混合使用，这种腻子长时间都会释放出甲醛，对室内空气污染很严重。

（2）腻子粘结强度低。很多腻子的基料仍然使用乳胶液、聚乙烯醇或质量较差的纤维素醚。这些基料本身的粘结强度低，再加上厂家为节省成本，降低掺量，导致腻子粘结强度很低，短时间内就大面积脱落。

（3）腻子的物理性能差，达不到耐久性能要求。由于使用的基料耐水性差，抗紫外线差，柔韧性低，导致腻子的耐水性、耐候性和抗开裂性能都很差，所以这种腻子一两年内就会有龟裂、剥落、粉化等现象出现。

建筑腻子的基本功能是填平基层，保护墙体，节省涂料用量，有利于涂料使用。但随着科学技术的发展，新型建筑材料不断推陈出新，新型建筑腻子作为一种新型建材，也应该推出不同种类的品种，这样才能适应市场需求，所以应该研制出具有更多特殊功能的新型腻子。现有的功能腻子有柔性腻子、弹性腻子，它们适应于由硅钙板、埃特板、石膏刨花板等收缩性较大的墙体。旧墙翻新腻子是现代大城市旧墙翻新的一项新技术产品。

4.14.1 性能指标

腻子主要执行标准为：JG/T 298—2010《建筑室内用腻子》，JG/T 157—2009《建筑外墙用腻子》，GB/T 23455—2009《外墙柔性腻子》。腻子的主要技术指标是常态和浸水后的粘结强度以及批刮性能，粘结强度取决于粘结剂的品种和用量，批刮性能受增稠剂的用量影响。具体技术指标见表 4-49 和表 4-50。

表 4-49　外墙柔性腻子的要求

序号	项目		技术指标	
			Ⅰ型	Ⅱ型
1	混合后状态		均匀、无结块	
2	施工性		刮涂无障碍、无打卷、涂层平整	
3	干燥时间（表干）/h		≤4	
4	初期干燥抗裂性（6h）		无裂纹	
5	打磨性（磨耗值）/g		≥0.20	—
6	与砂浆的拉伸粘结强度/MPa	标准状态	≥0.6	
		碱处理	≥0.3	
		冻融循环处理	≥0.3	
7	与陶瓷砖的拉伸粘结强度/MPa	标准状态	—	≥0.5
		浸水处理	—	≥0.20
		冻融循环处理	—	≥0.20
8	柔韧性	标准状态	直径 50mm，无裂纹	
		冷热循环 5 次	直径 100mm，无裂纹	

表 4-50 外墙腻子技术指标

项目		技术指标①		
		普通型	柔性	弹性
容器中状态		无结块、均匀		
施工性		刮涂无障碍		
干燥时间（表干）/h		≤5		
初期干燥抗裂性 6h	单道施工厚度≤1.5mm 的产品	1mm 无裂纹		
	单道施工厚度＞1.5mm 的产品	2mm 无裂纹		
打磨性		手工可打磨		
吸水量 g/10min		≤2.0		
耐碱性 48h		无异常		
耐水性 96h		无异常		
粘结强度 /MPa	标准状态	≥0.60		
	冻融循环 5 次	≥0.40		
腻子膜柔韧性②		直径 100mm 无裂纹	直径 50mm 无裂纹	—
动态抗开裂性 /mm	基层裂缝	≥0.04，＜0.08	≥0.08，＜0.3	≥0.3
低温贮存稳定性③		三次循环不变质		

①对于复合层腻子，复合制样后的产品应符合上述技术指标要求。

②低柔性及高柔性产品通过腻子膜柔韧性或动态抗开裂性两项之一即可。

③液态组分或膏状组分需测试此项指标。

4.14.2 腻子参考配方

外墙腻子的参考配方见表 4-51。

表 4-51 外墙腻子的参考配方

组成	规格型号	质量分数/%
水泥	P·O42.5 或 P·O32.5	18.00～28.00
熟石灰	—	0～3.00
可再分散乳胶粉	VINNAPAS 5044N	1.00～5.00
石英粉	＜0.075mm	10.00～20.00
碳酸钙	＜0.075mm	配平
保水剂	HPMC—75000S	0.30～0.40
疏水剂	Nanothix 1490	0.10～0.20
木质纤维	PWC500	0.20～0.30
其他功能性添加剂	—	0.05～0.50

4.15 灌浆砂浆

灌浆技术是指通过一定的压力将具有胶凝性能的材料注入结构和地基的空隙中，改善被灌体力学性能、防渗性能及满足其他功能的一种技术，广泛用于水电、建筑、地下工程、交通及铁道工程等行业。相比于普通水泥，超细灌浆水泥具有很好的渗透性能、几乎可以和化学浆材媲美，而且对环境友好。

20世纪80年代日本首次研制超细水泥浆材的湿式工法（WMC工法），此后许多国家相继以超细水泥作为灌浆材料研究，我国于1987年研制出湿磨细泥浆的灌浆新技术，但都因超细水泥成本高，限制了该技术的应用。20世纪90年代，新的灌浆技术GIN（强度值）法得到应用，GIN法是采用单一水灰比的中等稠度的水泥稳定浆液，所以料浆的稳定性、高流动度下的需水量及浆体凝结硬化后的干缩性能备受人们关注。混凝土的裂缝，一般用粒径很细的水泥基灌浆料来修复，其必须具有很好的流动性，且能够渗透到裂缝中，为此采用高掺量高效减水剂来达到高的流动性。当然，这样会有沉降和泌水的风险，使用黄原胶和温轮胶这些具有剪切稀释效应的生物聚合物能够防止灌浆料泌水。

4.15.1 性能指标

依据 JC/T 986—2005《水泥基灌浆材料》的技术指标要求，见表4-52。

表4-52 灌浆砂浆性能指标

项目		性能指标
粒径	4.75mm方孔筛筛余/%	≤2.0
凝结时间	初凝/min	≥120
泌水率/%		≤1.0
流动度/mm	初始流动度	≥260
	30min流动度保留值	≥230
抗压强度/MPa	1d	≥22.0
	3d	≥40.0
	28d	≥70.0
竖向膨胀率/%	1d	≥0.020
钢筋握裹强度（圆钢）/MPa	28d	≥4.0
对钢筋锈蚀作用		应说明对钢筋有无锈蚀作用

4.15.2 灌浆砂浆参考配方

灌浆砂浆参考配方见表4-53。

表4-53 灌浆砂浆参考配方

原材料	质量分数/%	原材料	质量分数/%
水泥	28~30	纤维素醚	0.03~0.05
粉煤灰	2~4	可再分散乳胶粉	0.5~1
铝粉混合物（1:100）	0.005	消泡剂	0.1~0.2
膨胀剂	1~2	塑化剂	0.15~0.2
石英砂	65~70		

4.16 界面砂浆

界面砂浆又叫界面处理剂，是既能牢固粘结基层又能很好地被新的胶粘剂牢固粘结的，具有双向亲和性的材料。

在建筑工程中，基材具有不同的表面特性，例如：

（1）多孔的强吸水性材料（加气混凝土、石膏板和木材等）；

（2）较平滑的低吸水性材料（现浇混凝土等）；

（3）无孔的不吸水材料（PVC、苯板等有机材料板材、釉面砖等），使水硬性的覆盖材料不能充分进行水化或以机械嵌固形式产生锚固力，影响了粘结力和整体性；

（4）因为基材与后续覆面材料的物理力学性能，如变形（收缩或膨胀）及热膨胀系数、弹性模量、强度等的差异产生内应力，导致粘结失效。

以上这些情况都需要使用界面处理剂来增强两种材料之间的结合力，避免空鼓、开裂和剥落。从物理意义上来讲，界面处理剂本质上是一种具有双向亲和力的建筑胶粘剂。

建筑用干混界面处理剂被广泛应用于墙体的抹灰、后浇带的结合层、旧墙翻新等方面。特别值得一提的是，在保证有效粘结的同时，界面砂浆往往因避免了基材的浇水，尤其是对浇水产生干缩变形的轻质砌块，还起到防止干缩变形开裂，使基材稳定的作用。另外在许多不易被砂浆粘结的致密材料上，界面砂浆是必不可少的辅助材料。

界面砂浆需要具有以下特点：

（1）能封闭基材的孔隙，减少墙体的吸收性，达到阻缓、降低轻质砌块抽吸覆面砂浆内水分，保证覆面砂浆材料在更佳条件下的粘结胶凝；

（2）固结，提高基材表面强度；

（3）担负砌体与抹灰的粘结搭桥作用，保证上墙砂浆与砌体表面更容易结合成一个牢固的整体；

（4）具有永久粘结强度，不老化、不水化及不形成影响耐久粘结的膜性结构；

（5）免除抹灰前的二次浇水工序，避免墙体干缩。

水泥基界面砂浆参考配方见表4-54。

表 4-54 水泥基界面砂浆参考配方

材料	质量分数/%	材料	质量分数/%
P.O42.5 水泥	45	MC	0.35
砂（0～0.5mm）	50	可再分散乳胶粉	1.5～3.5

4.17 装饰砂浆

装饰砂浆（图 4-14）由无机胶凝材料、填料、添加剂和/或骨料所组成，是用于建筑墙体表面及顶棚的装饰性抹灰材料，使用厚度不大于 6mm。根据所使用粘结材料不同可分为三大类：水泥基装饰砂浆、石膏基装饰砂浆和纯聚合物基装饰砂浆。从国内装饰砂浆的应用状况来看，应用较多的是水泥基干混装饰砂浆和纯聚合物基的膏状装饰砂

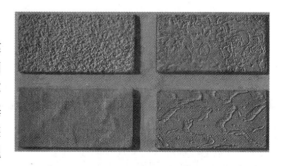

图 4-14 装饰砂浆示意图

浆，而石膏基装饰砂浆应用得很少。装饰砂浆的特点如下：（1）水泥基装饰砂浆具有比涂料（包含腻子层）或瓷砖更低的成本，装饰效果多样化。（2）装饰砂浆具有良好的透气性，通过选择合适的添加剂还可以获得良好的防水效果。（3）表面颜色的一致性和抗泛碱性较难控制。

水泥基装饰砂浆最大的缺点就是表面容易有色差和泛碱问题。部分商业产品配套有罩面清漆以减轻泛碱，另外也有专业的抑制泛碱添加剂可以增加装饰砂浆自身的抗泛碱能力，丙烯酸胶粉在抗泛碱上具有非常大的优势。

装饰砂浆的参考配方见表4-55。

表 4-55　装饰砂浆的参考配方

材料	质量分数/%
普通硅酸盐水泥，白色或灰色	10～20
碳酸钙（0.048mm）	0～15.00
熟石灰	5.00
石英砂	平衡到 100
颜料（建议使用无机氧化物颜料，掺量根据色彩的要求调整）	0～5.00
引气剂	0.00～0.03
木质纤维	0.20～0.50
纤维素醚（10 000～15 000 mPa·s）	0.20～0.30
憎水剂	0.20～0.40
淀粉醚	0.01～0.03
可再分散胶粉（ZJ8045）	1.50～4.00
总计	100.00

4.18　CA 砂浆

板式无砟轨道技术是国内近几年兴起的一种新工法。它的特点是可以有效减少噪声和振动，尤其适用于城市轨道交通和城际快速铁路。板式无砟轨道在混凝土底座和轨道板之间有一缓冲填充垫层，它既具有一定的弹性，又具有一定的强度。由于水泥砂浆强度足够高，但弹性不足，而沥青弹性好，但强度低，受温度影响大，因此采用了将二者结合的水泥沥青砂浆（Cement Asphalt Mortar，简称 CA 砂浆），来满足客运专线列车高速运行的安全性和舒适性要求，其制备与灌注技术是高速铁路板式无砟轨道的关键技术之一。

CA 砂浆是由水泥、沥青乳液、砂和减水剂等多种外加剂组成，经水泥水化硬化和乳化沥青破乳成膜胶结而成的一种有机无机复合材料。各组分按一定的工艺拌合后，灌注到轨道板下面 3～5cm 的缝隙中，形成连续的兼具刚性和弹性的乳化沥青水泥砂浆层。其由于采用灌注施工，就要求 CA 砂浆未固化物具有合适的黏度和保持这一黏度范围的时间，使得 CA 砂浆能够灌满板下的空间，满足灌注施工的需要。黏度太高难以灌注，黏度太低会造成细骨料和水泥的沉降和泛浆。CA 砂浆还应具有较好的施工环境适应性，能在较宽的温度范围内施工而不改变其性质，以满足后续工序所需的强度增长速度，即在灌注后到完全固化的不同时期应有不同的强度指标。固化后各组成成分应保持混合时的均匀状态，不能分离；初步固化后有一定的膨胀，以完全充满所处的空间，同时提供一定的预应力，防止四角的支承螺栓卸下后使轨道板下沉，造成轨道的平顺度受到影响。为实现轨道少维修的目的，CA 砂浆还应该具有很好的耐久性，以防万一损坏后能够通过相对容易的方法进行修补。

日本作为板式轨道的发起者，最初采用的轨道板为普通钢筋混凝土结构。后为在东北、上越新干线的寒冷地区使用，防止混凝土裂纹的发生和扩展，又研制出双向预应力结构的轨道板。由于板式无砟轨道 CA 砂浆调整层的存在，其受自然环境因素影响较大，在凸形挡台周围及轨道板底边缘，特别是在线路纵向力较大的伸缩调节器附近的 CA 砂浆存在破损现象。因此，日本铁路除相应开发出了修补用的 CA 砂浆和树脂砂浆外，还用强度高、弹性和耐久性好的合成树脂材料替代凸形挡台周围的 CA 砂浆。

日本有关企业先后研制出特殊的表面活性剂，使之与水泥的和易性良好。适宜施工的特殊沥青乳剂包括：在 5～20℃ 低温条件下使用的 CA 乳剂、在 15～30℃ 高温条件下使用的 C型乳剂、在 5～30℃ 范围使用的板式无砟轨道垫层基本乳剂——A 型乳剂和在寒冷地区添加的聚合物乳剂——P 乳剂。随着乳剂性能的不断提高，又开发和采用了灌注袋技术，以取代过去的设模板直接灌注技术，不仅节省了施工模板的投入，而且减少了 CA 砂浆层的环境暴露面，改善了端面的应力分布，即由单向应力状态变为多向应力状态，从而有效提高板式无砟轨道结构的耐久性，实现了无砟轨道结构少维修的设计初衷。

在技术创新的同时，日本铁道科技工作者对 CA 砂浆的认识也在不断提升，日本铁道综合技术研究所提出了板式无砟轨道 CA 砂浆系列指标和试验项目，见表 4-56；日本东亚道路株式会社采用的 CA 砂浆标准配方见表 4-57。

表 4-56　日本铁道综合技术研究所 CA 砂浆试验标准值

试验项目	未硬化时的性能							硬化后的单轴抗压强度/ MPa		
	砂浆温度/℃	流动度/s	强度/MPa	可工作时间/min	空气量/%	膨胀率/%	泛浆率/%	1d 后	7d 后	28d 后
标准值	5～30	16～24	>1.8	>30	8～12	1～3	0	>0.1	>0.7	>1.8

表 4-57　日本东亚道路株式会社采用的 CA 砂浆标准配方

使用地区别	项目	水泥/kg	混合材/kg	A 乳剂/kg	P 乳剂/kg	细砂/kg	铝粉/g	消泡剂/g	AE 剂/kg	添加水/kg
温暖地区	质量比	0.9	0.1	1.6	—	2.0	0.135	0.5	0.025	<0.25
	配合	279	31	496	—	620	40	155	7.8	<78
寒冷地区	质量比	0.9	0.1	1.4	0.2	2.0	0.135	0.5	0.025	<0.20
	配合	284	32	441	63	630	41	158	7.9	<63

德国联邦铁路也采取了类似的轨道结构进行试验，但是由于其自行开发的 CA 砂浆抗冻性能不足，曾出现了数公里线路的整治或替换。意大利铁路也有类似经验。我国铁路 CA 砂浆技术的开发按照"从最终的使用性能要求出发"的新概念进行 CA 砂浆的设计。原铁道部在沙河和狗河特大桥无砟轨道设计中通过对集料性质的反演，研究集料特性，进行混合料设计和性能分析，以确定新材料的合理配方。2000 年，同时使用自主开发的 CA 砂浆与直接使用进口原材料进行了对比性试铺。综合试验表明，使用这两种原材料铺设的无砟轨道段

落，轨道各项动力参数均在安全控制范围内，轨道结构强度及轨道横向稳定性具有相当的安全储备；轨道的平顺性较好，随着试验列车速度的提高，板式无砟轨道区段的各项动力参数变化幅度不大，动力附加荷载较小。我国在 CA 砂浆的配制和使用上也积累了一定的经验。

4.18.1　CA 砂浆技术要求

我国原铁道部分别在 2008 和 2009 年的《客运专线铁路 CRTS I 型板式无砟轨道水泥乳化沥青砂浆暂行技术条件》和《客运专线铁路 CRTS I 型板式无砟轨道水泥乳化沥青砂浆暂行技术条件——严寒地区补充规定》中对 CA 砂浆的性能进行了明确的说明。其具体指标见表 4-58。

表 4-58　CA 砂浆性能指标要求

项目		指标要求	备注
砂浆温度/℃		5～40	
流动度/s		18～26	
可工作时间/min		≥30	
含气量/%		8～12	
表观密度/（kg/m³）		>1300	
抗压强度/MPa	1d	>0.1	
	7d	>0.7	
	28d	>1.8	一般地区
28d 弹性模量/MPa		100～300	
材料分离度/%		<3.0	
膨胀率/%		1.0～3.0	
泛浆率/%		0	
耐久性（抗冻性）		300 次冻融循环试验后，相对动弹模量不小于 60%，质量损失率不大于 5%	
耐候性		无剥落、无开裂、相对抗压强度不低于 70%	
抗疲劳性（100 万次，12Hz）/mm		≤0.10	
低温抗裂性（−40℃）/mm		≥1.0	严寒地区要求
低温折压比（−40℃）		≥0.5	
低温弹性模量（−40℃）/MPa		100～300	

4.18.2　CA 砂浆参考配方

CA 砂浆参考配方见表 4-59。

表 4-59　CA 砂浆参考配方

序号	材料名称及规格	每立方米用量/kg	序号	材料名称及规格	每立方米用量/kg
1	P·O42.5 水泥	250～300	5	UEA 膨胀剂	36～50
2	乳化沥青	505～425	6	鳞片状铝粉	0.05～0.07
3	砂	625～540	7	硅系消泡剂	7.2～13.6
4	水	95～130	8	引气剂	3.00～4.25

　　在进行配方设计时，水泥用量宜在 $250\sim300\mathrm{kg/m^3}$，水灰比宜不大于 0.90，乳化沥青（含聚合物乳液）与水泥的比值应不小于 1.40。在配方设计时应考虑施工环境温度条件变化对砂浆拌合性能的影响。

　　CA 砂浆的实际应用情况如图 4-15 所示。

京沪高铁 SJ-8（徐州—宿州）现场　　　　　　　京沪高铁 SJ-16 包（南京）现场

图 4-15　CA 砂浆在京沪高铁中的应用

第五章 无机胶凝材料

用于砂浆的无机胶凝材料主要包括水泥、石灰和石膏等。水泥是制备砂浆最重要的水硬性胶凝材料，它的性能直接影响到砂浆的性能。水泥是一种加入适量的水后可形成塑性浆体，既能在空气中硬化又能在水中硬化，并能将砂、石等材料牢固地粘结在一起的细粉状水硬性胶凝材料。水泥的历史可追溯到古罗马人在建筑工程中使用的石灰和火山灰的混合物。1824 年英国人 Joseph Aspdin 用石灰石和黏土烧制成水泥，硬化后的颜色与英格兰岛上波特兰地方用于建筑的石头相似，被命名为波特兰水泥，并取得了专利权。之后于 1848 年其子 William Aspdin 实现了工业化生产（图 5-1）。20 世纪初，随着人民生活水平的提高，对建筑工程的要求日益提高，在不断改进波特兰水泥的同时，研制成功一批适用于特殊建筑工程的水泥，如高铝水泥、硫铝酸盐水泥等，水泥品种已发展到 100 多种。

William Aspdin (1815—1864)　　　水泥烧成设备 (Shaft Furnace，1848)

图 5-1　William Aspdin 及其水泥工业化生产设备

石灰是建筑工程中使用较早的气硬性胶凝材料之一，其主要化学成分是 CaO，含有少量的 MgO 等杂质。外观上是白色微黄、具有疏松结构的块状物体。加工处理后可形成生石灰粉、熟石灰（或消石灰）、石灰膏以及石灰浆等，用于砂浆的主要为生石灰粉和熟石灰粉。由于石灰原料来源广泛，生产工艺简单，成本低廉，具有其特定的工程性能，为砌筑砂浆的主要原材料之一，在特种砂浆中主要作碱性激活剂或填料用，为无机类增稠剂。

石膏也是一种历史悠久的胶凝材料，它与水泥、石灰并列为无机胶凝材料的三大支柱。石膏是一种以硫酸钙为主要成分的无机气硬性胶凝材料。常用的石膏类材料有二水石膏（包括天然二水石膏、化工脱硫石膏、磷石膏等）、半水石膏（β 型半水石膏和 α 型半水石膏）和无水石膏（包括硬石膏、高温煅烧石膏和化工氟石膏等）。由于石膏具有体积稳定性好、轻质、隔热、吸声、耐火、色白且质地细腻等一系列优良性能，加之我国石膏矿藏储量丰富，石膏在砂浆中的应用也十分受欢迎。主要应用领域包括石膏基内墙抹灰砂浆、石膏基地坪砂浆（普通型和自流平型）、石膏板勾缝剂等方面。

5.1　水泥

水泥品种按化学成分可分为硅酸盐水泥、铝酸盐水泥、硫铝酸盐水泥、铁铝酸盐水泥等。

硅酸盐系列水泥是以硅酸钙为主要成分的水泥熟料，一定量的混合材料和适量石膏，经共同磨细而成。

按性能和用途又可分为通用水泥、专用水泥和特种水泥。通用水泥按掺合料的种类及数量不同又可分为硅酸盐水泥、普通硅酸盐水泥（简称普通水泥）、矿渣硅酸盐水泥（简称矿渣水泥）、火山灰硅酸盐水泥（简称火山灰水泥）、粉煤灰硅酸盐水泥（简称粉煤灰水泥）、复合硅酸盐水泥（简称复合水泥）。

专用水泥是指专门用途的水泥，如砌筑水泥、道路水泥等。

特种水泥是指某种性能比较突出的水泥，如快硬硅酸盐水泥、白色硅酸盐水泥、抗硫酸盐水泥、低热硅酸盐水泥、硅酸盐膨胀水泥。

5.1.1　通用硅酸盐水泥

5.1.1.1　定义

通用硅酸盐水泥：以硅酸盐水泥熟料和适当的石膏及规定的混合材料制成的水硬性胶凝材料，包括硅酸盐水泥、普通硅酸盐水泥、矿渣硅酸盐水泥、火山灰质硅酸盐水泥、粉煤灰硅酸盐水泥和复合硅酸盐水泥。各通用硅酸盐水泥的组分见表 5-1。

表 5-1　通用硅酸盐水泥的组分（GB 175—2007）

品种	代号	组分（质量分数，%）				
		熟料＋石膏	粒化高炉矿渣	火山灰质混合材料	粉煤灰	石灰石
硅酸盐水泥	P·Ⅰ	100	—	—	—	—
	P·Ⅱ	≥95	≤5	—	—	—
		≥95	—	—	—	≤5
普通硅酸盐水泥	P·O	≥80 且<95	>5 且≤20①			
矿渣硅酸盐水泥	P·S·A	≥50 且<80	>20 且≤50②	—	—	—
	P·S·B	≥30 且<50	>50 且≤70②	—	—	—
火山灰质硅酸盐水泥	P·P	≥60 且<80	—	>20 且≤40③	—	—
粉煤灰硅酸盐水泥	P·F	≥60 且<80	—	—	>20 且≤40④	—
复合硅酸盐水泥	P·C	≥50 且<80	>20 且≤50⑤			

① 本组分材料为活性混合材料，其中允许用不超过水泥质量8%且符合标准的非活性混合材料或不超过水泥质量5%且符合标准的窑灰代替。其中活性混合材指的是符合GB/T 203、GB/T 18046、GB/T 2847 标准要求的粒化高炉矿渣、粒化高炉矿渣粉、粉煤灰和火山灰质混合材料。非活性混合材指的是活性指标分别低于GB/T 203、GB/T 18046、GB/T 1596、GB/T 2847 标准要求的粒化高炉矿渣、粒化高炉矿渣粉、粉煤灰、火山灰质混合材料；若为石灰石和砂岩，其中石灰石中的三氧化二铝含量应不大于2.5%。

② 本组分材料为符合GB/T 203 或GB/T 18046 的活性混合材料，其中允许用不超过水泥质量8%且符合GB/T 203、GB/T 18046、GB/T 1596、GB/T 2847 标准要求的活性混合材料或符合要求的非活性混合材料或窑灰中的任一种材料代替。

③ 本组分材料为符合GB/T 2847 的活性混合材料。

④ 本组分材料为符合GB/T 1596 的活性混合材料。

⑤ 本组分材料为由两种（含）以上符合要求的活性混合材料或/和符合要求的非活性混合材料组成，其中允许用不超过水泥质量8%且符合要求的窑灰代替。掺矿渣时混合材料掺量不得与矿渣硅酸盐水泥重复。

5.1.1.2 通用硅酸盐水泥熟料的化学成分和矿物组成

硅酸盐水泥熟料的化学成分主要为 CaO、SiO_2、Al_2O_3 和 Fe_2O_3 四种氧化物，其含量总和通常都在 95% 以上，除了上述四种氧化物以外，还含有少量的 MgO、SO_3 以及 TiO_2、Mn_2O_3、P_2O_5、Na_2O、K_2O 等。现在生产的硅酸盐水泥熟料，各氧化物含量的波动范围：CaO 为 62%～67%；SiO_2 为 20%～25%；Al_2O_3 为 4%～7%；Fe_2O_3 为 0.2%～5%；MgO 为 0.5%～5%；Na_2O+K_2O 为 0.5%～1.5%；SO_3 为 0.1%～1.3%。

水泥的凝结和硬化：

(1) $3CaO \cdot SiO_2 + H_2O \longrightarrow CaO \cdot SiO_2 \cdot YH_2O$(凝胶)$+Ca(OH)_2$；

(2) $2CaO \cdot SiO_2 + H_2O \longrightarrow CaO \cdot SiO_2 \cdot YH_2O$(凝胶)$+Ca(OH)_2$；

(3) $3CaO \cdot Al_2O_3 + 6H_2O \longrightarrow 3CaO \cdot Al_2O_3 \cdot 6H_2O$(水化铝酸钙，不稳定)；

$3CaO \cdot Al_2O_3 + 3CaSO_4 \cdot 2H_2O + 26H_2O \longrightarrow 3CaO \cdot Al_2O_3 \cdot 3CaSO_4 \cdot 32H_2O$(钙矾石，三硫型水化铝酸钙)；

$3CaO \cdot Al_2O_3 \cdot 3CaSO_4 \cdot 32H_2O + 2(3CaO \cdot Al_2O_3) + 4H_2O \longrightarrow 3(3CaO \cdot Al_2O_3 \cdot CaSO_4 \cdot 12H_2O)$(单硫型水化铝酸钙)；

(4) $4CaO \cdot Al_2O_3 \cdot Fe_2O_3 + 7H_2O \longrightarrow 3CaO \cdot Al_2O_3 \cdot 6H_2O + CaO \cdot Fe_2O_3 \cdot H_2O$。

硅酸盐水泥熟料中 CaO、SiO_2、Al_2O_3 和 Fe_2O_3 不是以单独的氧化物存在，而是两种或两种以上的氧化物经过高温化学反应而生成的多种矿物的集合体。其主要有以下四种矿物：硅酸三钙，硅酸二钙，铝酸三钙，铁相固溶体(通常以铁铝酸四钙作为代表)，此外还有少量游离氧化钙 (f-CaO)、方镁石(晶态氧化镁)、含碱矿物及玻璃体。各组分在光学显微镜下的形貌见图 5-2。

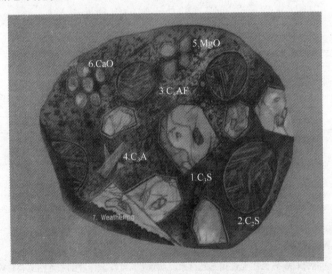

图 5-2 硅酸盐水泥熟料组成 (用 CDTA 腐蚀过)

硅酸盐水泥熟料矿物的组成决定了水泥的性能，各主要水泥熟料矿物的组成和性能见表 5-2。

表 5-2 主要水泥熟料矿物的组成和性能

矿物名称	硅酸三钙	硅酸二钙	铝酸三钙	铁铝酸四钙
矿物组成	$3 CaO \cdot SiO_2$	$2 CaO \cdot SiO_2$	$3CaO \cdot Al_2O_3$	$4CaO \cdot Al_2O_3 \cdot Fe_2O_3$

续表

矿物名称	硅酸三钙	硅酸二钙	铝酸三钙	铁铝酸四钙
简写式	C_3S	C_2S	C_3A	C_4AF
密度 /(g/cm³)	3.25	3.28	3.04	3.77
矿物含量	37%～60%	15%～37%	7%～15%	10%～18%
形成固溶体所需要的其他主要氧化物及其含量	MgO 0.3%～2.1% Al₂O₃0.4%～1.8% Fe₂O₃0.2%～1.9%	K₂O 0.1%～1.9% Na₂O 0.1%～0.8% Al₂O₃0.5%～3.0% Fe₂O₃0.4%～2.7%	K₂O 0.1%～3.1% Na₂O 0.3%～4.6% Fe₂O₃4.8%～11.4% MgO 0.4%～2.2% SiO₂2.9%～7.1%	SiO₂1.8%～4.3% MgO1.9%～4.5% TiO₂≤3.5%
晶粒大小	20～60μm	10～30μm	亚微观到大晶粒	
晶相存在的类型	通常是 M 型或 R 型，M 型为单斜晶系，R 型为三方晶系	通常是 β 型硅酸二钙（M 型），室温下有转变成 γ 型的趋势	立方晶系、正交晶系或四方晶系	正交晶系
纯晶相的颜色	白色	白色	白色	深棕色，与 MgO 固溶后呈灰绿色

5.1.1.3 通用硅酸盐水泥水化行为

通用硅酸盐水泥的水化硬化是和各矿物的水化硬化紧密联系的。要了解通用硅酸盐水泥的水化，首先必须了解水泥熟料中各单矿的水化行为。

（1）硅酸三钙的水化

硅酸三钙在水泥熟料中的含量约占 50%，有时高达 60%，因此，它的水化作用、水化产物及其所形成的结构，对硬化水泥浆体的性能有很重要的影响。

硅酸三钙在常温下的水化反应，大体上可用下面的方程式表示：

$$3CaO \cdot SiO_2 + nH_2O = xCaO \cdot SiO_2 \cdot yH_2O + (3-x)Ca(OH)_2 \tag{5-1}$$

简写为：

$$C_3S + nH = C\text{-}S\text{-}H + (3-x)CH \tag{5-2}$$

上式表明，其水化产物为 C-S-H 凝胶和氢氧化钙。C-S-H 有时也被笼统地称之为水化硅酸钙，它的组成不定，其 CaO/SiO₂ 摩尔比（简写成 C/S）和 H₂O/SiO₂ 摩尔比（简写为 H/S）都在较大范围内变动。

硅酸三钙的水化速率很快，其在水化后形成的产物形貌见图 5-3。图 5-3 为德国魏玛包

图 5-3　C₃S 水化 600d 后 ESEM 显微照片

豪斯大学芬格尔建筑材料研究所（F. A. Finger Institut für Baustoffkunde，简称 FIB)
Stark 教授等人观测到的水化 600d 后硅酸三钙的水化产物形貌。纤维状 C-S-H 的平均直径
为 7nm，板状 $Ca(OH)_2$ 清晰可见。

其水化的一般顺序见表 5-3。与之对应的在水化期间发生的各种变化见图 5-4。

表 5-3 低水胶比下 C_3S 水化的一般顺序

反应阶段	相应的砂浆或混凝土制作阶段	化学过程	全部的动力学性能
0. 初始反应快速	初加水	表面水解，各种离子逸出进入溶液	非常迅速，放热性溶解；只能在很高的 W/C 下观测到
Ⅰ. 开始减速	加水搅拌	C_3S 表面上水化物覆盖层形成，延缓溶解	化学上的控制（多半通过非均质成核速率）
Ⅱ. 诱导期	运输，振动，浇筑和收光中（尤其在有缓凝剂存在时）	最终水化物的成核被延缓；缓凝剂消耗缓慢	化学上的控制（通过缓凝剂的消耗和/或水化物的成核）
Ⅲ. 加速期	凝结中，初步养护中	主要水化产物加速生长	主要水化产物的自动催化生长
Ⅳ. 二次减速	养护中，拆模	水化产物继续向空中的大空间中生长	扩散控制开始，否则产物则同阶段Ⅲ
Ⅴ. 最终的缓慢反应	只要湿养护继续，则继续缓慢硬化	剩余的未水化 C_3S 周围微观结构逐渐硬化；CH 结晶析出	受控制扩散，但未必通过与阶段Ⅳ中相同的产物种类。C-S-H 中有缓慢变化

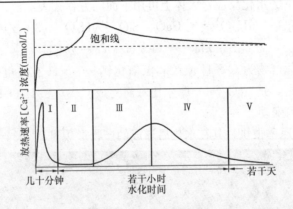

图 5-4 C_3S 的水化放热速率和 Ca^{2+} 浓度随时间的变化曲线

Ⅰ—初始水解期；Ⅱ—诱导期；Ⅲ—加速期；Ⅳ—衰减期；Ⅴ—稳定期

（2）硅酸二钙的水化

β-C_2S 的水化与 C_3S 相似，只不过水化速度慢而已。

$$2CaO \cdot SiO_2 + nH_2O = xCaO \cdot SiO_2 \cdot yH_2O + (2-x)Ca(OH)_2 \tag{5-3}$$

简写为：

$$C_2S + nH = C\text{-}S\text{-}H + (2-x)CH \tag{5-4}$$

所形成的水化硅酸钙在 C/S 比和形貌方面与 C_3S 水化产物都无大区别，故也称 C-S-H 凝胶。CH 生成量比 C_3S 的少，结晶也比 C_3S 的粗大些。图 5-5 为 β-C_2S 水化 1000d 后的产物 ESEM 显微照片。

图 5-5 β-C_2S 1000d 的水化 ESEM 显微照片（FIB 提供）

（3）铝酸三钙的水化

铝酸三钙与水反应迅速，放热快，其水化产物组成和结构受液相 CaO 浓度和温度的影响很大。在常温，其水化反应依下式进行：

$$2(3CaO \cdot Al_2O_3) + 27H_2O = 4CaO \cdot Al_2O_3 \cdot 19H_2O + 2CaO \cdot Al_2O_3 \cdot 8H_2O \quad (5\text{-}5)$$

简写为：

$$2C_3A + 27H = C_4AH_{19} + C_2AH_8 \quad (5\text{-}6)$$

C_4AH_{19} 在低于 85% 的相对湿度下会失去 6mol 的结晶水而成为 C_4AH_{13}。C_4AH_{19}、C_4AH_{13} 和 C_2AH_8 都是片状晶体，常温下处于介稳状态，有向 C_3AH_6 等轴晶体转化的趋势。

$$C_4AH_{13} + C_2AH_8 = 2C_3AH_6 + 9H \quad (5\text{-}7)$$

上述反应随温度升高而加速。在温度高于 35℃ 时，C_3A 会直接生成 C_3AH_6：

$$3CaO \cdot Al_2O_3 + 6H_2O = 3CaO \cdot Al_2O_3 \cdot 6H_2O \quad (5\text{-}8)$$

即：

$$C_3A + 6H = C_3AH_6 \quad (5\text{-}9)$$

由于 C_3A 本身水化热很大，使 C_3A 颗粒表面温度高于 35℃，因此 C_3A 水化时往往直接生成 C_3AH_6。纯 C_3A 水化 2 个月后的水化产物形貌见图 5-6。

在液相 CaO 浓度达到饱和时，C_3A 还可能依下式水化：

$$3CaO \cdot Al_2O_3 + Ca(OH)_2 + 12H_2O = 4CaO \cdot Al_2O_3 \cdot 13H_2O \quad (5\text{-}10)$$

即：

$$C_3A + CH + 12H = C_4AH_{13} \quad (5\text{-}11)$$

图 5-6　ESEM 电镜下观测到的 C_3A 水化 2 个月
后产物 C_3AH_6 的形貌

（慕尼黑工业大学，Plank 教授提供）

在硅酸盐水泥浆体的碱性液相中，CaO 浓度往往达到饱和或过饱和，因此可能产生较多的片状 C_4AH_{13}，足以阻碍粒子的相对移动，据认为这是浆体产生瞬时凝结的一个重要原因。在有石膏的情况下，C_3A 水化的最终产物与石膏掺入量有关（表 5-4），其最初的基本反应是：

$$3CaO \cdot Al_2O_3 + 3(CaSO_4 \cdot 2H_2O) + 26H_2O$$
$$=== 3CaO \cdot Al_2O_3 \cdot 3CaSO_4 \cdot 32H_2O$$

$$(5-12)$$

即：

$$C_3A + 3C\overline{S}H_2 + 26H$$
$$=== C_3A \cdot 3C\overline{S} \cdot H_{32} \qquad (5-13)$$

表 5-4　C_3A 的水化产物

实际参加反映的 $C\overline{S}H_2/C_3A$ 摩尔比	水化产物
3.0	钙矾石（AFt）
1.0～3.0	钙矾石＋单硫型水化硫铝酸钙（AFm）
1.0	单硫型水化硫铝酸钙（AFm）
＜1.0	单硫型固溶体 $[C_3A(C\overline{S}, CH)H_{12}]$
0	水石榴子石（C_3AH_6）

所形成的三硫型水化硫铝酸钙，称为钙矾石（Ettringite）。由于其中的铝可被铁置换而成为含铝、铁的三硫型水化硫铝酸盐相，故常用 AFt 表示。图 5-7 是钙矾石 ESEM 图片。

若 $CaSO_4 \cdot 2H_2O$ 在 C_3A 完全水化前已消耗完（即石膏掺量较低的情况下），则钙矾石与 C_3A 作用转化为六角片状的单硫型水化硫铝酸钙（AFm，如图 5-8 所示）：

$$C_3A \cdot 3C\overline{S} \cdot H_{32} + 2C_3A + 4H \longrightarrow 3C_3A \cdot C\overline{S} \cdot H_{12} \qquad (5-14)$$

图 5-7　钙矾石 7d ESEM 图片（针状，
直径 60～1000nm，FIB 提供）

图 5-8　单硫型水化硫铝酸钙 ESEM 图片（六角片状，
厚 50μm，直径小于 1μm，FIB 提供）

若石膏掺量极少，在所有钙矾石转变成单硫型水化硫铝酸钙后，还有 C_3A，那就形成 $C_3A \cdot C\bar{S} \cdot H_{12}$ 和 C_4AH_{13} 的固溶体。

（4）铁相固溶体的水化

水泥熟料中铁相固溶体可用 C_4AF 作为代表，也可用 Fss 表示。它的水化速率比 C_3A 略低，水化热较低，即使单独水化也不会引起快凝，其水化反应及其产物与 C_3A 很相似。氧化铁基本上起着与氧化铝相同的作用，相当于 C_3A 中一部分氧化铝被氧化铁所置换，生成水化铝酸钙和水化铁酸钙的固溶体。

$$C_4AF + 4CH + 22H \Longrightarrow 2C_4(A,F)H_{13} \tag{5-15}$$

在 20℃以上，六方片状的 $C_4(A,F)H_{13}$ 要转变成 $C_3(A,F)H_6$。当温度高于 50℃时，C_4AF 直接水化生成 $C_3(A,F)H_6$。纯 C_4AF 水化 5 个月后的产物形貌如图 5-9 所示。

图 5-9　ESEM 电镜下观测到的 C_4AF 水化 5 个月
后产物 C_3AH_6 的形貌（慕尼黑工业大学提供）

掺有石膏时的反应也与 C_3A 大致相同。当石膏量充分时，形成铁置换过的钙矾石固溶体 $C_3(A,F) \cdot 3C\bar{S} \cdot H_{32}$。而石膏量不足时，则形成单硫型固溶体。并且，同样有两种晶型的转化过程。在石灰饱和溶液中，石膏使放热速率变得缓慢。

硅酸盐水泥中熟料矿物的水化特性可综述于表 5-5。

表 5-5　硅酸盐水泥熟料矿物特性的对比

矿物名称		硅酸三钙	硅酸二钙	铝酸三钙	铁铝酸四钙
水化反应		快	慢	最快	快
水化放热		大	小	最大	中
强度	早期	高	低	低	低
	后期		高		
收缩		中	中	大	小
抗酸侵蚀		中	最好	差	好

（5）通用硅酸盐水泥的水化和硬化

硅酸盐水泥的水化是熟料各矿物组分、硫酸钙和水之间化学交互反应的一个过程，并随之引起凝结和硬化，其水化阶段示于表 5-6 中。这些水化反应一直进行到反应物（水泥或水）匮乏，或者空间空缺，造成反应极缓慢进行为止。硅酸盐水泥的水化比起单纯熟料矿物相的水化要复杂得多，因为不同物相的反应以不同的速率同时进行，其间以复杂的方式彼此影响着。硅酸盐水泥的主要水化产物是氢氧化钙、C-S-H 凝胶、水化硫铝酸钙和水化硫铝（铁）酸钙以及水化铝（铁）酸钙等。图 5-10 为与之对应的硅酸盐水泥的水化产物形成过程曲线。

表 5-6　硅酸盐水泥水化的四个主要阶段

经历的阶段（混凝土或砂浆中）	化学过程	物理过程	有关砂浆或混凝土的物理性能
开始的几分钟（加水，搅拌中）	游离石灰、硫酸盐和铝酸盐矿物相快速溶解；立刻形成 AFt；C_3S 表面水化。随着半水石膏溶解，还可能伴有石膏或钾石膏形成	大而急剧的初始放热，主要来自铝酸盐各物相的溶解，还有一些来自硅酸三钙和 CaO（碱的硫酸盐溶解是吸热的）	铝酸盐水化物、外加石膏和钾石膏的快速形成，影响流变性，还可影响其后的微观结构
诱导期（搅拌、运输、浇筑和收光之际）	"C-S-H（m）" 成核、[SiO_2] 和 [Al_2O_3] 快速减小到很低的水平；[CH] 呈过饱和状态，氢氧化钙成核；[R^+]、[SO_4^{2-}] 保持相对稳定	放热速率小；早期 C-S-H 的形成慢；较多的 AFt 导致黏度继续增大（在无外加剂存在下）	AFt 和 AFm 这些物相的继续形成会影响工作性，但正是 C-S-H 的形成，通常引起的却是正常凝结的开始
加速期（凝结和早期硬化之际）	C_3S 的水化（水化为 C-S-H 和氢氧化钙）加速并达到最大；CH 过饱和度下降。[R^+]、[SO_4^{2-}] 保持相对稳定	水化物的快速形成导致固化和孔隙率下降；放热速率高	稠度从塑性变化到刚性（初凝和终凝）；早期强度产生
后加速期（拆模之际，继续硬化中）	来自 C_3S 和 C_2S 两者的 C-S-H 和氢氧化钙的形成速率减慢；[R^+] 和 [OH^-] 提高，[SO_4^{2-}] 却降至很低的水平；铝酸盐重新水化，（主要）产生 AFm 相	放热速率下降；孔隙率继续下降。颗粒与颗粒，以及浆体与骨料的结合形成	由于孔隙率下降，强度继续增长，但其增长速率却日渐变小。若有水，水化将持续若干年。由于干燥的缘故，浆体将收缩

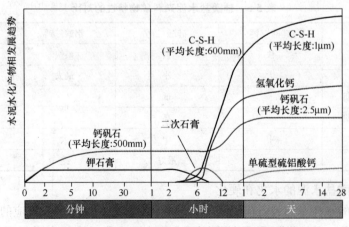

图 5-10　硅酸盐水泥的水化产物和水化进程曲线

5.1.1.4　通用硅酸盐水泥的技术要求

（1）化学指标

通用硅酸盐水泥的化学指标见表5-7。

表 5-7　**通用硅酸盐水泥化学指标**（GB 175—2007）

品种	代号	不溶物/%	烧失量/%	三氧化硫/%	氧化镁/%	氯离子/%
硅酸盐水泥	P·Ⅰ	≤0.75	≤3.0	≤3.5	≤5.0①	≤0.06③
	P·Ⅱ	≤1.50	≤3.5			
普通硅酸盐水泥	P·O	—	≤5.0			
矿渣硅酸盐水泥	P·S·A	—	—	≤4.0	≤6.0②	
	P·S·B	—	—			
火山灰质硅酸盐水泥	P·P	—	—	≤3.5	≤6.0②	
粉煤灰硅酸盐水泥	P·F	—	—			
复合硅酸盐水泥	P·C	—	—			

①如果水泥压蒸合格，则水泥中氧化镁的含量允许放宽至6.0%。

② 如果水泥中氧化镁的含量大于6.0%时，需进行水泥压蒸安定性试验并合格。

③ 当有更低要求时，该指标由买卖双方确定。

不溶物是指水泥经酸和碱处理后，不能被溶解的残余物。它是水泥中非活性组分的反映，主要由生料、混合材和石膏中的杂质产生。

烧失量是指水泥经高温灼烧以后的质量损失率，主要由水泥中未煅烧组分产生，如未烧透的生料、石膏带入的杂质、掺合料及存放过程中的风化物等。当样品在高温下灼烧时，会发生氧化、还原、分解及化合等一系列反应并放出气体。

（2）强度等级

水泥作为胶凝材料，强度是它最重要的性质之一，在干混砂浆中，不同种类的干混砂浆产品应选用不同等级的水泥。对于一般的砌筑砂浆和内外墙抹灰砂浆，选择32.5、32.5R强度等级的通用水泥即可，对于粘结剂、瓷砖胶及自流平等干混砂浆产品，宜选用42.5、42.5R强度等级的普通硅酸盐水泥或硅酸盐水泥。

不同品种不同强度等级的通用硅酸盐水泥，其不同龄期的强度应符合表5-8的规定。（注：R表示早强型）

表 5-8　**通用硅酸盐水泥不同龄期强度指标规定值**

品种	强度等级	抗压强度/MPa		抗折强度/MPa	
		3d	28d	3d	28d
硅酸盐水泥	42.5	≥17.0	≥42.5	≥3.5	≥6.5
	42.5R	≥22.0		≥4.0	
	52.5	≥23.0	≥52.5	≥4.0	≥7.0
	52.5R	≥27.0		≥5.0	
	62.5	≥28.0	≥62.5	≥5.0	≥8.0
	62.5R	≥32.0		≥5.5	

品种	强度等级	抗压强度/MPa		抗折强度/MPa	
		3d	28d	3d	28d
普通硅酸盐水泥	42.5	≥17.0	≥42.5	≥3.5	≥6.5
	42.5R	≥22.0		≥4.0	
	52.5	≥23.0	≥52.5	≥4.0	≥7.0
	52.5R	≥27.0		≥5.0	
矿渣硅酸盐水泥 火山灰质硅酸盐水泥 粉煤灰硅酸盐水泥 复合硅酸盐水泥	32.5	≥10.0	≥32.5	≥2.5	≥5.5
	32.5R	≥15.0		≥3.5	
	42.5	≥15.0	≥42.5	≥3.5	≥6.5
	42.5R	≥19.0		≥4.0	
	52.5	≥21.0	≥52.5	≥4.0	≥7.0
	52.5R	≥23.0		≥4.5	

（3）通用硅酸盐水泥的其他指标

通用硅酸盐水泥的其他指标应符合表 5-9 的规定。

表 5-9　通用硅酸盐水泥其他指标

品种	细度			凝结时间		安定性	碱含量 （选择性指标）
	80μm 筛余 /%	45μm 筛余 /%	比表 面积 /（m²/kg）	初凝 /min	终凝 /min		
硅酸盐水泥 普通硅酸盐水泥	—	—	≥300	≥45	≤390	沸煮法合格	用户要求提供 低碱水泥时， 碱含量应 ≤0.60%
矿渣硅酸盐水泥 火山灰质硅酸盐水泥 粉煤灰硅酸盐水泥 复合硅酸盐水泥	≤10	≤30	—				

细度。水泥的粉磨细度与凝结时间、强度、干缩性以及水化放热速率等一系列性能都有着密切的关系，是水泥企业用来控制质量的重要指标之一。一般认为，粒径小于 $40\mu m$ 的水泥颗粒才具有较高的活性，大于 $90\mu m$ 的颗粒则几乎接近惰性。通常水泥越细，凝结硬化越快，强度（特别是早期强度）越高，收缩也增大。但水泥越细，越易吸收空气中水分而受潮形成絮凝团，反而会使水泥活性降低。此外，提高水泥的细度要增加粉磨时的能耗，降低粉磨设备的生产率，增加成本。在干混砂浆中，水泥细度过大，不仅容易导致砂浆需水量变大，还会影响到各种添加剂的作用效果。

凝结时间。水泥从加水开始到失去流动性，即从可塑性状态发展到固体状态所需要的时间称为凝结时间。凝结时间又分为初凝和终凝。初凝时间是指从水泥加水拌合起，到水泥浆开始失去塑性所需的时间；终凝时间为从水泥加水拌合时起，到水泥浆完全失去可塑性，并开始具有强度的时间。规定水泥的凝结时间，在施工中有重要意义。初凝时间不宜过早是为了有足够的时间对砂浆进行搅拌、运输、浇筑和振捣；终凝时间不宜过长是为了使砂浆尽快硬化，产生强度，提高施工的效率和质量。

水泥磨机内温度过高，会引起部分二水石膏脱水，形成半水石膏或可溶性硬石膏，就可能造成水泥的假凝；熟料中 C_3A 含量过高，水泥中未掺石膏或石膏掺量不足，碱含量高，熟料生烧或游离氧化钙过高可能引起水泥闪凝。这些都是非正常凝结，应该避免。

安定性。水泥体积安定性反映水泥浆体在硬化后因体积膨胀不均匀而变形的情况。一般来说，硅酸盐水泥在凝结硬化过程中体积略有收缩，这些收缩绝大部分是在硬化之前完成的，因此水泥石的体积变化比较均匀适当，即安定性良好。如果在水泥砂浆已经硬化后由于水泥中某些有害成分的作用，在水泥石内部产生剧烈的、不均匀的体积变化，导致已硬化的水泥石内部产生破坏应力，从而使建筑物强度下降，甚至会引起建筑物开裂、崩塌等严重质量事故，即安定性不良。

水泥安定性不良，一般是由于熟料中所含游离氧化钙、游离氧化镁过多或掺入的石膏过多等原因造成的，熟料中所含的游离 CaO 和游离 MgO 均为过烧物质，水化速度很慢，在已硬化的水泥石中继续与水反应，固相体积分别增大到 1.98 倍和 2.48 倍，在水泥石中产生膨胀应力，降低了水泥石强度，严重时会造成结构开裂和崩溃。若水泥中所掺石膏过多，在水泥硬化以后，石膏还会继续与水化铝酸钙起反应，生成水化硫铝酸钙，体积增大到 2.22 倍，也会引起水泥石开裂。

碱含量。通用硅酸盐水泥除主要矿物成分以外，还含有少量其他化学成分，如钠和钾的化合物。碱含量按 $Na_2O+0.658K_2O$ 的计算值来表示。当用于砂浆中的水泥碱含量过高，骨料又具有一定的活性时，会发生有害的碱集料反应。

（4）水化热

水泥的水化热是单位质量水泥中的各种化合物与水反应的过程中放出的热量，以 J/g 表示。影响水泥水化热的因素很多，包括水泥熟料矿物组成、水泥细度、混合材掺量、水灰比、温度环境等，但主要与水泥熟料的矿物组成和细度有关。

5.1.2 特种水泥

5.1.2.1 铝酸盐水泥

铝酸盐水泥于 1908 年在法国由拉法基铝酸盐公司（今凯诺斯铝酸盐技术有限公司）发明。铝酸盐水泥由铝矾土（氧化铝粉）和石灰石（氧化钙）原材料，通过熔融法或烧结法生产熟料，不添加任何混合材料，磨细后制成的水硬性胶凝材料。铝酸盐水泥的凝结时间和硅酸盐水泥接近，但强度发展迅速，1d 即可达到强度的 60%～80%。

铝酸盐水泥的基本化学成分是 Al_2O_3、CaO、SiO_2、Fe_2O_3 等。根据 Al_2O_3 含量的不同分为四类，GB 201—2000《铝酸盐水泥》中各等级铝酸盐水泥的化学成分范围见表 5-10。

表 5-10 铝酸盐水泥的化学成分 质量分数/%

类型	Al_2O_3 含量	SiO_2	Fe_2O_3	R_2O ($Na_2O+0.658K_2O$)	S[①] (全硫)	Cl[①]
CA-50	$50 \leqslant Al_2O_3 < 60$	$\leqslant 8.0$	$\leqslant 2.5$	$\leqslant 0.4$	$\leqslant 0.1$	$\leqslant 0.1$
CA-60	$60 \leqslant Al_2O_3 < 68$	$\leqslant 5.0$	$\leqslant 2.0$			
CA-70	$68 \leqslant Al_2O_3 < 77$	$\leqslant 1.0$	$\leqslant 0.7$			
CA-80	$Al_2O_3 \geqslant 77$	$\leqslant 0.5$	$\leqslant 0.5$			

①当用户需要时，生产厂应提供结果和测定方法。

铝酸盐水泥的矿物组成主要有铝酸一钙（CA）、二铝酸一钙（CA_2）、七铝酸十二钙（$C_{12}A_7$）、硅酸二钙（$\beta\text{-}C_2S$）和铝方柱石（C_2AS）。CA 是铝酸盐水泥的主要矿物，约占 70％左右，CA_2 约占 15％左右，$C_{12}A_7$ 约占 10％左右。当铝酸盐水泥中二氧化硅小于 5％时，其矿物相中含有 $\beta\text{-}C_2S$；当二氧化硅含量高时，则形成 C_2AS。质量优良的铝酸盐水泥，其矿物组分一般以 CA、CA_2 为主。

铝酸盐水泥中矿物相 CA 凝结缓慢，但硬化快。是铝酸盐水泥强度的主要来源。CA 含量高的水泥，强度发展在早期，后期强度增进不显著。CA_2 水化硬化慢，早期强度低，但后期强度能不断增高，其含量高时水泥的 $C_{12}A_7$ 水化速度快，凝结迅速、但强度不高。$\beta\text{-}C_2S$ 和 C_2AS 这两种矿物水化都非常慢，对铝酸盐水泥早期强度影响非常大。铝酸盐水泥的水化和温度关系非常密切，一般认为：

当温度为 15～20℃时：

$$CA + 10H \longrightarrow CAH_{10}$$

$$2CA_2 + 26H \longrightarrow 2CAH_{10} + 2AH_3$$

$$C_{12}A_7 + 51H \longrightarrow 6C_2AH_8 + AH_3$$

当温度为 20～30℃时：

$$(2m+n)CA + (10n+11m)H \longrightarrow nC_2AH_{10} + mC_2AH_8 + mAH_3$$

m/n 之比随温度提高而增加。

$$2CA_2 + 12H \longrightarrow C_2AH_8 + 3AH_3$$

$$C_{12}A_7 + 33H \longrightarrow 4C_3AH_6 + 3AH_3$$

当温度高于 30℃时：

$$3CA + 12H \longrightarrow C_3AH_6 + 2AH_3$$

$$3CA_2 + 15H \longrightarrow C_3AH_6 + 3AH_3$$

$\beta\text{-}C_2S$ 水化生成 C-S-H 凝胶，结晶 C_2AS 水化作用极为缓慢。铝酸盐水泥的水化产物 CAH_{10} 和 C_2AH_8 为六方晶系，其晶体呈板状或针状，相互交错攀附重叠结合，氢氧化铝凝胶填充于晶体骨架的空隙，使之能形成比较致密的结构。因此水泥石有较高的强度。在水化 5～6d 后，水化产物的数量就很少增加，因此铝酸盐水泥硬化初期强度增加很快，而后期则不明显。鉴于铝酸盐水泥的水化特性，在实际工程中可根据其自身特性用于不同的领域：

（1）由于铝酸盐水泥凝结硬化速度快，1d 强度可达最高强度的 80％以上，主要用于工期紧急的工程，如国防、道路和特殊抢修工程等。

（2）铝酸盐水泥水化热大，且放热量集中。1d 水化热为总量的 70％～80％，使砂浆内部温度上升较高，即使在 −10℃下施工，铝酸盐水泥也能很快凝结硬化，可用于冬季施工的工程。

（3）铝酸盐水泥在普通硬化条件下，由于水泥石中不含铝酸三钙和氢氧化钙，且密实度较大，因此具有很强的抗硫酸盐腐蚀作用。

（4）铝酸盐水泥具有较高的耐热性。如采用耐火粗细骨料（如铬铁矿等）可制成使用温度达 1300~1400℃的耐热砂浆。

但铝酸盐水泥的长期强度及其他性能有降低的趋势，长期强度降低 40%~50%，因此铝酸盐水泥不宜用于长期承重的结构及处在高温高湿环境的工程中，它只适用于紧急军事工程（筑路、桥）、抢修工程（堵漏等）、临时性工程以及配制耐热砂浆等。

另外，铝酸盐水泥与硅酸盐水泥或石灰相混不但产生闪凝，而且由于生成高碱性的水化铝酸钙，使砂浆开裂，甚至破坏。因此施工时除不得与石灰或硅酸盐水泥混合外，也不得与未硬化的硅酸盐水泥接触使用。

在应用铝酸盐水泥时主要考察的技术指标包括：

（1）细度。比表面积不小于 300m^2/kg 或 0.045mm 筛余不大于 20%，由供需双方商定，在无约定的情况下发生争议时以比表面积为准。

（2）凝结时间（胶砂）。应符合表 5-11 的要求。

表 5-11　铝酸盐水泥凝结时间

水泥类型	凝结时间不得早于/min	凝结时间不得迟于/h
CA-50、CA-70、CA-80	30	6
CA-60	60	18

（3）强度：各类型水泥各凝期强度值不得低于表 5-12 中的数值。

表 5-12　铝酸盐水泥胶砂强度

水泥类型	抗压强度/MPa				抗折强度/MPa			
	6h	1d	3d	28d	6h	1d	3d	28d
CA-50	20[①]	40	50	—	3.0*	5.5	6.5	—
CA-60	—	20	45	85	—	2.5	5.0	10.0
CA-70	—	30	40		—	5.0	6.0	
CA-80		25	30			4.0	5.0	

①当用户需要时，生产厂应提供结果。

铝酸盐水泥已经在欧洲和美国广泛地用在砂浆中，但在中国的干混砂浆行业使用尚未普遍。铝酸盐水泥的特定矿物成分以及水化生成的水化物组合（CAH_{10}、C_2AH_8、C_3AH_6、AH_3）使它具有一些独特的性能，其中一些性能的使用被广泛应用于干混砂浆中，如获取速硬、耐高温和热冲击、耐化学侵蚀（尤其是酸类）、耐微生物侵蚀（尤其是在污水管道系统）、耐冲击和耐磨损等性能。

近些年来，铝酸盐水泥在干混砂浆行业中用作化学反应物的用途越来越多，如通过与其他无机胶凝材料（硅酸盐水泥、硫酸钙等）以及各种添加剂相结合而生产出各种具有专业用途的砂浆。典型的应用如建筑物的非结构性外墙装饰。对此类应用来说，初始良好的工作性和随后快速交付使用，以及高强度、高耐久性、高稳定性、美观性等都至关重要。其中的基本技术原理就是在胶凝材料整个水化过程中严格控制钙矾石形成的数量和形态，以保证获得所期望的短期至长期的宏观性能。铝酸盐水泥的使用使这一技术成为经得起考验的，并能灵活地在许多应用中配制出可达到所有性能要求的砂浆。

具体可用于以下砂浆中：

（1）快凝水泥和砌筑砂浆，用于小块修补、少量作业（固定和粘合材料等）超快硬砂浆，用于堵塞漏水。

（2）修补砂浆，用于混凝土和道路的修补，关键性能为快速交付使用、高强度、无开裂以及与基底良好粘接。

（3）无收缩灌浆，主要用于锚定需要高安装精确度的重型机械。这些灌浆必须具有高流动性、良好的尺寸变化率控制、高早期强度（多数情况下）以及高长期稳定性。

（4）自流平砂浆，自流平砂浆是砂浆行业公认的配方最复杂的产品，因为它们在施工过程中以及下一步使用时均需要满足许多限制条件，例如，施工时较好的流动度及合适的硬化速率，硬化后较高的强度、硬化度、耐磨损及与基底的粘结力等力学性能，还有就是尺寸稳定性好、不开裂。这些只是对底层自流平砂浆的要求，而面层自流平通常用于工业地板或装饰性地板，它们的性能标准要求比底层自流平更高。因为它们没有东西覆盖着，因此表面需要更高的耐磨损性、耐冲击性和硬度。此外，出于美观角度考虑，这些砂浆的表面颜色需要非常稳定、均匀，并且不泛碱。要达到这些要求，选择优质稳定的铝酸盐水泥是最基本也是非常关键的一步，熟练应用铝酸盐水泥，在配合其他水泥及各种添加剂的使用才能生产出性能良好的自流平砂浆。

5.1.2.2 硫铝酸盐水泥

硫铝酸盐水泥是中国建筑材料科学研究院自主研究发明的，并完全拥有自主知识产权的新型水泥品种。硫铝酸盐水泥是以适当成分的石灰石、矾土、石膏为原料，经高温煅烧（1300～1350℃）而成的以无水硫铝酸钙和 β-硅酸二钙为主要矿物成分的水泥熟料，掺量不同量的石灰石、适量石膏共同磨细制成，是一种具有水硬性的胶凝材料。硫铝酸盐水泥分为快硬硫铝酸盐水泥、低碱度硫铝酸盐水泥、自应力硫铝酸盐水泥。

（1）快硬硫铝酸盐水泥。由适当成分的硫铝酸盐水泥熟料和少量石灰石、适量石膏共同磨细制成的，具有早期强度高的水硬性胶凝材料，代号 R. SAC（注：石灰石掺量应不大于水泥质量的 15％）。

（2）低碱度硫铝酸盐水泥。由适当成分的硫铝酸盐水泥熟料和较多量石灰石、适当石膏共同磨细制成的，碱度低的水硬性胶凝材料，代号 L. SAC（注：石灰石掺量应不小于水泥质量的 15％，且不大于水泥质量的 35％，低碱度硫铝酸盐水泥主要用于制作玻璃纤维增强水泥制品，用于配有钢纤维、钢筋、钢丝网、钢埋件等混凝土制品和结构时，一般所用钢材应为不锈钢）。

（3）自应力硫铝酸盐水泥。由适当成分的硫铝酸盐水泥熟料加入适量石膏磨细制成的具有膨胀性的水硬性胶凝材料，代号 S. SAC。

硫铝酸盐的化学成分通常是。CaO 为 40％～44％；SiO_2 为 8％～12％；Al_2O_3 为 12％～18％；Fe_2O_3 为 6％～10％；SO_3 为 12％～16％。

其矿物组分主要为 C_4A_3S 和 β-C_2S，根据配料和煅烧温度的不同，还可能是 $C_{12}A_7$、CA 或少量的 C_2F、$CaSO_4$ 和 CaS。其相应矿物组成为：

C_4A_3S 为 36％～44％；β-C_2S 为 23％～34％；C_2F 为 10％～17％；$CaSO_4$ 为 12％～17％。

在应用硫铝酸盐水泥时主要考察的技术指标包括：

（1）硫铝酸盐水泥物理性能、碱度和含碱量按 GB 20472—2006 标准要求，硫铝酸盐水泥物理性能、碱度和含碱量应符合表 5-13 的规定。

表 5-13　硫铝酸盐水泥的技术指标要求

项目		水泥品种		
		快硬硫铝酸盐水泥	低碱度硫铝酸盐水泥	自应力硫铝酸盐水泥
比表面积/（m²/kg） ≥		350	400	370
凝结时间① /min	初凝 ≤	25		40
	终凝 ≥	180		240
碱度 pH 值 ≤		—	10.5	—
28d 自由膨胀率/%		—	0.00～0.15	—
自由膨胀率 /%	7d ≤	—	—	1.30
	28d ≤	—	—	1.75
碱（Na₂O+0.658K₂O）含量/% <		—	—	0.50
28d 自应力增进率/（MPa/d） ≤		—	—	0.010

①用户要求时，可以变动。

（2）强度指标

快硬硫铝酸盐水泥各强度等级水泥应不低于表 5-14 的数值。

表 5-14　快硬硫铝酸盐水泥强度等级　　　　　　　　　　（MPa）

强度等级	抗压强度			抗折强度		
	1d	3d	28d	1d	3d	28d
42.5	30.0	42.5	45.0	6.0	6.5	7.0
52.5	40.0	52.5	55.0	6.5	7.0	7.5
62.5	50.0	62.5	65.0	7.0	7.5	8.0
72.5	55.0	72.5	75.0	7.5	8.0	8.5

低碱度硫铝酸盐水泥各强度等级水泥应不低于表 5-15 的数值。

表 5-15　低碱度硫铝酸盐水泥强度等级　　　　　　　　　（MPa）

强度等级	抗压强度		抗折强度	
	1d	3d	1d	3d
32.5	25.0	32.5	3.5	5.0
42.5	30.0	42.5	4.0	5.5
52.5	40.0	52.5	4.5	6.0

自应力硫铝酸盐水泥所有自应力等级的水泥抗压强度 7d 不小于 32.5MPa，28d 不小于 42.5MPa。

自应力硫铝酸盐水泥各级别各龄期自应力值应符合表 5-16 的要求。

表 5-16　自应力硫铝酸盐水泥自应力值　　　　　　　　　　（MPa）

级别	7d	28d	
	≥	≥	≤
3.0	2.0	3.0	4.0
3.5	2.5	3.5	4.5
4.0	3.0	4.0	5.0
4.5	3.5	4.5	5.5

　　硫铝酸盐水泥系列单独使用或配合硫铝酸盐水泥专用外加剂使用，广泛应用于抢修抢建工程、预制构件、GRC 制品、低温施工工程、抗海水腐蚀工程等方面，同时还可以制成硫铝酸盐型膨胀剂和防水剂同在普通水泥混凝土中。硫铝酸盐水泥在砂浆中的应用也非常广泛，利用它的快速凝结等性能制成快速堵漏剂，可以在 3min 内初凝，4～6min 堵住一定压力的渗漏；利用它高早强微膨胀等性能制成无收缩高强度灌浆料和快硬性地面自流平砂浆；同时在薄抹灰外墙外保温系统的粘结剂和抹面砂浆、瓷砖胶粘剂及填缝剂中也有一定的应用。

5.1.2.3　装饰水泥

　　装饰水泥包括白色水泥和彩色水泥，是主要用于建筑装饰的特种水泥，和天然装饰材料相比，具有使用方便、色彩易于调节和价格低廉等优点。

　　1）白色水泥

　　白色水泥主要包括白色硅酸盐水泥、白色铝酸盐水泥和白色硫铝酸盐水泥。下面选择性地介绍下这些水泥的特点。

　　（1）白色硅酸盐水泥（参照 GB/T 2015—2005）

　　定义：由氧化铁含量少的硅酸盐水泥熟料、适量石膏及本标准规定的混合材料，磨细制成水硬性胶凝材料，称为白色硅酸盐水泥（简称"白水泥"）。代号 P. W。

　　（注：白色硅酸盐水泥熟料应当是以适当成分的生料烧至部分熔融，所得以硅酸钙为主要成分，氧化铁含量少的熟料。熟料中氧化镁的含量不宜超过 5.0％；如果水泥经压蒸安定性试验合格，则熟料中氧化镁的含量允许放宽 6.0％；混合材料是指石灰石或窑灰。混合材料掺量为水泥质量的 0～10％；水泥粉磨时允许加入助磨剂，加入量应不超过水泥质量的 1％。）

　　技术要求：水泥中的三氧化硫的含量应不超过 3.5％；细度方面，80mm 的方孔筛筛余应不超过 10％；凝结时间方面，初凝应不早于 45min，终凝应不迟于 10h；白度方面，水泥白度值应不低于 87。

　　强度等级：白色硅酸盐水泥强度等级分为 32.5、42.5 和 52.5。水泥强度等级按规定的抗压强度和抗折强度来划分，各强度等级的各龄期强度应不低于表 5-17 的数值。

表 5-17　白色硅酸盐水泥强度等级　　　　　　　　　　（MPa）

强度等级	抗压强度		抗折强度	
	3d	28d	3d	28d
32.5	12.0	32.5	3.0	6.0
42.5	17.0	42.5	3.5	6.5
52.5	22.0	52.5	4.0	7.0

（2）白色铝酸盐水泥

定义：白色铝酸盐水泥是以石灰石和铝硅质矿石为主要原料，加入适量白云石和少量萤石作助熔剂，以焦炭为燃料，将块状物料在高炉中烧至完全熔融，经水淬后得到淡蓝色熔渣，烘干后加入适量煅烧石膏和少量生石灰共同磨细而制成。

性能：该水泥强度可达到 42.5MPa，白度可达到 75～80。水泥的凝结时间较快，早期强度较高，长期强度能够稳定增长，且抗腐蚀性能良好，表面不起砂。该水泥不足之处在于低温下水化硬化较慢，主要水化产物为水化铝酸钙凝胶和钙矾石。

2）彩色水泥

彩色水泥生产方法有三种：一种是在普通白水泥熟料中加入无机或有机颜料共同进行磨细制成；另一种是在白水泥生料中加入少量金属氧化物作为着色剂，烧成熟料后再进行磨细制成；还有一种就是将着色物质以干式混合的方法掺入白水泥或其他硅酸盐水泥中进行磨细制成。

彩色水泥生产必须满足以下要求：

——不溶于水，分散性好；

——耐候性好，耐光性达七级以上（耐光性共分八级）；

——抗碱性强，达到一级耐碱性（耐碱性共分七级）；

——着色力强，颜色浓（着色力是指颜料与水泥等胶凝材料混合后显现颜色深浅的能力）；

——不含杂质；

——不能导致水泥强度显著降低，也不能影响水泥的正常凝结硬化；

——价格便宜。

彩色水泥的着色剂见表 5-18。

表 5-18　彩色水泥的着色剂一览

颜色	品种及成分
白	氧化钛（TiO_2）
红	合成氧化铁，铁丹（Fe_2O_3）
黄	合成氧化铁（$Fe_2O_3 \cdot H_2O$）
绿	氧化铬（Cr_2O_3）
青	群青［$2(Al_2Na_2Si_3O_{10}) \cdot Na_2SO_4$］，钴青（$CoO \cdot nAl_2O_3$）
紫	钴［$Co_3(PO_4)_2$］，紫氧化铁（Fe_2O_3 的高温烧成物）
黑	炭黑（C），合成氧化铁（$Fe_2O_3 \cdot FeO$）

在制造红色、黑色或者棕色水泥时，可在普通硅酸盐水泥中加入着色剂制备，而不一定要使用白色硅酸盐水泥。

用直接法制造彩色水泥时，由于水泥熟料颜色的深浅随着着色剂的产量而变，窑内气氛变化会引起颜色不均等问题，目前应用较少。

在行业标准 JC/T 870—2012《彩色硅酸盐水泥》中规定：彩色硅酸盐水泥分为 27.5、32.5、42.5 三个强度等级，基本颜色有红色、黄色、蓝色、绿色、棕色和黑色等。

在制作彩色商品砂浆时，宜选用共同研磨工艺生产的彩色水泥，其质量的稳定性和成本，均较使用颜色干粉配制的彩色商品砂浆有一定程度的劣势。

3）装饰水泥在砂浆中的应用

装饰水泥主要用于建筑物内外表面装饰工程中，如地面、楼面、楼梯、墙、柱及台阶等。因此，在商品砂浆中，装饰水泥也主要用于装饰干拌砂浆和勾缝剂等产品中。装饰水泥中绝大部分是白色硅酸盐水泥，在这里需要特别指出的是，当铝酸盐水泥中氧化铝含量达到68％以上时，基本上就是呈现白色，如凯诺斯的 Ternal White 品牌的白色高铝水泥，它除了用在耐火材料领域中，还用在有特殊抗反碱要求的瓷砖胶、填缝剂和浅色面层自流平砂浆中，均取得了良好的效果。

5.2　石灰

生产石灰的原料有两种：一是天然原料，以碳酸钙为主要成分的矿物、岩石（如石灰岩、白云岩）或贝壳等；一是化工副产品，如电石渣（是碳化钙制取乙炔时产生的，其主要成分是氢氧化钙）。工业用石灰一般是天然的石灰岩。将主要成分为碳酸钙和碳酸镁的岩石经高温煅烧（加热至900℃以上），逸出 CO_2 气体，得到的白色或灰白色的块状材料即为生石灰，其主要化学成分为氧化钙和氧化镁。

$$CaCO_3 \xrightarrow{900℃} CaO + CO_2 \uparrow \tag{5-16}$$

在上述反应过程中，$CaCO_3$、CaO、CO_2 的质量比为 $100：56：44$，即质量减少 $44％$，而在正常煅烧过程中，体积只减少约 $15％$，所以生石灰具有多孔结构。石灰的生产过程中，对质量有影响的因素有：煅烧的温度和时间、石灰岩中碳酸镁的含量及黏土杂质含量。

碳酸钙在900℃时开始分解，但速度较慢。所以煅烧温度宜控制在1000~1100℃。温度较低、煅烧时间不足、石灰岩原料尺寸过大、装料过多等因素，会产生欠火石灰。欠火石灰中 $CaCO_3$ 尚未完全分解，未分解的 $CaCO_3$ 没有活性，从而降低了石灰的有效成分含量；温度过高或煅烧时间过长时，则会产生过火石灰。因为随煅烧温度的提高和时间的延长，已分解的 CaO 体积收缩，毛体积密度增大，质地致密，熟化速度慢。若原料中含有较多的 SiO_2 和 Al_2O_3 等黏土杂质，则会在表面形成熔融的玻璃物质，从而使石灰与水反应的速度变得更慢（需数天或数月）。过火石灰如用于工程上，其细小颗粒在已经硬化的浆体中吸收水分，发生水化反应而体积膨胀，引起局部鼓泡或脱落，影响工程质量。

在石灰的原料中，除主要成分碳酸钙外，常含有碳酸镁。

$$MgCO_3 \xrightarrow{700℃} MgO + CO_2 \uparrow \tag{5-17}$$

煅烧过程中碳酸镁分解出氧化镁，存在于石灰中。根据石灰中氧化镁含量多少，将石灰分为钙质石灰、镁质石灰。镁质石灰熟化较慢，但硬化后强度稍高。用于建筑工程中的多为钙质石灰。

5.2.1　石灰的技术要求

按生石灰的化学成分，分成钙质石灰和镁质石灰两类，根据化学成分的含量每类分成各个等级，见表5-19。

表 5-19　建筑生石灰的分类（JC/T 479—2013）

类别	名称	代号
钙质石灰	钙质石灰 90	CL90
	钙质石灰 85	CL85
	钙质石灰 75	CL75
镁质石灰	镁质石灰 85	ML85
	镁质石灰 80	ML80

建筑生石灰块（Q）和建筑生石灰粉（QP）根据有效氧化钙和有效氧化镁的含量、二氧化碳含量、三氧化硫含量、产浆量以及细度进行划分。各等级的技术要求见表 5-20 和表 5-21。

表 5-20　建筑生石灰的化学成分（JC/T 479—2013）

名称	氧化钙＋氧化镁（CaO＋MgO）/%	氧化镁（MgO）/%	二氧化碳（CO_2）/%	三氧化硫（SO_3）/%
CL90-Q	≥90	≤5	≤4	≤2
CL90-QP				
CL85-Q	≥85	≤5	≤7	≤2
CL85-QP				
CL75-Q	≥75	≤5	≤12	≤2
CL75-QP				
ML85-Q	≥85	>5	≤7	≤2
ML85-QP				
ML80-Q	≥80	>5	≤7	≤2
ML80-QP				

表 5-21　建筑生石灰的物理性质（JC/T 479—2013）

名称	产浆量 $dm^3/10kg$	细度	
		0.2mm 筛余量/%	90μm 筛余量/%
CL90-Q	≥26	—	
CL90-QP	—	≤2	≤7
CL85-Q	≥26	—	
CL85-QP	—	≤2	≤7
CL75-Q	≥26	—	
CL75-QP	—	≤2	≤7
ML85-Q	—	—	
ML85-QP		≤2	≤7
ML80-Q	—	—	
ML80-QP		≤7	≤2

建筑消石灰分类按扣除游离水和结合水后（CaO＋MgO）的百分含量加以分类，见表 5-22。

表 5-22　建筑消石灰的分类（JC/T 481—2013）

类别	名称	代号
钙质石灰	钙质消石灰 90	HCL90
	钙质消石灰 85	HCL85
	钙质消石灰 75	HCL75
镁质石灰	镁质消石灰 85	HML85
	镁质消石灰 80	HML80

建筑消石灰粉根据有效氧化钙和有效氧化镁含量、三氧化硫含量、游离水量、细度及安定性进行划分。各等级的技术要求见表 5-23 和表 5-24。

表 5-23　建筑消石灰的化学成分（JC/T 481—2013）

名称	氧化钙＋氧化镁（CaO＋MgO）/%	氧化镁（MgO）/%	三氧化硫（SO_3）/%
HCL90	≥90	≤5	≤2
HCL85	≥85		
HCL75	≥75		
HML85	≥85	>5	≤2
HML80	≥80		

注：表中数值以试样和扣除游离水和化学结合水后的干基为基准。

表 5-24　建筑消石灰的物理性质（JC/T 481—2013）

名称	游离水/%	细度		安定性
		0.2mm 筛余量/%	90μm 筛余量/%	
HCL90	≤2	≤2	≤7	合格
HCL85				
HCL75				
HML85				
HML80				

5.2.2　石灰的熟化

1）熟化过程

块状生石灰在使用前都要加水消解，这一过程称为"消解"或"熟化"，也可称之为"淋灰"，经消解后的石灰称为"消石灰"或"熟石灰"，其化学反应式为：

$$CaO + H_2O \longrightarrow Ca(OH)_2 + 64.88J \tag{5-18}$$

生石灰在熟化过程有两个显著的特点：一是体积膨胀大（约 1～2.5 倍）；二是放热量大，放热速度快。煅烧良好、氧化钙含量高、杂质含量小的生石灰，其熟化速度快，放热和体积增大也多。此外，熟化速度还取决于熟化池中的温度，温度高，熟化速度快。

2）熟化方法

（1）过筛与陈伏后制成石灰膏

石灰中不可避免含有未分解的碳酸钙及过火的石灰颗粒。为消除这类杂质的危害，石灰膏在使用前应进行过筛和陈伏。即在化灰池或熟化机中加水，拌制成石灰浆，熟化的氢氧化钙经筛网过滤（除渣）流入储灰池，在储灰池中沉淀陈伏成膏状材料，即石灰膏。为保证石灰充分熟化，必须在储灰池中储存半个月后再使用，这一过程称为陈伏。陈伏期间，石灰膏表面应保留一层水，或用其他材料覆盖，避免石灰膏与空气接触而导致碳化。一般情况下，1kg 的生石灰约可化成 1.5～3L 的石灰膏。石灰膏可用来拌制砌筑砂浆、抹面砂浆，也可以掺入较多的水制成石灰乳液用于粉刷。

（2）制成消石灰粉

将生石灰淋以适当的水，消解成氢氧化钙，再经磨细、筛分而得干粉，称为消石灰粉或熟石灰粉。

消石灰粉也需放置一段时间，待进一步熟化后使用。由于其熟化未必充分，不宜用于拌制砂浆、灰浆。

5.2.3　石灰的硬化

石灰浆在空气中的硬化是物理变化过程——干燥结晶和化学反应过程——碳化硬化两个同时进行的过程。

（1）干燥结晶过程

石灰膏中的游离水分一部分蒸发掉，一部分被砌体吸收。氢氧化钙从过饱和溶液中结晶析出，晶相颗粒逐渐靠拢结合成固体，强度随之提高。

（2）碳化硬化过程

氢氧化钙与空气中的二氧化碳反应生成不溶于水的、强度和硬度较高的碳酸钙，析出的水分逐渐蒸发，其反应式为：

$$Ca(OH)_2 + CO_2 + nH_2O \longrightarrow CaCO_3 + (n+1)H_2O \qquad (5\text{-}19)$$

这个反应实际是二氧化碳与水结合形成碳酸，再与氢氧化钙作用生成碳酸钙。如果没有水，这个反应就不能进行。碳化过程是由表及里，但表层生成的碳酸钙结晶阻碍了二氧化碳的深入，也影响了内部水分的蒸发，所以碳化过程长时间只限于表面。氢氧化钙的结晶作用则主要发生在内部。石灰硬化过程的两个主要特点是：一是硬化速度慢；二是体积收缩大。

从以上的石灰硬化过程可以看出，石灰的硬化只能在空气中进行，也只能在空气中才能继续发展提高其强度，所以石灰只能用于干燥环境的地面上建筑物、构筑物，而不能用于水中或潮湿环境中。

综上，石灰是建筑工程中砌筑砂浆和抹灰砂浆的常用材料。水泥砂浆中掺入石灰，可以改善砂浆的和易性和施工性，提高粘结强度，减少开裂，弥补微裂缝等。消石灰掺量较小时对砂浆强度影响不大，但掺量较大时，则会显著降低砂浆强度。砂浆中掺入石灰虽然可以提高砂浆的和易性和保水性，但硬化后砂浆的耐水性差、收缩大、抗压强度低，而且生产、使用过程中易对环境造成污染，不提倡使用石灰改善砂浆的和易性和保水性。

5.3　石膏

石膏在干混砂浆中应用最广泛的就是做抹灰砂浆，将建筑石膏加水、砂拌合成石膏砂浆，可用于室内抹灰。石膏砂浆隔热保温性能好，热容量大，吸湿性大，因此能够调节室内温、湿度，使其经常保持均衡状态，给人以舒适感。除此之外，还可以用来作粉刷石膏、石膏装饰砂浆、石膏基填缝剂等干混砂浆产品。目前，随着α型半水石膏的工业化生产日益成熟，用石膏做自流平砂浆也是一个研究方向，其配制出来的砂浆不仅质轻，体积稳定，不易空鼓和收缩开裂，隔声、隔热、防火效果好，而且还具有一定的调温、调湿作用，具有巨大的经济效益和环境效益。

5.3.1 石膏胶凝材料

石膏胶凝材料主要是由天然二水石膏（$CaSO_4 \cdot 2H_2O$）经煅烧脱水而制成的。除天然二水石膏外，天然无水石膏（$CaSO_4$——硬石膏）、工业副产石膏（以硫酸钙为主要成分的工业副产品，如磷石膏、氟石膏）也可作为制造石膏胶凝材料的原料。

生产石膏的主要工序是煅烧和磨细。在煅烧二水石膏时，由于加热温度不同，所得石膏的组成与结构也不同，其性质有很大差别。常压下，当加热温度在107～170℃之间时，二水石膏逐渐失去大量水分，生成β型半水石膏（熟石膏）。反应式为：

$$CaSO_4 \cdot 2H_2O \Longrightarrow CaSO_4 \cdot 1/2H_2O + 3/2H_2O \qquad (5\text{-}20)$$

半水石膏加水拌合后，能很快凝结硬化。

当煅烧温度在170～200℃时，石膏脱水变成可溶的硬石膏，它与水拌合后也能很快凝结与硬化。当煅烧温度在200～250℃时，生成的石膏仅残留微量水分，凝结硬化异常缓慢。当煅烧温度高于400℃时，石膏完全失去水分，变成不溶解的硬石膏，不能凝结硬化。当温度高于800℃时，石膏将分解出部分CaO，称高温煅烧石膏，重新具有凝结和硬化的能力，虽凝结较慢，但强度及耐磨性较高。在建筑上应用最广的是半水石膏。

1）建筑石膏

将β型半水石膏磨成细粉，即得建筑石膏。其中，杂质较少、色泽较白、磨得较细的产品称模型石膏。

建筑石膏密度为2.5～2.8g/cm³，其紧密堆积表观密度为1000～1200kg/m³，疏松堆积表观密度为800～1000kg/m³。建筑石膏遇水时，将重新水化成二水石膏，并逐渐凝结硬化，其反应如下：

$$CaSO_4 \cdot 1/2H_2O + 3/2H_2O \Longrightarrow CaSO_4 \cdot 2H_2O \qquad (5\text{-}21)$$

建筑石膏凝结硬化过程：半水石膏遇水即发生溶解，溶液很快达到饱和，溶液中的半水石膏水化成为二水石膏。由于二水石膏的溶解度远比半水石膏小，所以很快从过饱和溶液中沉淀析出二水石膏的胶体微粒并不断转化为晶体。由于二水石膏的析出破坏了原有半水石膏的平衡，这时半水石膏进一步溶解和水化。如此不断地进行半水石膏的溶解和二水石膏的析晶，直到半水石膏完全水化为止。随着浆体中的自由水分因水化和蒸发而逐渐减少，浆体逐渐变稠失去塑性，呈现石膏的凝结。此后，二水石膏的晶体继续大量形成、长大，晶体之间相互接触与连生，形成结晶结构网，浆体逐渐硬化成块体，并具有一定的强度。

建筑石膏凝结硬化很快，一般终凝不超过半小时，硬化后体积稍有膨胀（膨胀量约为0.5%～1%），故能填满模型，形成平滑饱满的表面，干燥时也不开裂，所以石膏可以不加填充料而单独使用。

建筑石膏水化反应的理论需水量仅为石膏质量的18.6%，但使用时，为使浆体具有一定的可塑性，需水量常达60%～80%。多余水分蒸发后留下大量孔隙，故硬化后石膏具有多孔性，表观密度较小，导热性较小，强度也较低。

建筑石膏硬化后具有很强的吸湿性。受潮后晶体间结合力减弱，强度急剧下降，软化系数为 0.2～0.3，耐水性及抗冻性均较差。

建筑石膏具有良好的防火性能。硬化的石膏为二水石膏，当其遇火时，二水石膏吸收大量的热而脱水蒸发，在制品表面形成水蒸气隔层，使其具有良好的防火性能。

根据 GB/T 9776—2008《建筑石膏》的规定，建筑石膏的物理力学性能应符合表 5-25 的要求。

表 5-25　建筑石膏的物理力学性能（GB/T 9776—2008）

等级	细度，以 0.2mm 方孔筛筛余计，%	凝结时间 /min		2h 强度/MPa	
		初凝	终凝	抗折	抗压
3.0				≥3.0	≥5.0
2.0	≤10	≥3	≤30	≥2.0	≥4.0
1.0				≥1.6	≥3.0

建筑石膏适用于室内装饰、抹灰、粉刷，制作各种石膏制品及石膏板等。

石膏板是一种新型轻质板材，它是以建筑石膏为主要原料，加入轻质多孔填料（如锯末、膨胀珍珠岩等）及纤维状填料（如石棉、纸筋等）而制成的。为了提高石膏板的耐水性，可加入适量的水泥、粉煤灰、粒化高炉矿渣等，或在石膏板表面粘贴纸板、塑料壁纸、铝箔等。石膏板具有质量轻、隔热保温、隔声、防火等性能，可锯、可钉，加工方便。适用于建筑物的内隔墙、墙体覆盖面、天花板及各种装饰板等。目前我国生产的石膏板主要有纸面石膏板、纤维石膏板、石膏空心板条、石膏装饰板及石膏吸声板等。

2）无水石膏

无水石膏又称为硬石膏，有天然和人工制取两种。天然硬石膏主要由无水硫酸钙组成，天然硬石膏主要形成于内海和盐湖中，是化学沉积作用的结果。硬石膏矿层一般位于二水石膏层下面，在水的作用下会转变成二水石膏，因此在天然硬石膏中常含有 5%～10% 的二水石膏。天然硬石膏的密度为 2.9～3.0g/cm³。

人工制取的硬石膏主要包括Ⅲ型硬石膏（$CaSO_4$Ⅲ）、Ⅱ型硬石膏（$CaSO_4$Ⅱ）、Ⅰ型硬石膏（$CaSO_4$Ⅰ）三种。在工业上，当 α 型半水石膏在高压水蒸气条件下加热到 200～230℃ 是生成 α 型 $CaSO_4$Ⅲ，当 β 型半水石膏在干燥空气中加热到 200～360℃ 时生成 β 型 $CaSO_4$Ⅲ，他们都称为可溶性无水石膏。Ⅲ型硬石膏水化时都要经过半水石膏阶段再形成二水石膏，其水化速率比半水石膏快，在潮湿空气中也能水化生成半水石膏。

半水石膏加热到 400～1000℃，就会完全失水成为难溶性石膏，失去凝结时间硬化能力，成为死烧石膏，即为Ⅱ型硬石膏。当温度超过 1180℃ 时，Ⅱ型硬石膏转变为Ⅰ型硬石膏，而且只有在温度高于 1180℃ 时才是稳定的，人们也称为高温石膏。

硬石膏在水泥工业中用于水泥生产的调凝剂。结晶水含量极少的天然硬石膏是国内生产 UEA、CEA、AEA 等系列混凝土膨胀剂的重要原料。

3）高强石膏

将二水石膏在 0.13MPa 压力的蒸压锅内蒸炼（即在 1.3 大气压，125℃ 条件下进行脱水），所得的半水石膏为 α 型半水石膏，其需水量（约为 35%～45%）仅为建筑石膏的一半。故其制品密实度和强度较建筑石膏大，称为工业废石膏。它适用于强度较高的抹灰工程、石膏制品和石膏板等。

5.3.2 脱硫渣及脱硫石膏

工业废石膏同样以多种形态出现。主要包括脱硫渣和脱硫石膏、磷石膏和氟石膏，此外还有黄石膏盐、盐田石膏以及固硫石膏等。脱硫石膏的主要成分是 $CaSO_4 \cdot 2H_2O$，脱硫渣的主要组成为 $CaSO_3 \cdot 0.5H_2O$、$CaSO_4 \cdot 2H_2O$、粉煤灰和残余的钙基脱硫剂。磷石膏一般以 $CaSO_4 \cdot 2H_2O$ 存在，其含量通常在 90% 以上。一般含有少量 P_2O_5、氟化物和 SiO_2、Al_2O_3 等杂质。氟石膏一般以 $CaSO_4$ 存在，含量通常在 80% 以上，并含有少量氟化物和未反应的氟硅酸盐。在工业副产石膏中，脱硫渣和脱硫石膏是目前常选用的原材料之一。

脱硫渣和脱硫石膏的划分是按照脱硫方式和产物的处理形式来划分的，烟气脱硫一般可分为湿法、半干法和干法三类。在我国湿法烟气脱硫主要是石灰石/石膏法，其技术已非常成熟，具有脱硫效率高、对煤种适应力强等优点。湿法烟气脱硫产物为脱硫石膏，其主要成分是 $CaSO_4 \cdot 2H_2O$，化学成分和天然石膏相近，其 $CaSO_4$、$CaSO_4 \cdot 2H_2O$ 含量一般在 90% 以上。由于脱硫石膏与天然石膏的成分和化学性质相近，在发达国家得到了很好的利用，几乎所有的脱硫石膏都被应用于建材行业，包括干混砂浆。在我国脱硫石膏的生产和研究历史还很短，与发达国家相比还有一定差距。现阶段我国脱硫石膏主要用于生产水泥缓凝剂、石膏板、石膏砌块、粉刷石膏及自流平石膏等产品，随着我国科技的不断进步，近几年我国对脱硫石膏的综合利用水平有了很大的提高。

干法（半干法）脱硫是洁净煤工艺中烟气脱硫的一种，通过向烟气中喷入钙基吸收剂 CaO 或 $Ca(OH)_2$，与烟气中的 SO_2 反应生成 $CaSO_3$、$CaSO_4$ 化合物来达到脱硫的目的。干法、半干法烟气脱硫工艺具有脱硫产物为干粉状和耗水率低的优点，很好地克服了湿法脱硫工艺的一些问题和不足，而且投资低、占地少，与机组配合特性良好，尤为适合我国的国情。脱硫渣即为燃煤电厂用干法（半干法）钙基脱硫剂对烟气进行脱硫所产生的大量工业废弃物。国内外对脱硫渣的矿物组成研究表明，干法、半干法烟气脱硫渣一般由亚硫酸钙、硫酸钙、碳酸钙、氢氧化钙、氯化钙以及飞灰等成分组成，因成分复杂而综合利用难度较大。随着环境保护要求的日益严格，脱硫副产品的排放量将越来越大，如果不能很好地加以利用，将会造成大量土地资源被侵占，所以，综合利用脱硫废渣成为当前一项急需解决的问题。要对脱硫渣展开综合利用，就必须先了解其特性，对此国内外的科研工作者进行了大量的研究。

（1）脱硫渣的基本物理性能

干法（半干法）脱硫灰渣通常为细小的干粉颗粒，颜色一般呈灰色，有时随杂质的不同呈现淡黄色，游离水的含量非常小。燃煤电厂为了得到满意的脱硫率，通常使用过量的脱硫剂，因此脱硫渣的烧失量与粉煤灰相比要大得多，脱硫渣的烧失量通常在 10% 以上。脱硫渣的颗粒比粉煤灰要细，黄平等人研究了喷雾干燥脱硫灰的常规物理性能，并与普通粉煤灰进行了比较，具体颗粒分布见表 5-26。

表 5-26　脱硫渣的粒径分布　　　　　　（%）

试样	>0.9mm	0.18~0.9mm	0.09~0.18mm	0.071~0.09mm	<0.071mm
脱硫渣	0	0	0	1.4	98.6
粉煤灰	0.76	45	38.3	3.14	9.56

（2）脱硫渣的化学组成和矿物成分

不同电厂采用不同的脱硫工艺、脱硫剂以及排放方式导致排放的废渣化学成分和矿物组成各不相同，因此也使得不同燃煤电厂脱硫渣综合利用价值和利用方式各异。表 5-27 列举了我国主要几种脱硫渣的化学组成，并与重庆珞璜脱硫石膏和葛化高钙粉煤灰进行了对比。

表 5-27　几种典型的脱硫渣的化学成分　　　　　　　　（%）

产地	SiO_2	Al_2O_3	CaO	MgO	Fe_2O_3	SO_3	Loss
广州脱硫渣	8.91	6.37	33.89	7.89	0.92	20.30	11.01
南京脱硫渣	45.80	27.56	13.69	1.18	3.66	2.50	3.98
四川脱硫渣	22.35	11.12	31.34	1.38	2.81	10.70	11.01
重庆脱硫石膏	2.70	0.72	32.50	1.52	0.51	47.45	19.72
葛化高钙粉煤灰	31.74	21.00	18.41	1.00	2.72	2.18	19.22

从表 5-24 可以看出，三种脱硫渣的主要化学成分均为 SiO_2、Al_2O_3、CaO 和 SO_3，从上表脱硫渣的化学成分可以得知各种脱硫渣的主要矿物组成也有相同之处。通过 XRD 测试表明脱硫渣中除脱硫产物（$CaSO_3 \cdot 0.5H_2O$、$CaSO_4 \cdot 2H_2O$）和残留脱硫剂外，还含有一定量的粉煤灰。同时可以清楚地看到，这三种脱硫渣中含有的 CaO 和 SO_3 均高于普通高钙粉煤灰，且湿法脱硫石膏与干法（半干法）脱硫渣在化学组成上有很大差别，重庆珞璜脱硫石膏的主要化学成分为 $CaSO_4$，其他成分的含量很少，而脱硫渣的化学组成则比脱硫石膏复杂得多，因此综合利用途径也大不一样。

从表 5-24 得知这三种脱硫渣组成上的共同特点是均由粉煤灰、残余的钙基脱硫剂以及脱硫产物组成，但是不同的脱硫工艺得到的脱硫渣的化学成分和矿物组成有所差别。广州恒运电厂采用循环流化床（RCFB）脱硫工艺，采用消石灰做脱硫剂。南京下关电厂采用的是炉内喷钙尾部增湿活化（简称 LIFAC）烟气脱硫工艺，以磨细石灰石为钙基脱硫剂。四川白马电厂采用旋转喷雾干燥（SDA）半干法脱硫工艺，所用的脱硫剂为 $CaCO_3$。从脱硫渣的 SO_3 含量来看，各种脱硫渣的 SO_3 含量不同，依次按 RCFB、SDA、LIFAC 递减。从三种脱硫渣中 SiO_2 和 Al_2O_3 的含量来看，南京脱硫渣的粉煤灰含量最高，而广州恒运脱硫渣的粉煤灰含量最低。从脱硫渣的烧失量来看，南京脱硫渣的烧失量远低于其他两种脱硫渣。

综上所述，不同脱硫工艺排放的废渣矿物组成相近，主要的化学成分也基本类似，都具有高钙高硫的组成特点。但是脱硫渣中各主要化学组成和矿物组成的含量随脱硫工艺、脱硫剂种类以及燃煤种类不同而有所差别。

（3）$CaSO_3$ 的化学稳定性

目前多数半干法、干法脱硫系统的主要脱硫产物均为亚硫酸钙，由于亚硫酸钙不是硫酸盐的最稳定形式，在不同条件下可能发生分解或氧化反应，易引起系统的不稳定变化，造成二次污染。因此对于脱硫渣而言，其较高的亚硫酸钙含量对灰渣混合物的性能影响会十分明显，这一组成特点也使人们对于将其用于水泥混凝土制品的生产存在一定疑虑。$CaSO_3$ 在不同 pH 值酸液中的稳定特性，表明脱硫渣是一种钙基化合物含量较高的混合物，其 pH 值为 10.0~12.5。因为脱硫渣呈碱性，抑制了 $CaSO_3$ 和酸的反应，使 $CaSO_3$ 的分解率降低，

脱硫渣的碱性对 $CaSO_3$ 的分解具有一定的抑制作用。此外,研究表明钙基脱硫灰中的 $CaSO_3$ 在空气中 pH 值高于 5.7 时分解率很低,只有不超过 0.2% 的 $CaSO_3$ 分解,基本上不会对环境造成污染。

$CaSO_3$ 常温下的稳定性,表明干态亚硫酸钙比较稳定,在空气中不容易被氧化,而湿态亚硫酸钙在常温下就能被氧化成硫酸钙,其自然氧化的速度随着时间的增长即氧化程度的增加而缓慢。包正宇模拟敞开式灰场和密封式灰库的条件,将脱硫渣分别置于敞开的试验盘和密封的塑料瓶中,分别置放 3d、60d 和 90d 后测定亚硫酸钙含量。结果表明干态脱硫渣在自然放置条件下性质比较稳定,亚硫酸钙不易被氧化,而湿态亚硫酸钙中亚硫酸钙的转化率相对显著增大,3d 转化率为 8.97%,60d 转化率为 13.60%,90d 转化率为 17.08%。

5.3.3 磷石膏

磷石膏是湿法磷酸生产时排出的固体废弃物,每生产 1t 磷酸产生 4~5t 磷石膏(以干基计)。我国磷酸生产以湿法生产为主,通过硫酸分解磷矿石生成萃取料浆,然后过滤洗涤制得磷酸,过滤洗涤过程中同时产生磷石膏。其反应式为:

$$Ca_5(PO)_3F(磷矿) + H_2SO_4 \longrightarrow H_3PO_4 + 2CaSO_4(磷石膏) + HF$$

由此可见,磷肥工业的迅速发展必然带来硫酸需求量增加和磷石膏废渣的处理两大问题。据统计,至 2005 年起我国磷石膏排放总量达 5000 万吨,当时利用率不足 10%。至 2009 年,我国综合利用磷石膏才超过 1000 万吨,磷石膏综合利用率也仅达 20%。由于没有找到有效利用途径,长期以来,磷石膏以堆放为主。目前,我国磷石膏累积堆放量已超 2 亿吨。磷石膏的堆存,不仅占用大量土地,增加磷肥企业生产成本,还造成环境污染。以我国磷肥产量最大的贵州宏福公司为例,年排放磷石膏 350 万吨,建设一个容量为 9000 万吨的堆场投资达 1 亿元,将磷石膏补水 50% 泵送到堆场,费用为 12 元/吨。

堆放过程中,不仅磷石膏中水分的蒸发使周围空气呈酸性,且磷石膏中可溶性磷、氟、硫随地表水渗入地下,使地下水磷、氟、硫含量超标。磷石膏对土壤、大气、水系的污染,不仅降低了农作物产量和质量,而且影响了当地居民健康,易引起氟骨病、氟斑牙等很多地方病例。据国际有关权威机构统计,磷石膏造成中国现在和未来承担的环境增值将高达 13.3 亿美元。

磷石膏主要以针状晶体、板状晶体、密实晶体、多晶核晶体等四种结晶形式存在。磷石膏中 $CaSO_4 \cdot 2H_2O$ 含量一般高达 90% 以上,SO_3 含量为 40%~45%,CaO 含量约 25%。因此,磷石膏可做天然石膏的替代材料,是一种重要的可再生资源。若将其用于干混砂浆的制备,则在胶凝后可将其含有的有害物质固化,从而可减少对环境的污染。但磷石膏也还含有未分解的磷矿、未洗涤干净的磷酸、氟化钙、铁铝化合物和有机质等多种杂质,这些杂质影响磷石膏的利用。磷石膏杂质分两大类:不溶性杂质,包括石英、未分解的磷灰石、不溶性 P_2O_5、共晶 P_2O_5、氟化物及氟、铝、镁的磷酸盐和硫酸盐。可溶性杂质,包括水溶性 P_2O_5,溶解度较低的氟化物和硫酸盐。杂质使得磷石膏胶凝材料的性能与天然石膏相比有较大差异,主要表现为凝结时间长,强度较低。不同生产企业、不同批次的磷石膏的化学组成都略有不同,这主要与磷酸生产工艺条件的控制及磷矿石的品种有关。在实际应用时要加以注意。因此如何高效地将磷石膏用于砂浆的制备,是后期需继续研究探讨的方向。

第六章 掺合料

部分工业固体废弃物及天然矿物微粉常作为掺合料（也被称为填料）添加到干混砂浆中，一般来讲，可分为活性掺合料和非活性掺合料。活性掺合料指本身不具有水化活性或仅具有微弱的水化活性，但在碱性环境或存在硫酸盐的情况下可以水化并产生强度，其中包括粉煤灰、粒化高炉矿渣、电厂炉渣、硅灰、沸石粉、偏高岭土及钢渣等。其是以工业废弃物或天然矿物质材料为原材料，部分可直接使用，部分需预先磨细在拌制干混砂浆时作为一种组分直接掺入拌合物中。非活性掺合料是指没有活性，不能产生强度的物质，如磨细石英砂、石灰石粉和高炉块渣等。

使用掺合料一方面可以降低干混砂浆的成本，另一方面可以提高干混砂浆的耐久性和工作性。一般来讲，矿物掺合料对干混砂浆具有以下贡献：

（1）改善新拌砂浆的工作性

砂浆在用水量提高后很容易引起离析和泌水，使新拌砂浆体积不稳定。掺入矿物掺合料的砂浆则有很好的黏聚性，需水比小的细掺料还可以进一步降低干混砂浆的用水量而保持良好的工作性。

（2）可降低砂浆的温度收缩，提高抗裂性

水泥水化是放热反应，且砂浆类似于绝热体，会因水泥的水化放热而使砂浆内部温度上升。同时，砂浆外部散热较快时，就可能造成内外温差而产生温差应力，引起砂浆开裂，进而影响砂浆的耐久性。掺加活性或非活性掺合料，可以降低水泥熟料的相应含量，水泥水化总热量就可以减少，从而降低砂浆的温度收缩，进而提高砂浆抗裂性。

（3）提高砂浆的后期强度

砂浆的早期强度一般随着掺合料掺量的增加而降低，但对于活性掺合料，可利用其潜在水化活性或火山灰效应部分取代水泥作胶凝材料组成部分，如由于粉煤灰的火山灰效应和矿渣的潜在活性，其后期强度会有一定幅度的增长。矿物掺合料对砂浆强度的贡献随着龄期的增加而增加，随水胶比的降低而增加。有研究表明，矿物掺合料对强度的贡献与水胶比的关系比水泥对强度的贡献与水胶比的关系还要敏感。

（4）提高砂浆的耐久性

当硅酸盐水泥砂浆处在有侵蚀介质的环境中时，侵蚀介质会与水泥中水化生成的 $Ca(OH)_2$ 和 C_3A 水化物反应，逐渐使砂浆破坏。在砂浆中掺入矿物掺合料后，一方面，由于减少了水泥的用量，也就减少了受腐蚀的内部因素；另一方面，矿物掺合料的形态效应和微集料填充效应可以细化砂浆孔结构，如粉煤灰的火山灰效应和矿渣的潜在活性，可以使砂浆在后期生成较多的凝胶体，填充内部的孔结构，增强砂浆致密性，从而有利于砂浆抗渗性的提高，阻碍侵蚀介质的侵入。

6.1 粉煤灰

6.1.1 粉煤灰的性能

粉煤灰是从煤燃烧后的烟气中收集下来的细灰，粉煤灰是燃煤电厂排出的主要固体废物，属于火山灰质活性材料。由于煤的品种、粉煤灰细度以及燃烧条件不同，粉煤灰化学成分的波动范围较大，我国火电厂粉煤灰的主要氧化物组成为：SiO_2、Al_2O_3、FeO、Fe_2O_3、CaO、TiO_2、MgO、K_2O、Na_2O、SO_3、MnO_2 等，此外还有 P_2O_5 等。其中氧化硅、氧化钛来自黏土，页岩；氧化铁主要来自黄铁矿；氧化镁和氧化钙来自与其相应的碳酸盐和硫酸盐。

粉煤灰的活性主要来自活性 SiO_2（玻璃体 SiO_2）和活性 Al_2O_3（玻璃体 Al_2O_3）在一定碱性条件下的水化作用。因此，粉煤灰中活性 SiO_2、活性 Al_2O_3 和 $f\text{-}CaO$（游离氧化钙）都是活性的有利成分，硫在粉煤灰中一部分以可溶性石膏（$CaSO_4$）的形式存在，它对粉煤灰早期强度的发挥有一定作用，因此粉煤灰中的硫对粉煤灰活性也是有利组成。一般粉煤灰中的钙含量在 3% 左右，它对胶凝体的形成是有利的。国外把 CaO 含量超过 10% 的粉煤灰称为 C 类灰，国内也称为高钙粉煤灰。而低于 10% 的粉煤灰称为 F 类灰，国内也称为低钙粉煤灰。C 类灰其本身具有一定的水硬性，可作水泥混合材，F 类灰常作混凝土或砂浆的掺合料，它比 C 类灰使用时的水化热要低。粉煤灰中少量的 MgO、Na_2O、K_2O 等生成较多玻璃体，在水化反应中会促进碱硅反应。但 MgO 含量过高时，对安定性带来不利影响。粉煤灰中的未燃炭粒疏松多孔，是一种惰性物质，不仅对粉煤灰的活性有害，而且对粉煤灰的压实也不利，过量的 Fe_2O_3 对粉煤灰的活性也不利。

原状粉煤灰的 SEM 形貌如图 6-1 所示。由图 6-1 可见，粉煤灰是玻璃体、少量结晶体及未燃炭组成的一个复合结构的混合体。混合体中这三者的比例随着煤燃烧所选用的技术及操作手法不同而不同。其中结晶体包括石英、莫来石、氧化铁、氧化镁、生石灰及无水石膏等；玻璃体包括光滑的球体形玻璃体粒子、形状不规则孔隙少的小颗粒、疏松多孔且形状不规则的玻璃体等；未燃炭多呈疏松多孔形式。

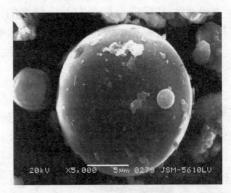

图 6-1 原状粉煤灰 SEM 图

粉煤灰呈灰褐色，通常为酸性，密度为 $1770\sim2430kg/m^3$，比表面积为 $250\sim700m^2/kg$，粉煤灰颗粒多数呈球形，粒径多在 $45\mu m$ 以下，可以不经粉磨直接用于砂浆。

粉煤灰在碱性环境中会发生"火山灰"反应，产生 C-S-H 和 C-A-H 等胶凝物质，即：

$$x\mathrm{Ca(OH)_2 + SiO_2 + (n-1)H_2O \longrightarrow xCaO \cdot SiO_2 \cdot nH_2O}$$

$$x\mathrm{Ca(OH)_2 + Al_2O_3 + (n-1)H_2O \longrightarrow xCaO \cdot Al_2O_3 \cdot nH_2O}$$

式中 x 表示 1 或 2。该化学反应表明水泥水化产生 $Ca(OH)_2$ 和粉煤灰玻璃体中的 SiO_2、Al_2O_3 发生火山灰反应，生成 C-S-H 和 C-A-H 凝胶产物。

有资料表明，当粉煤灰含碳量过高时，会影响其水化活性。一般高钙粉煤灰含碳量高，烧失量大。图 6-2 为取自葛化祥龙电业的高钙粉煤灰的差热分析图。

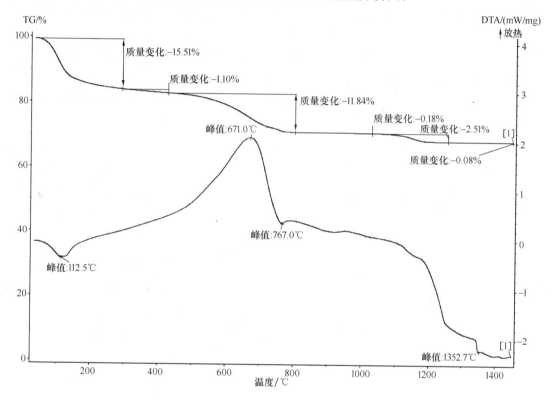

图 6-2　高钙粉煤灰差热分析图谱

由图 6-2 可见：

（1）高钙粉煤灰差热分析图表明，粉煤灰差热曲线特征主要表征在低温下的脱水、671℃下时的未燃炭粒的再燃烧、767℃下的碳酸盐分解和 1352℃高温下的硫酸盐分解和硅铝酸盐矿物的形成。

（2）由热重曲线可知，高钙粉煤灰总的含水量大，差热测值为 15.51%，结合化学分析结果表明高钙粉煤灰包括 9.03% 的自由水、6.48% 的层间吸附水和结晶水，而由碳引起的质量损失约为 12.74%，因此高钙粉煤灰中含碳量非常高。在此由于粉煤灰中的钙镁一般以玻璃中间体的形式存在于粉煤灰中，即以硅酸盐非晶态形式存在而极少以碳酸盐形式存在，故在此计算由碳引起的质量损失时未扣除因碳酸盐分解造成的质量损失。同时该高钙电厂粉煤灰中 SO_3 的含量为 2.18%，因此热重曲线上高温段（1352℃左右）的质量损失 2.51% 即为硫酸盐分解造成。数值上的差异可认为是测量方法和测量误差引起的，即化学分析和热重分析结果是相吻合的。

（3）湿排粉煤灰的特性为含钙高，含未燃炭粒高。粉煤灰中钙含量高，使高钙粉煤灰本身具有一定的水硬性，易使得粉煤灰团粒化结块，造成粉煤灰分散难。因此实际工程应用该类粉煤灰时应注意将其进行良好分散，避免出现局部结块。同时粉煤灰中高未燃炭粒使得其结构疏松多孔，同时未燃炭粒是一种惰性物质，会影响粉煤灰的活性，不利于砂浆强度的发展。因此，在配制砂浆时，不宜选用高钙粉煤灰。

（4）低钙粉煤灰中烧失量一般只有3％左右。组分中钙的存在有利于粉煤灰活性的提高而有利于强度的发展，而碳的存在作用则反之，即不利于粉煤灰活性的提高而有损于强度的发展。有研究表明，掺磨细烘干后的高钙高碳粉煤灰，砂浆强度值增高，这是由于高钙的作用。这也说明，当含碳量在一定的范围内时，粉煤灰的水化活性受含碳量的影响小于粉煤灰中含钙量的影响。当然，含碳量过高，对砂浆的强度还是有明显影响。

6.1.2　砂浆用粉煤灰技术要求

GB 1596—2005《用于水泥和混凝土中的粉煤灰》标准中规定，用于砂浆的粉煤灰应符合表6-1中的技术要求。

表 6-1　砂浆用粉煤灰的技术要求

项目		技术要求		
		Ⅰ级	Ⅱ级	Ⅲ级
细度（45μm方孔筛筛余），不大于/ %	F类粉煤灰	12.0	25.0	45.0
	C类粉煤灰			
需水量比，不大于/%	F类粉煤灰	95.0	105.0	115.0
	C类粉煤灰			
烧失量，不大于/%	F类粉煤灰	5.0	8.0	15.0
	C类粉煤灰			
含水量，不大于/%	F类粉煤灰	1.0		
	C类粉煤灰			
三氧化硫，不大于/%	F类粉煤灰	3.0		
	C类粉煤灰			
游离氧化钙，不大于/%	F类粉煤灰	1.0		
	C类粉煤灰	4.0		
安定性（雷氏夹沸煮后增加距离），不大于/mm	F类粉煤灰	5.0		
	C类粉煤灰			

同样按国家标准《高强高性能混凝土用矿物外加剂》（GB/T 18736—2002）的要求，规定了更高比表面积的磨细粉煤灰技术要求。根据磨细粉煤灰的性能，将其分为Ⅰ级和Ⅱ级。磨细粉煤灰的技术要求见表6-2。

表 6-2　磨细粉煤灰的技术要求

项目		Ⅰ级磨细粉煤灰	Ⅱ级磨细粉煤灰
物理性能	比表面积/（m²/kg）	≥600	≥400
	含水率/ %	≤1.0	≤1.0

项目		Ⅰ级磨细粉煤灰	Ⅱ级磨细粉煤灰
化学性能	SO_3/%	≤3	≤3
	烧失量/%	≤5	≤8
	Cl/%	≤0.02	≤0.02
胶砂性能	需水量比/%	≤95	≤105
	活性指数 /% 7d	≥80	≥75
	28d	≥90	≥85

砂浆中掺入的粉煤灰一般为干排灰。使用高钙粉煤灰（C类粉煤灰）时要密切注意高钙灰中游离氧化钙的含量波动，要加强检测，防止游离氧化钙含量高而破坏砂浆中水泥石的体积安定性。同时，在一些大中型城市，由于商品混凝土中大量使用粉煤灰，所以优质的粉煤灰价格较高，而且较难获得。因此，在砂浆中，应根据砂浆的种类和性能要求，按需选用粉煤灰的种类。另外，由于粉煤灰是一种工业副产品，其质量波动大，质量较差的粉煤灰的波动更大，在配制砂浆时必须对这点着重考虑。

6.1.3 粉煤灰的掺入对砂浆性能的影响

因粉煤灰的品质对砂浆的性能有较大影响，因此，需合理选用粉煤灰，并根据实验确定最合适的掺量。

（1）砂浆拌合物性能

品质优良的粉煤灰具有减水作用，因此可减少砂浆需水量；粉煤灰的形态效应、微集料效应可提高砂浆的密实性、流动度和塑性，减少泌水和离析；另外可延长砂浆的凝结时间。掺入粉煤灰后砂浆变得黏稠柔软，不容易泌水，而且易抹，改善了砂浆的操作性能。

（2）强度

通常情况，随着粉煤灰掺量的增加，砂浆强度下降幅度增大，尤其是早期强度降低更为明显，但后期强度提高。粉煤灰取代水泥量与超量系数有关，通过调整粉煤灰超量系数可使砂浆强度等同于基准砂浆。

（3）弹性模量

粉煤灰砂浆的弹性模量与抗压强度成正比关系。相比普通砂浆，粉煤灰砂浆的弹性模量28d后不低于甚至高于相同抗压强度的普通砂浆。粉煤灰砂浆弹性模量与抗压强度一样，也随着龄期的增长而增长，如果由于粉煤灰的减水作用而减少了新拌砂浆的用水量，则这种增长速度比较明显。

（4）变形能力

粉煤灰砂浆的徐变特性与普通砂浆没有多大差异。粉煤灰砂浆由于有比较好的工作性，砂浆更为密实，某种程度上会有比较低的徐变。相对而言，由于粉煤灰砂浆早期强度比较低，在加荷初期各种因素影响徐变的程度可能高于普通砂浆。由于粉煤灰改善了普通砂浆的工作性，因而其收缩会比普通砂浆低；由于粉煤灰的未燃炭分会吸附水分，因此同样工作性的情况下，粉煤灰烧失量越高，粉煤灰砂浆的收缩也越大。

（5）耐久性

一般认为，由于粉煤灰改善了砂浆的孔结构，故其抗渗性要好于普通砂浆。随着粉煤灰掺量的增加，粉煤灰砂浆抗渗性将提高。已有研究结果表明，粉煤灰砂浆比普通砂浆有更好的抗硫酸盐的能力。一般认为，粉煤灰砂浆优异的抗硫酸盐侵蚀的能力，既是其物理性能的表现，也是化学性能的表现：①由于粉煤灰的火山灰化学反应，减少了砂浆和混凝土中的氢氧化钙以及游离氧化钙的量；②由于粉煤灰通常降低砂浆的需水量，改善砂浆的工作性，同时二次水化产物填充砂浆和混凝土中粗大毛细孔而提高其抗渗性。

6.1.4　粉煤灰在砂浆中的作用

粉煤灰具有潜在的化学活性，颗粒微细，且含有大量玻璃体微珠，掺入砂浆中可以发挥三种效应，即形态效应、活性效应和微集料效应。

（1）形态效应

粉煤灰中含有大量的玻璃微珠，呈球形，掺入砂浆中可以减少的内摩擦阻力，提高砂浆的和易性。

（2）活性效应

活性 SiO_2、Al_2O_3、Fe_2O_3 等活性物质的含量超过 70%，尽管这些活性成分单独不具有水硬性，但在氢氧化钙和硫酸盐的激发作用下，可生成水化硅酸钙、钙矾石等物质，使强度增加，尤其使材料的后期强度明显增加。

（3）微集料效应

粉煤灰粒径大多小于 0.045mm，尤其是Ⅰ级灰，总体上比水泥颗粒还细，填充在水泥胶凝体中的毛细孔和气孔之中，使水泥胶凝体更加密实。

6.2　矿渣

"矿渣"的全称是"粒化高炉矿渣"，它是钢铁厂冶炼生铁时产生的废渣。在高炉炼铁过程中，除了铁矿石和焦炭之外，为降低冶炼温度，还要加入适当数量的石灰石和白云石作为助熔剂。它们在高炉内分解所得到的氧化钙、氧化镁和铁矿石中的废矿以及焦炭中的灰分相熔化，生成了以硅酸盐与硅铝酸盐为主要成分的熔融物，浮在铁水表面，定期从排渣口排出，经水淬冷处理，形成粒状颗粒物，这就是粒化高炉矿渣，简称矿渣。

6.2.1　矿渣的成分

我国部分钢铁厂的高炉矿渣化学成分列入表 6-3。

表 6-3　我国部分钢铁厂的高炉矿渣化学成分　　　　　质量分数/%

厂名	SiO_2	Al_2O_3	Fe_2O_3	MnO	CaO	MgO	S
鞍山钢铁 1	38.28	8.40	1.57	0.48	42.66	7.40	—
鞍山钢铁 2	32.27	9.90	2.25	11.95	39.23	2.47	0.72
宝山钢铁 1	40.10	8.31	0.96	1.13	43.65	5.75	0.23
宝山钢铁 2	41.47	6.41	2.08	0.99	43.30	5.20	—
首都钢铁	38.13	12.22	0.73	1.08	35.92	10.33	1.10
武汉钢铁	38.83	12.92	1.46	1.95	38.70	4.63	0.05

从表 6-3 中可以看出，矿渣的化学成分主要为 CaO、SiO_2、Al_2O_3，其总量一般占 90% 以上。不同钢铁厂矿渣的化学成分差异很大，同一钢铁厂不同时期排放的矿渣有时也不一样。

矿渣经水淬急冷，由于液相黏度在很短的时间内很快增大，阻滞了晶体成长，形成了玻璃态结构，就使矿渣处于不稳定的状态，因而具有较大的潜在化学能。出渣温度愈高，冷却速度愈快，则矿渣玻璃化程度愈高，矿渣的潜在化学能愈大。该玻璃态的矿渣具有潜在水硬活性，在激发剂[如 $Ca(OH)_2$、$CaSO_4$]的作用下，在一定的使用时间内可以水化硬化。自1861 年德国 E. Langen 发现玻璃态高炉炉渣的潜在水化活性后，矿渣就作为水泥组分在德国很快得到普及。1909 年德国为矿渣含量低于 30% 的含铁波特兰水泥制定了第一个国家标准。随之 1917 年又制定了第一个矿渣含量低于 85% 的高炉水泥标准。现在在新的欧洲水泥标准中就有 9 类是含矿渣的水泥，其中矿渣的含量在 6% 至 95% 之间。由于矿渣的水硬性与其玻璃态含量和化学组分密不可分，故矿渣作水泥掺合料时德国工业标准 DIN EN197—1 对矿渣的非晶态含量以及钙硅比 $(CaO+MgO)/SiO_2$ 作出了具体的要求，要求非晶态含量达90% 以上，钙硅比要大于 1.0。但矿渣若被用来延缓混凝土的碱集料反应危害，在这种情况下相对低的钙硅比将更加有效。

矿渣的矿物组分可借助扫描电镜的结果来进行说明。图 6-3 为两种不同形态的矿渣水淬颗粒。一个试样为具有代表性的占大多数的浅色的普通渣样[HS_1，图 6-3 中（a）为 HS_1样]，另一试样为占少数的可认为是杂质的黑色渣样[HS_2，图 6-3 中（b）和（c）为 HS_2样]。由图 6-3 清晰可见，HS_1 是非晶态的，而 HS_2 则含有晶态的黄长石和碳酸钙。

图 6-3　矿渣扫描电镜照片

（a）矿渣普通多孔样 HS_1；（b）和（c）为矿渣中黑色颗粒 HS_2

Amorpher Anteil—非晶态部分；Melilith—钙镁（铝）黄长石；Calcit—碳酸钙；Eisensulfat—硫酸铁

矿渣水泥具有高的抗化学腐蚀性，低的有效碱含量，高的耐久性（因能减低毛细管空隙率），低的水化热，高的抗氯离子侵蚀能力和高的抗电解液能力。人们有效地利用矿渣这些特性，将其应用于各种不同的领域。

6.2.2　矿渣质量评价方法

（1）化学分析法

用化学成分分析来评定矿渣的质量是评定矿渣的主要方法。我国国家标准（GB/T 203）规定粒化高炉矿渣质量系数如下：

$$K = \frac{CaO + MgO + Al_2O_3}{SiO_2 + MnO + TiO_2} \tag{6-1}$$

式中，各氧化物表示其质量百分数含量。

质量系数 K 反映了矿渣中活性组分与低活性、非活性组分之间的比例关系，质量系数 K 值越大，矿渣活性越高。用于制备水泥时要求 $K \geqslant 1.2$。矿渣化学成分中碱性氧化物与酸性氧化物之比值 M_0 称之为碱性系数，其计算方法见式（6-2）。

$$M_0 = \frac{CaO + MgO}{SiO_2 + Al_2O_3} \tag{6-2}$$

若 $M_0 > 1$，表示碱性氧化物多于酸性氧化物，该矿渣称之为碱性矿渣；若 $M_0 = 1$，表示碱性氧化物等于酸性氧化物，该矿渣称之为中性矿渣；若 $M_0 < 1$，表示碱性氧化物少于酸性氧化物，该矿渣称之为酸性矿渣。

（2）激发强度试验法

目前有氢氧化钠激发强度法、消石灰激发强度法、矿渣水泥强度比值 R 法等，但这些方法都存在一定的不足和局限性。我国国家标准 GB/T 18046—2008 规定：对比样品用对比水泥为符合 GB 175 的强度等级为 42.5 的硅酸盐水泥或普通硅酸盐水泥；试验样品由对比水泥和矿渣粉按质量比 1∶1 组成。试验砂浆配比如表 6-4 所示：

表 6-4　试验砂浆配比

砂浆种类	水泥 /g	矿渣粉/g	中国 ISO 标准砂/g	水/mL
对比砂浆	450	—	1350	225
试验砂浆	225	225		

试验方法按 GB/T 17671 进行。分别测定试验样品的 7d、28d 的抗压强度 R_7（MPa）、R_{28}（MPa）和对比样品 7d 和 28d 的抗压强度 R_{07}（MPa）、R_{028}（MPa）。然后，按下式计算矿渣粉的 7d 活性指数 A_7（%）和 28d 活性指数 A_{28}（%），计算结果取整数。

$$A_7 = \frac{R_7}{R_{07}} \times 100(\%) \tag{6-3}$$

$$A_{28} = \frac{R_{28}}{R_{028}} \times 100(\%) \tag{6-4}$$

活性指数愈大，矿渣的活性愈好。等量取代水泥熟料时对砂浆的强度影响愈小。

6.2.3　矿渣粉技术要求

粒化高炉矿渣粉（简称矿渣粉）定义：符合 GB/T 203 标准规定的粒化高炉矿渣经干燥、粉磨（或添加少量石膏一起粉磨）达到相当细度且符合相应活性指数的粉体。矿渣粉粉磨时允许加入助磨剂，加入量不得大于矿渣粉质量的 1%。

根据标准 GB/T 18046—2008《用于水泥和混凝土中的粒化高炉矿渣粉》，可以将矿渣粉分为 S105、S95 和 S75 三个等级。对矿渣粉的技术要求见表 6-5。

表 6-5　矿渣粉技术要求

项目	指标		
	S105	S95	S75
密度/（g/cm³）	$\geqslant 2.8$		
比表面积/（m²/kg）	$\geqslant 500$	$\geqslant 400$	$\geqslant 300$

项目		指标		
		S105	S95	S75
活性指数/%	7d	≥95	≥75	≥55
	28d	≥105	≥95	≥75
流动度比/%		≥95		
含水量/%		≤1.0		
三氧化硫/%		≤4.0		
氯离子/%		≤0.06		
烧失量/%		≤3.0		
玻璃体含量/%		≥85		
放射性		合格		

同时，在国家标准 GB/T 18736—2002《高强高性能混凝土用矿物外加剂》中，规定了更高比表面积的磨细矿渣技术要求。根据磨细矿渣的性能，将其分为Ⅰ、Ⅱ、Ⅲ三级。磨细矿渣的技术要求见表 6-6。

表 6-6　磨细矿渣的技术要求

项目		磨细矿渣指标		
		Ⅰ	Ⅱ	Ⅲ
物理性能	比表面积/（m²/kg）	≥750	≥550	≥350
	含水率/%	≤1.0		
化学性能	MgO/%	≤14		
	SO₃/%	≤4		
	烧失量/%	≤3		
	Cl/%	≤0.02		
胶砂性能	需水量比/%	≤100		
	活性指数/%	3d	≥85	≥70	≥55
		7d	≥100	≥85	≥75
		28d	≥115	≥105	≥100

由以上两个表格可以看出，单从比表面积与活性指数来看，似乎 GB/T 18736—2002《高强高性能混凝土用矿物外加剂》中Ⅲ级磨细矿渣与 GB/T 18046—2008《用于水泥和混凝土中的粒化高炉矿渣粉》中 S95 级矿渣粉很相似，但由于其比表面积与活性指数测量方法不同（各自具体的测量方法见各自标准），两者之间并不具有可比性。

目前在市场上，多数是符合 GB/T 18046—2008《用于水泥和混凝土中的粒化高炉矿渣粉》中规定的掺加助磨剂的产品，所以不同厂家生产的同一级别的矿渣粉用于配制干混砂浆时，干混砂浆性能的差异性也会较大，使用前应进行试验，以选择适当的矿渣粉生产厂家。

6.2.4　矿渣粉的掺入对砂浆性能的影响

矿渣粉的掺入对干混砂浆性能有较大的影响，具体表现在如下几个方面：

（1）需水量

一般认为，矿渣粉比表面积在和水泥比表面积接近时对需水量影响不大。若矿渣粉进行了超细粉磨，比表面积较大时会引起需水量的增加。

（2）保水性

大量研究表明，矿渣粉的保水性能远不及一些优质的粉煤灰和硅灰，掺入一些级配不好的矿渣会出现泌水现象。因此，使用矿渣粉时，要选择保水性能较好的水泥，并适当掺入一些具有保水功能的材料。

（3）流动性

在掺入同种减水剂和同样砂浆配合比的情况下，矿渣粉砂浆的流动度得到明显的提高，且流动度经时损失也得到明显缓解。流动度的改善是由于矿渣粉的存在，延缓了水泥水化初期产物的相互搭接，还由于 C_3A 矿物含量的降低而与减水剂有更好的相容性，而且达到同样流动度下一定细度的矿渣粉也具有一定的减水作用。

（4）凝结时间

矿渣粉砂浆的初凝、终凝时间比普通砂浆有所延缓，但幅度不大。

（5）强度

在相同配合比、强度等级与自然养护的条件下，矿渣粉砂浆的早期强度比普通砂浆略低，但 28d 及以后的强度增长显著高于普通砂浆。

（6）耐久性

由于矿渣砂浆的浆体结构比较致密，且矿渣粉能与水泥水化生成的氢氧化钙反应而改善了砂浆的界面结构。因此，矿渣粉砂浆的抗渗性、抗冻性明显优于普通砂浆。由于矿渣粉具有较强的吸附氯离子的作用，因此能有效阻止氯离子扩散进入，提高了砂浆的抗氯离子能力。砂浆的耐硫酸盐侵蚀性主要取决于砂浆的抗渗性和水泥中铝酸盐含量和碱度，矿渣粉砂浆中铝酸盐和碱度均较低，且又具有高抗渗性，因此，矿渣粉砂浆抗硫酸盐侵蚀性得到了很大的改善，对预防和抑制碱-集料反应也是十分有利的。

6.2.5 矿渣粉在砂浆中的应用

由于粒化高炉矿渣比较坚硬，与水泥熟料混在一起，不容易同步磨细，所以未采用分开粉磨工艺制备的矿渣水泥往往保水性差，容易泌水，且较粗颗粒的粒化高炉矿渣活性得不到充分发挥。若将粒化高炉矿渣单独粉磨或加入少量石膏或助磨剂一起粉磨，可以根据需要控制粉磨工艺，得到所需细度的矿渣粉，有利于其中活性组分更快、更充分水化。基于以上原因，矿渣粉可直接加入到干混砂浆中使用，而不推荐使用未采用分开粉磨工艺制备的矿渣水泥，当然可以使用分开粉磨工艺制备的矿渣水泥。

由于不同生产厂家采用的粒化矿渣来源不同，矿渣粉的生产工艺不同，生产中是否掺有助磨剂，粉磨工艺以及粉磨设备不同等，因此应根据干混砂浆的品种来选择适合的矿渣粉，包括生产厂家、矿渣粉的细度和掺量等。

6.3 硅灰

6.3.1 硅灰的性能

硅灰，又叫硅微粉，也叫微硅粉或二氧化硅超细粉，一般情况下统称硅灰。硅灰是在冶炼硅铁合金和工业硅时产生的 SiO_2 和 Si 气体与空气中的氧气迅速氧化并冷凝而形成的一种超细硅质粉体材料。

硅灰的主要成分是 SiO_2，一般占 90% 左右，绝大部分是无定形的氧化硅，其他成分如 Al_2O_3、Fe_2O_3、MgO、CaO 一般均不超过 1%，烧失量为 1.5%～3%。硅灰一般呈灰色或灰白色，在电子显微镜下观察，硅灰的形状为非结晶相无定形圆球状颗粒，且表面较为光滑。硅灰的颗粒很小，其粒径为 $0.1～1.0\mu m$，是水泥颗粒粒径的 1/100～1/50，用透气法测定的比表面积为 $3.4～4.7m^2/g$，用氮吸附法测定的比表面积为 $18～22m^2/g$，其比表面积约为水泥的 80～100 倍，是粉煤灰的 50～70 倍，堆积密度约为 $200～300kg/m^3$，表观密度为 $2100～2300kg/m^3$。

6.3.2 硅灰的技术要求

在 GB/T 18736—2002《高强高性能混凝土用矿物外加剂》中，规定了对硅灰的技术要求，见表 6-7。

表 6-7 硅灰的技术要求

试验项目			指标
物理性能	比表面积/（m^2/kg）	≥	15000
	含水率/%	≤	3.0
化学性能	SiO_2/%	≥	85
	烧失量/%	≤	6
	Cl/%	≤	0.02
胶砂性能	需水量比/%	≤	125
	28d 活性指数/%	≥	85

6.3.3 硅灰的掺入对砂浆性能的影响

（1）提高砂浆强度，可配制高强砂浆

普通硅酸盐水泥水化后生成的 $Ca(OH)_2$ 约占体积的 20%，硅灰能与该部分 $Ca(OH)_2$ 反应生成水化硅酸钙，均匀分布于水泥颗粒之间，形成密实的结构，使强度增加。同时，由于硅灰的加入，会产生火山灰反应和微填料作用，使水泥浆与骨料界面过渡区改善，并使孔结构细化，这也是强度增长的一个原因。由于硅灰细度大、活性高，掺加硅灰对砂浆早期强度无不良影响。

（2）耐久性

掺入硅灰的砂浆，其总孔隙率虽变化不大，但其毛细孔会相应变小。大于 $0.1\mu m$ 的大孔几乎不存在。因而掺入硅灰的砂浆抗渗性明显提高，抗冻性及抗腐蚀性也相应提高。同时加入硅灰可改善混凝土或砂浆中的碱-集料反应，因为硅灰粒子改善水泥胶结材的密封性，减少了水分通过浆体的运动速度，使得碱膨胀反应所需的水分减少。也由于减少水泥浆孔隙液中碱离子（Na^+ 和 K^+）的浓度，另外在有硅灰时所形成的 C-S-H 有一个较低的钙硅比，可以增加晶体容纳外来离子（碱分子）的能力，从而减少了还原成硅和石灰凝胶的危险性。

6.3.4 硅灰在砂浆中的应用

硅灰主要用于一些高强高性能的砂浆或特种砂浆，如耐磨地坪砂浆、修补砂浆、墙体保温聚合物砂浆、保温砂浆等。由于硅灰具有高比表面积，因而其需水量很大，故将其作为活性细填料在干混砂浆中使用时必须要配以减水剂，以保证砂浆的和易性。另外由于硅灰的价格较高，需水量较大，其掺入量不宜过大，一般不宜超过 10%，而且硅灰细度大，活性高，所拌制砂浆的收缩值较大，因此使用时可以适当延长潮湿养护时间或掺入适当膨胀剂。

目前市场上也存在一些用石英砂超细粉磨制备的"硅粉"，这种"硅粉"没有活性，属于惰性细填料，在使用时应注意两者之间的区别。

硅灰也可用于水泥砂浆，其会导致水泥砂浆流动度降低，但能提高水泥砂浆强度，降低水泥砂浆孔隙率，提高密实度。因此硅灰也常用于自流平砂浆，改善其强度，尤其是早期强度，但硅灰会导致砂浆的收缩开裂，应严格控制其掺量，一般不宜超过水泥质量的 8%。

6.4　石灰石粉

石灰石粉的主要成分是 $CaCO_3$，在干混砂浆中应用的石灰石粉有两种来源：一种是对粒度没有要求的石灰石粉，一般采用水泥厂中的磨机进行制备；另一种是对粒度有要求的石灰石粉，根据生产方法不同分为重质碳酸钙、轻质碳酸钙、胶体碳酸钙和晶体碳酸钙。

6.4.1　石灰石粉的质量指标

利用水泥厂磨机制备的石灰石粉，其比表面积一般在 $300m^2/kg$。参照日本石灰石粉应用技术委员会提出的质量标准，干混砂浆用石灰石粉质量指标见表 6-8。

表 6-8　石灰石粉的质量指标

项　目	要　求	项　目	要　求
比表面积/（m^2/kg）≥	250	三氧化硫含量/% ≤	0.5
碳酸钙含量/% ≥	90	水分含量/% ≤	1.0
氧化镁含量/% ≤	5.0		

6.4.2　重质碳酸钙

重质碳酸钙简称重钙，是用机械方法（用雷蒙磨或其他高压磨）直接粉碎天然的方解石、石灰石、白垩、贝壳等就可以制得。由于重质碳酸钙的沉降体积（$1.1\sim1.4mL/g$）比轻质碳酸钙的沉降体积（$2.4\sim2.8mL/g$）小，所以称之为重质碳酸钙。

重质碳酸钙的形状都是不规则的，其颗粒大小差异较大，而且颗粒有一定的棱角，表面粗糙，粒径分布较宽，粒径较轻质碳酸钙大，平均粒径一般为 $1\sim10\mu m$。重质碳酸钙按其原始平均粒径分为：粗磨碳酸钙（$>3\mu m$）、细磨碳酸钙（$1\sim3\mu m$）、超细碳酸钙（$0.5\sim1\mu m$）。重质碳酸钙的粉体特点：颗粒形状不规则；粒径分布较宽；粒径较大。

重质碳酸钙按粒径的大小可分为单飞粉（95% 通过 0.074mm 筛）、双飞粉（99% 通过 0.045mm 筛）、三飞粉（99.5% 通过 0.045mm 筛）、四飞粉（99.95% 通过 0.037mm 筛）和重质微细碳酸钙（过 0.018mm 筛）。根据配制砂浆的性能要求可选用不同类型的重质碳酸钙，目前市场上以双飞粉居多。

6.4.3　轻质碳酸钙

轻质碳酸钙又称沉淀碳酸钙，简称轻钙，其生产方法分为碳化法、纯碱-氯化钙法、苛性碱法、联钙法和苏尔维法。其中碳化法是将石灰石等原料煅烧生成石灰（主要成分为氧化钙）和二氧化碳，再加水消化石灰生成石灰乳（主要成分为氢氧化钙），然后再通入二氧化碳碳化石灰乳生成碳酸钙沉淀，最后经脱水、干燥和粉碎而制得。或者先用碳酸钠和氯化钙进行复分解反应生成碳酸钙沉淀，然后经脱水、干燥和粉碎而制得。相对重质碳酸钙的沉降体积，轻质碳酸钙的沉降体积大，所以称之为轻质碳酸钙。

根据碳酸钙晶粒形状的不同，轻质碳酸钙可分为纺锤形、立方形、针形、链形、球形、片形和四角形碳酸钙，这些不同晶形的碳酸钙可由控制反应条件制得。轻质碳酸钙按其原始平均粒径分为：微粒碳酸钙（$>5\mu m$）、超微细碳酸钙（$<0.02\mu m$）。

轻质碳酸钙有三个粉体特点，一是颗粒形状规则，可视为单分散粉体，但可以是多种形状；二是粒度分布较窄；三是粒径小，平均粒径为 $1\sim2\mu m$。

6.4.4 石灰石粉在砂浆中的应用

石灰石粉是一种惰性填料，不能产生强度，但其能作为干混砂浆的掺合料使用，因其价格低廉，运输方便，不用烘干而显示出巨大的经济价值，具有明显的节能、增产、降低成本的效果。

重质碳酸钙在干混砂浆产品中作为外墙腻子的主要填料，具有抗研磨性和一定的遮盖力，它在建筑涂料中也是重要的填料之一。在某些干混砂浆中加入重质碳酸钙，可改变砂浆的致密性与和易性。

轻质碳酸钙颗粒细，不溶于水，有微碱性，不宜与不耐碱性的颜料共用，它在建筑防水涂料中大量用作填料。

碳酸钙是一种微溶性物质，在防水涂料中选用碳酸钙的作用与石英粉颇为类似。所不同的是，碳酸钙是一种弱极性物质，在聚合物水泥防水涂料成型时有一定的活性作用。这种体现在弱缓冲性上，可调节 pH 值，从而调节水泥的水化速度及防水涂膜的成型过程。

从价格上看，石灰石粉价格最低，重质碳酸钙次之，轻质碳酸钙价格最高。粉体的细度越细，则价格越高。因此，应根据干混砂浆的品种来选择适当的种类和细度。

6.5 滑石粉

6.5.1 滑石粉的性能

滑石粉是将天然滑石矿石经挑选后，剥去表面的氧化铁经研磨制成，主要成分为硅酸镁。滑石主要成分是含水的硅酸镁，分子式为 $Mg_3[Si_4O_{10}](OH)_2$。滑石属单斜晶系。晶体呈假六方或菱形的片状。通常成致密的块状、叶片状、放射状、纤维状集合体。无色透明或白色，但因含少量的杂质而呈现浅绿、浅黄、浅棕甚至浅红色，解理面上呈珍珠光泽。硬度1，比重 $2.7\sim2.8$。

滑石具有润滑性、抗黏、助流、耐火性、抗酸性、绝缘性、熔点高、化学性不活泼、遮盖力良好、柔软、光泽好、吸附力强等优良的物理、化学特性，由于滑石的结晶构造是呈层状的，所以具有易分裂成鳞片的趋向和特殊的润滑性，如果 Fe_2O_3 的含量很高则会减低它的绝缘性。

6.5.2 涂料级滑石粉的理化性能指标

根据 GB 15342—2012，滑石粉依其粉碎粒度的大小，划分为磨细滑石粉和微细滑石粉两种类型。磨细滑石粉按不同工业用途，划分为 9 个品种：化妆品级滑石粉、医药-食品级滑石粉、涂料级滑石粉、造纸级滑石粉、塑料级滑石粉、橡胶级滑石粉、电缆级滑石粉、陶瓷级滑石粉、防水材料级滑石粉。涂料级滑石粉的理化性能应符合表 6-9 的规定，防水材料级滑石粉的理化性能指标应符合表 6-10 的规定。

表 6-9　涂料—油漆用滑石粉的理化性能要求

理化性能		一级品	二级品	三级品
白度/% ≥		80.0	75.0	70.0
细度	磨细滑石粉	明示粒径相应试验筛通过率≥98.0%		
	微细滑石粉和超细滑石粉	小于明示粒径的含量≥90.0%		
水分/% ≤		0.50		1.00
烧失量（1000℃）/% ≤		7.00	8.00	18.00
水溶物/% ≤		0.50		

注：其他质量要求，如刮板细度，吸油量等，由供需双方商定。

表 6-10　防水材料用滑石粉的理化性能要求

理化性能	二级品	三级品
白度/% ≥	75.0	60.0
细度（75μm 通过率）	98.0	95.0
水分/% ≤	0.50	1.00
二氧化硅＋氧化镁/%	77.0	65.0
烧失量（1000℃）/% ≤	15.00	18.00
水萃取 pH 值 ≤	10.0	—

6.5.3　滑石粉在砂浆中的应用

由于滑石粉有滑腻感，在腻子粉和外表温干混砂浆中加入 10%～20%，可大大改善腻子、外保温粉料的施工性和流平性，增强抗裂效果和耐候性，而且价格低廉。

同时滑石粉也可以改善涂料的施工性能，因此滑石粉也广泛地应用于各种涂料之中。由于滑石粉质地较软，易吸潮，在配制涂料和腻子时，需要和其他颜料配合使用，用滑石粉和胶水配制的内外墙腻子，其耐候性、耐水性较差，易造成粉化。

在建筑防水涂料中加入少量的防水材料级滑石粉能防止颜料沉淀、涂料流挂，并能在涂膜中吸收伸缩应力，避免和减少发生裂缝和空隙。

6.6　沸石粉

6.6.1　沸石粉的性能

沸石粉是将天然斜发沸石岩或丝光沸石岩磨细制成的粉体材料。它是一种天然的多孔结构的微晶物质，具有很大的内表面积。

沸石粉的主要化学成分是 SiO_2 和 Al_2O_3，其中可溶性硅和铝的含量不低于 10% 和 8%。沸石粉的密度为 $2.2\sim2.4g/cm^3$，堆积密度为 $700\sim800kg/m^3$，颜色为白色。

6.6.2　沸石粉的吸氨值与沸石含量关系

沸石粉的活性与沸石含量有关，沸石含量以吸氨值表示。为确定沸石含量，可采用氨离子交换试验以测定其吸氨值,吸氨值是目前测定沸石岩中沸石含量的主要依据。沸石中的碱金属和碱土金属很容易被铵离子交换,所以吸氨值是沸石特有的理化性能。斜发沸石的沸石含量约为94%,其理论吸氨值为213～218mmol/100g;丝光沸石的沸石含量约为97%,其理论吸氨值为223mmol/100g。但是掺入沸石粉的水泥胶砂28d抗压强度或砂浆强度与沸石粉的吸氨值之间并没有直接的关系。

根据吸氨值的大小将沸石粉分级,沸石粉的吸氨值与沸石含量的关系见表6-11。吸氨值越大,表示沸石含量越高,我国大多数沸石岩的沸石含量在50%以上。

表 6-11　沸石粉的吸氨值与沸石含量的关系

吸氨值/(mmol/100g)	130	100	90
相当于沸石含量/%	60	48	45

6.6.3　沸石粉的技术要求

根据 JG/T 3048—1998《混凝土和砂浆用天然沸石粉》,可将沸石粉分为Ⅰ级、Ⅱ级和Ⅲ级三个等级。其技术要求见表6-12。

表 6-12　沸石粉的技术要求

技术指标		质量等级		
		Ⅰ	Ⅱ	Ⅲ
吸氨值/(mmol/100g)	≥	130	100	90
细度(80μm 方孔水筛筛余)/%	≤	4	10	15
沸石粉水泥胶砂需水比/%	≤	125	120	120
沸石粉水泥胶砂28d抗压强度比/%	≥	75	70	62

在 GB/T 18736—2002《高强高性能混凝土用矿物外加剂》中,规定了磨细天然沸石粉的技术要求。根据磨细天然沸石的性能,将其分为Ⅰ、Ⅱ两类。磨细天然沸石的技术要求见表 6-13。

表 6-13　磨细天然沸石的技术要求

指　　标		级　　别	
		Ⅰ	Ⅱ
比表面积/(m²/kg)	≥	700	500
需水量比/%	≤	110	115
28d 活性指数/%	≥	90	85
吸氨值/(mmol/100g)	≥	130	100
氯离子含量/%	≤	0.02	

单从吸氨值的数值来看,似乎 GB/T 18736—2002《高强高性能混凝土用矿物外加剂》中Ⅰ级、Ⅱ级磨细天然沸石与 JC/T 3048—1998《混凝土和砂浆用天然沸石粉》中Ⅰ级、Ⅱ级磨细天然沸石相同,但由于其细度表示方法、需水量比与活性指数的测定方法不同(具体测试方法见各自的标准),两者之间同样不具备可比性。

6.6.4 沸石粉的掺入对砂浆性能的影响

砂浆中引入沸石粉后，砂浆的性能会有如下变化：

（1）减少砂浆的泌水性，改善可泵性

由于沸石粉具有特殊的架状结构，内部充满孔径大小不一的空腔和孔道，有较大的开放性和亲水性，故能减少砂浆、混凝土的泌水性。掺入高效塑化剂、减水剂，能增加拌合物的流动度，尤其是可泵性良好。

（2）提高砂浆的强度

沸石粉中含有一定数量的活性硅及活性铝，能参与胶凝材料的水化及凝结硬化过程，且能与水泥水化生成的氢氧化钙反应生成水化硅酸钙及水化铝酸钙，进一步促进水泥的水化，增加水化产物，改善集料与胶凝材料的粘结，因而提高砂浆的强度。

（3）提高砂浆的密实性与抗渗性、抗冻性

由于沸石粉与氢氧化钙反应，砂浆中水化产物增加，砂浆的内部结构致密，故砂浆的抗渗性与抗冻性也明显改善。

（4）抑制碱-集料反应

天然沸石粉可通过离子交换及吸收，将 K^+、Na^+ 吸收进入沸石的空腔及孔道，因而能减少砂浆中的碱含量，从而抑制碱-集料反应。

6.6.5 沸石粉在砂浆中的应用

沸石粉在干混砂浆中的应用应根据所需要达到的改性目的选择合适的掺量以及辅助外加剂。当为改善砂浆的和易性时，掺量宜为 10％左右；当作为填充料使用时，其掺量可达到 40％。由于沸石粉的需水量较大，应同时掺加减水剂。

当沸石粉用于砌筑砂浆时，沸石粉掺量应通过试配确定，不得在原有砂浆配合比中按比例等量取代水泥，沸石粉在水泥砂浆中的掺量宜控制为水泥用量的 20％～30％；沸石粉不宜取代混合砂浆中的水泥，但可取代混合砂浆中部分或全部石灰膏，沸石粉掺量宜为被取代石灰膏的 50％～60％。

当沸石粉用于抹灰砂浆时，其掺量应符合下列规定：用于内墙抹灰时，沸石粉掺量不应大于水泥重量的 30％；用于外墙抹灰时，沸石粉掺量不应大于水泥重量的 20％；用于地面抹灰时，沸石粉掺量不应大于水泥重量的 15％。

6.7 云母粉

6.7.1 云母粉的性能

云母粉是一种非金属矿物，含有多种成分，其中主要成分 SiO_2 含量一般在 49％左右，Al_2O_3 含量在 30％左右。云母晶体为单斜晶系，晶体呈六方薄片状、鳞片状、板状，有时有假六方柱状。折射率随含铁量的增高而增高，可由低正突起至中正突起，不含铁的变种，薄片中无色，含铁越高颜色越深，同时多色性和吸收性增强。

在工业上用得最多的是白云母，其次为金云母。其广泛地应用于建材行业、消防行业、灭火剂、电焊条、塑料、电绝缘、造纸、沥青纸、橡胶、珠光颜料等化工工业。超细云母粉作塑料、涂料、油漆、橡胶等功能性填料，可提高其机械强度，增强韧性、附着力抗老化及耐腐蚀性等。除具有极高的电绝缘性、抗酸碱腐蚀、弹性、韧性和滑动性、耐热隔声、热膨胀系数小等性能外，又具有二表面光滑、径厚比大、形态规则、附着力强等特点。

工业上主要利用它的绝缘性和耐热性，抗酸、抗碱性，抗压和剥分性，用作电气设备和电工器材的绝缘材料；其次用于制造蒸汽锅炉、冶炼炉的炉窗和机械上的零件。云母碎和云母粉可以加工成云母纸，也可代替云母片制造各种成本低廉、厚度均匀的绝缘材料。

6.7.2 云母粉在砂浆中的应用

由于云母粉片状结构富有弹性，能起到增加涂膜坚韧性，减少开裂，提高耐候性、耐盐性和耐水性等作用，其多用于石膏基嵌缝剂及涂料行业的厚层涂料和底漆。

6.8 层状硅酸盐类

高吸附性层状硅酸盐类掺合料包括膨润土和偏高岭土等，它们掺入砂浆后能够吸附砂浆中的水分而起到保水增稠作用，同时由于其较小的粒径能够改善砂浆的颗粒级配，起到细混凝土的作用，从而改善砂浆的和易性，使得砂浆不易离析。但由于此类外加剂用量较大，原材料成本相对较高，而且不同地区所产的原材料品质差别很大，目前应用范围还不是很广，但是很有发展潜力的掺合料。

第七章 砂 浆 用 砂

7.1 砂的分类及其生态化发展趋势

目前砂浆厂用砂大多数为天然砂，它是由自然风化、水流搬运和分选、堆积形成的，粒径小于 4.75 mm 的岩石颗粒，但不包括软质岩、风化岩石的颗粒，按其产源可分为河砂、湖砂、山砂及淡化海砂，它是一种短期内不可再生的资源。鉴于天然砂资源日益缺乏且价格日益上涨，砂的制备也开始向生态化发展，人工砂（指机制砂和混合砂）和工业废渣砂（指钢渣砂等）也开始引起砂浆厂的注意并有一定的应用。机制砂是用岩石经除土开采、机械破碎、筛分制成的，粒径小于 4.75mm 的岩石颗粒，但不包括软质岩、风化岩石的颗粒。混合砂是由机制砂和天然砂按一定比例混合制成的砂，人工砂是机制砂和混合砂的统称。

一般来讲，砂浆用砂和混凝土用砂没有很大的区别，均为粒径小于 4.75mm 的细集料，按细度模数分为粗、中、细三种规格。但从广义上来讲，对干混砂浆，集料还包括轻质填料和具有一些特殊功能的填料。为了调整级配，通常需要使用粒径不同的集料。另外还使用具有装饰效果的颗粒材料，例如方解石、大理石、侏罗纪石、碎玻璃渣或云母等，主要用于装饰砂浆。同时为了降低干混砂浆密度和提高隔热保温效果，可使用轻质集料，如珍珠岩、硅石、空心玻璃微珠、陶粒或浮石等。具体分类见表 7-1。

表 7-1 砂浆用砂分类

分类形式	砂的类别	示　　例
按产源分	天然砂	河砂、湖砂、山砂及海砂
	人工砂	机制砂和混合砂
	工业废渣砂	钢渣砂和尾矿砂等
按细度模数分	粗砂	3.1～3.7
	中砂	2.3～3.0
	细砂	1.6～2.2
按用途分	通用砂	天然砂、人工砂
	装饰用砂	方解石、大理石、侏罗纪石、碎玻璃渣或云母等
	保温用砂	珍珠岩、硅石、空心玻璃微珠、陶粒或浮石等
按强度等级分	Ⅰ	宜用于强度等级大于 60MPa 的高强度特种砂浆
	Ⅱ	宜用于强度等级 30～60MPa 及抗冻、抗渗或其他要求的特种砂浆
	Ⅲ	宜用于强度等级小于 30MPa 的建筑砂浆

7.2 砂的技术指标

砂是干混砂浆的骨料，对其技术指标也有严格的控制。如砂浆多铺成薄层，因此对砂浆的最大粒径给予了限制：砌筑砂浆用砂的最大粒径应小于灰缝的 1/4；砖砌体用砂浆的砂最大粒径为 2.5mm；石砌体用砂浆的砂最大粒径为 5mm。同时砌筑砂浆宜选用中砂，其中毛石砌体宜选用粗砂，面层的抹面砂浆或勾缝剂应采用细砂，且最大粒径宜小于 1.2mm。关于砂浆的技术指标在 GB/T 14684—2011《建设用砂》中也作了详细说明。在配制干混砂浆时对砂的质量控制主要体现在以下几个方面：

（1）含泥量和泥块含量

含泥量是指天然砂中粒径小于 $75\mu m$ 的颗粒含量。泥块含量指砂中原粒径大于 1.18mm，经水浸洗、手捏后小于 $600\mu m$ 的颗粒含量。石粉含量指人工砂中粒径小于 $75\mu m$ 的颗粒含量。骨料中的泥颗粒极细，会黏附在骨料的表面，影响水泥石和骨料之间的胶结力。且泥块会在砂浆中形成薄弱部分，对砂浆的质量影响很大。因此，干混砂浆用砂的含泥量和泥块含量必须严格控制，具体见表 7-2。

表 7-2 含泥量和泥块含量限制

类别	指 标		
	I	II	III
含泥量（按质量计）/%	≤1.0	≤3.0	≤5.0
泥块含量（按质量计）/%	<0	≤1.0	≤2.0

（2）有害杂质

干混砂浆用砂要洁净，不含杂质，其中云母、硫化物、硫酸盐、氯盐和有机杂质等的含量要符合要求。砂浆中含有的有害杂质（如云母和黏土等），黏附在砂的表面，妨碍水泥与砂的粘结，降低混凝土的强度，同时还增加混凝土的用水量，从而加大混凝土的用水量，进而加大混凝土的收缩，降低抗冻性和抗渗性。其他有机杂质、硫化物、硫酸盐、氯盐等对水泥有腐蚀作用。同时还应注意砂中是否含有燧石、蛋白石或应力石英等具有碱活性的组分，若含有，还应进行碱活性检测。砂中有害杂质的限制见表 7-3。

表 7-3 砂中有害物质限量

类别	I	II	III
云母（按质量计）/%	≤1.0	≤2.0	
轻物质（按质量计）/%	≤1.0		
有机物	合格		
硫化物及硫酸盐（按 SO_3 质量计）/%	≤0.5		
氯化物（以氯离子质量计）/%	≤0.01	≤0.02	≤0.06
贝壳（按质量计）/%[①]	≤3.0	≤5.0	≤8.0

①该指标仅适用于海砂，其他砂种不作要求。

（3）颗粒形状和表面特征

砂的颗粒形状和表面特征会影响其与水泥的粘结及新拌砂浆的流动性。对于普通干混砂浆和占大多数的特种砂浆而言，在资源保证的情况下，天然河砂常常是首选的砂质材料。河砂颗粒表面圆滑，比较洁净，质地较好，来源广，在使用过程中对砂浆的工作性有很好的保证。天然砂中其他种类砂，如山砂颗粒表面粗糙有棱角，含泥量和有机质含量高；湖砂中含泥量和有机质含量也偏高；海砂虽然具有河砂的部分特点，但因海砂中常含有贝壳碎片和氯离子等有害杂质。因此，只有在河砂缺乏的地区，才考虑采用其他天然砂。人工砂和工业废渣砂是将岩石或块状工业废渣扎碎而成的，表面多棱角，且因为人工轧制而成，石粉含量较高，且因母岩种类不同，化学组分和岩性区别大，对干混砂浆厂人员技术要求较高，因而暂时应用还不普及，但是一种很有应用前景的砂源。为达到更好的效果，高纯度的粒径小于0.3mm的石英砂（按粒径分布，使用小于0.075mm的石英砂时其实已隶属于石英粉）也是早期干混砂浆厂选用的原材料之一，但因其价格昂贵，一般只在特种砂浆中使用。

（4）砂的级配和颗粒大小

砂的级配是砂中不同粒径颗粒的搭配分布情况。良好的级配不仅能减少水泥的用量，还能提高混凝土的密实度、强度及其他性能。因为砂浆中砂粒之间的空隙是由水泥浆来填充的，因此要节省水泥，就必须尽量减少砂粒之间的空隙。如图7-1所示，如果是同样粗细的砂，其空隙率最大；若两种粒径的砂进行搭配，其空隙率得到降低；若采用多粒径的砂搭配，其空隙率就更小。因此，级配良好的砂可以降低空隙率，减少水泥用量，同时提高致密性，增进强度。

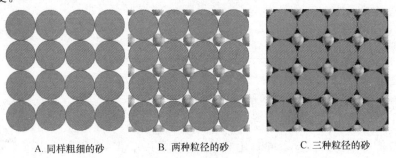

A. 同样粗细的砂　　　　B. 两种粒径的砂　　　　C. 三种粒径的砂

图7-1　砂的颗粒级配

干混砂浆用砂宜选用质地均匀坚硬、级配合理、吸水率低、空隙率小的洁净天然中粗河砂。细度模数宜控制在2.6～3.1，此时砂浆的工作性最好、强度最高。砂子的粗细不能只看细度模数，有时细度模数虽然大，但粒径在4.75mm以上和0.3mm以下的砂子都过多，级配就很差。对于不同细度模数的砂子，宜控制4.75mm、0.6mm和0.15mm筛的累计筛余量分别为0%～5%、40%～70%和≥95%。在同样质量的情况下，细砂的比表面积大，而粗砂的比表面积小，相比而言，在同样堆积密度下，采用细砂时需要更多的水泥浆体来进行包裹。相比之下，级配良好的粗砂所需水泥用量更少。一般情况下，砂的表观密度宜大于2500kg/m³，松散堆积密度宜大于1350kg/m³，空隙率宜小于47%。

按照国标建设用砂的规定，按0.6mm筛孔的累积筛余百分率计，将砂分为三个级配区（表7-4）。干混砂浆用砂的颗粒级配，应处于表7-4中的任何一个级配区。砂进行筛分实验后，以0.6mm方孔筛上的累计筛余判定级配区，然后再将各个累计筛余与该级配区的取值范围比较，除4.75mm、0.6mm方孔筛上完全符合外，其余超过量不超过5%为级配良好，否则砂的级配不良。对于人工砂而言，在判断级配是否符合要求时，1 区人工砂中 $150\mu m$ 筛孔的累计筛余可以放宽到 $85\%\sim100\%$；2 区人工砂中 $150\mu m$ 筛孔的累计筛余可以放宽到 $80\%\sim100\%$；3 区人工砂中 $150\mu m$ 筛孔的累计筛余可以放宽到 $75\%\sim100\%$。

表 7-4 建设用砂颗粒级配区

砂的分类	天然砂			机制砂		
级配区	1 区	2 区	3 区	1 区	2 区	3 区
方孔筛	累计筛余/%					
4.75mm	10～0	10～0	10～0	10～0	10～0	10～0
2.36mm	35～5	25～0	15～0	35～5	25～0	15～0
1.18mm	65～35	50～10	25～0	65～35	50～10	25～0
600μm	85～71	70～41	40～16	85～71	70～41	40～16
300μm	95～80	92～70	85～55	95～80	92～70	85～55
150μm	100～90	100～90	100～90	97～85	94～80	94～75

砂的级配还可以根据筛分曲线来判定。以累积筛余百分率为纵坐标，以筛孔尺寸为横坐标，绘制出筛分曲线，根据筛分曲线是否落在相应级配区来判定砂的级配情况。图 7-2 绘出了各级配区的区间范围。由图 7-2 可以看出砂的粗细。筛分曲线超过 1 区往右下偏时，表示砂过粗；若筛分曲线超过 3 区往上偏时，则表示砂过细。

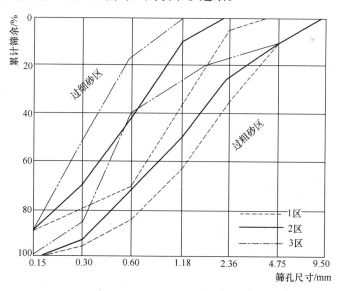

图 7-2 砂的 1、2、3 级配区曲线

（5）砂的坚固性

砂的坚固性是指在自然风化和其他外界物理化学因素作用下，骨料抵抗破坏的能力。通常采用硫酸钠溶液检验，试样经过 5 次浸泡-干燥循环后，质量损失率应该符合表 7-5 的规定，单级最大压碎指标应符合表 7-6 的规定。

表 7-5　砂的坚固性指标

类别	I	II	III
质量损失％	≤8		≤10

表 7-6　砂的压碎指标

类别	I	II	III
单级最大压碎指标/%	≤20	≤25	≤30

（6）人工砂的石粉含量

人工砂按技术要求分为 I 类、II 类、III 类，石粉含量应该符合表 7-7 和表 7-8 的规定。

表 7-7　石粉含量和泥块含量限制（MB≤1.4 或快速法试验合格）

类别	I	II	III
MB 值	≤0.5	≤1.0	≤1.4 或合格
石粉含量（按质量计）/%		≤10.0	
泥块含量（按质量计）/%	0	≤1.0	≤2.0

表 7-8　石粉含量和泥块含量限制（MB＞1.4 或快速法试验不合格）

类别	I	II	III
石粉含量（按质量计）/%	≤1.0	≤3.0	≤5.0
泥块含量（按质量计）/%	0	≤1.0	≤2.0

第八章　砂浆添加剂

砂浆的种类和特性与其添加剂有着密不可分的关系。砂浆添加剂主要有可再分散性乳胶粉、保水增稠材料、减水剂、调凝剂、防水剂、消泡剂等。干混砂浆添加剂，不论是单一组分的还是多组分的添加剂，近年来研究都非常多。其中包括添加剂的制备与改性、添加剂的作用机理研究以及添加剂对砂浆或混凝土的性能影响等方面。砂浆中添加剂的研究和应用虽然已有很多，但依然存在不少问题：

（1）砂浆添加剂种类繁多，每一种添加剂有其独特的作用和性能，但多种添加剂使用时的相互作用对砂浆性能的影响不容忽视。比如掺加可再分散乳胶粉可起到分散作用，且会导致砂浆拌合物大量引气，其减水作用十分明显。然而，由于引入的气泡结构不佳，此减水作用并未对强度带来提高作用，相反砂浆强度随着可再分散乳胶粉掺量的增加会逐渐减小。所以，在有些需要考虑抗压、抗折强度的砂浆的研制中，往往为了降低乳胶粉对砂浆抗压强度和抗折强度的负面影响，要同时掺加消泡剂。再如纤维素醚在砂浆中的添加量很低，却能显著改善砂浆的性能，是影响砂浆施工性能的一种主要添加剂。然而，纤维素醚对水泥砂浆同样具有引气的作用，这一方面会带来强度的降低和内部结构的不均匀，另一方面也会对砂浆的施工性能和最后建筑物外观造成一定的影响。消泡剂可以帮助释放砂浆混合和施工过程中所夹带或产生的气泡，提高抗压强度，改善表面状态。现在应用在砂浆产品中的消泡剂多种多样，性能和功能组成都有所不同，不同类型的消泡剂与砂浆以及与其他添加剂相容性也有所不同，有时会给砂浆的施工和性能带来很大差异。

（2）随着砂浆市场的不断推广和扩大，砂浆添加剂的使用也越来越多，但对于某些重要的砂浆添加剂，我国还没有具体的标准规范，这使得添加剂的研究、应用及推广，特别是砂浆产品的质量很难得到保证。

（3）生产砂浆的原材料可利用工业废弃物如粉煤灰、矿渣、钢渣等作掺合料，因此，砂浆的各种添加剂与掺合料的相互适应性也有待研究。

（4）由于水泥基砂浆水化环境为碱性，因此选用的添加剂也应该与此环境相匹配，研究砂浆的各种助剂在体系水化环境中的适应性对砂浆的发展和应用是非常关键的。

8.1　可再分散乳胶粉

8.1.1　可再分散乳胶粉概述

可再分散乳胶粉是聚合物乳液经过喷雾干燥或其他手段得到的聚合物粉末。喷雾干燥法生产可再分散乳胶粉时在聚合物表面加一层 PVA 保护膜，由于保护膜的存在，干粉之间就无法合并，为防止胶粉结块，还加入了部分细的矿物粉末，如黏土等。但可再分散乳胶粉与水泥等碱性物质一同加水拌合时，PVA 会被皂化并被砂中的石英吸附而移出，失去了保护膜的胶粉最终能形成连续的不溶于水的聚合物膜。可再分散聚合物粉末作为添加剂可显著改善水泥等无机胶凝材料的多种性能如粘结力、抗渗性和柔韧性等，因此被广泛应用于建筑材料中。

可再分散乳胶粉的研究始于 1934 年德国的 I. G. Farbenindustrie AC 公司的聚醋酸乙烯类可再分散乳胶粉和日本的粉末乳胶。二战后劳动力和建筑资源严重缺乏，迫使欧洲尤其是德国采用各种粉体建材来提高劳动效率，20 世纪 50 年代后期，德国的赫斯特公司和瓦克化学公司开始可再分散乳胶粉的工业化生产。当时，可再分散乳胶粉也主要为聚醋酸乙烯类型，如德国瓦克在 1957 年开始生产醋酸乙烯（PVac）聚合物乳胶粉，主要用于木工胶、墙面底漆和水泥基墙体材料等。但是由于 PVac 胶粉的最低成膜温度高、耐水性差、耐碱性差等性能的局限，其使用受到较大的限制。

随着 VAE 乳液和 Va/VeoVa 等乳液的工业化成功，20 世纪 60 年代，最低成膜温度为 0℃，具有较好耐水性和耐碱性的可再分散乳胶粉被开发出来，之后，其应用在欧洲得到广泛的推广，使用的范围也逐渐扩展到各种结构和非结构建筑粘合剂和干混砂浆改性，包括墙体保温及饰面系统、墙体抹灰砂浆、粉末涂料和建筑腻子等领域。

可再分散乳胶粉目前种类繁多，主要包括醋酸乙烯酯与乙烯共聚胶粉（Vac/E）、乙烯与氯乙烯及月桂酸乙烯酯纯丙烯酸系三元共聚胶粉、醋酸乙烯酯与乙烯及高级脂肪酸乙烯酯三元共聚胶粉（Vac/E/VeoVa）、醋酸乙烯酯与高级脂肪酸乙烯酯共聚胶粉（Vac/VeoVa）、丙烯酸酯与苯乙烯共聚胶粉（A/S）、醋酸乙烯酯与丙烯酸酯及高级脂肪酸乙烯酯三元共聚胶粉（Vac/A/VeoVa）、醋酸乙烯酯均聚胶粉（PVac）、苯乙烯与丁二烯共聚胶粉（SBR）等。

聚合物乳液多为含固量 50% 左右的热塑性聚合物，以微细粒子（$0.1 \sim 10 \mu m$）均匀分布于水中的水包油体系，它在失水后聚合物微粒先是形成紧密圆球堆积，在表面能作用下，离散的聚合物微粒形成连续的聚合物整体。几种典型可再分散乳胶粉的物理性质见表 8-1。

表 8-1　几种典型可再分散乳胶粉物理性能

可再分散乳胶粉	Vac/Veo Va	Vac/E	PAE	SBR
外观	白色粉末	白色粉末	白色粉末	白色粉末
堆积密度/（g/L）	0.54～0.64	0.4	0.31～0.5	0.4
分散后 pH 值	4	5～6	10～12	7～8
含固量/%	99±1	99±1	—	—
灰分/%	10±2	10±2	—	—

胶粉的粒径（$5 \sim 250 \mu m$）远大于乳液中聚合物分散相的粒径（$0.1 \sim 10 \mu m$），说明在喷雾干燥过程中，乳胶粒会凝聚。为了减少长期储存过程中聚合物粉末的结块倾向，通常向干粉中加入惰性流动性材料如黏土、滑石粉、硅藻土等细粒作为防粘填料，根据聚合物种类和其玻璃化温度，填料的用量一般为聚合物干粉的 8%～30%，这就是可再分散乳胶粉中灰分的主要来源。可再分散乳胶粉经再分散后，乳胶粒的直径又变为 $0.1 \sim 10 \mu m$，并且其化学性能与初始乳液是完全相同的。

可再分散乳胶粉通常为白色粉状，但也有少数有其他颜色。它的成分包括：

聚合物树脂：位于胶粉颗粒的核心部分，也是可再分散乳胶粉发挥作用的主要成分，如聚醋酸乙烯酯与乙烯树脂等。

添加剂（内）：与树脂在一起起到改性树脂的作用。例如，降低树脂成膜温度的增塑剂

（通常醋酸乙烯酯与乙烯共聚树脂不需要添加增塑剂），并非每一种胶粉都有添加剂成分。

添加剂（外）：为进一步扩展可再分散乳胶粉的性能又另添加材料，如添加高效减水剂到具有助流性的胶粉中，该成分也不是每种胶粉都具有的。

保护胶体：在可再分散乳胶粉颗粒的表面包裹的一层亲水性材料，绝大多数可再分散乳胶粉的保护胶体为聚乙烯醇。

抗结块剂：细矿物填料，如前所述包括黏土等，主要用于防止胶粉在储运过程中结块以及便于胶粉流动（从纸袋或槽车中倾倒出来）。

8.1.2　可再分散乳胶粉对砂浆作用机理

关于可再分散性乳胶粉在水泥、砂浆等材料中的作用机理，国内外研究人员做了大量的研究。综合分析后可以将可再分散性乳胶粉在砂浆中的作用机理概括为三个阶段，如图8-1所示。

当乳胶粉以粉末的形式加入到水泥基材后，一开始加水，水化反应就开始，氢氧化钙溶液很快达到饱和并析出晶体，同时生成钙矾石晶体及水化硅酸钙凝胶体，乳液中的聚合物颗粒便沉积到凝胶体和未水化的水泥颗粒上。随着水化反应进行，水化产物增多，聚合物颗粒逐渐聚集在毛细孔中，并在凝胶体表面和未水化的水泥颗粒上形成紧密堆积层。

聚集的聚合物颗粒逐渐填充毛细孔并且覆盖着它们，由于水化或干燥使水分进一步减少，在凝胶体上和在孔隙中紧密堆积的聚合物颗粒便凝聚成连续的薄膜，形成与水化水泥浆体互穿基质的混合体，并且使水化产物之间及骨料相互胶接。一些聚合物分子中的活性基团可能与水泥水化产物中的 Ca^{2+}、Al^{3+} 等产生交联反应，形成特殊的桥键作用，改善水泥砂浆硬化体的物理组织结构，缓解内应力，减少微裂纹的产生，并增强聚合物水泥材料的致密性。

关于胶粉在水和水泥介质中的成膜方式，对其在不同溶液介质中的成膜过程进行分析，如图8-1所示。

由图8-1可见，胶粉在水中分散后1h就能形成均匀的薄膜，而在水泥孔液中，由于孔液中阳离子的吸附作用，延缓了胶粉的成膜过程，1h后依旧可见明显的胶粉颗粒，其成膜过程明显滞后。

在此，胶粉对水泥的凝结时间的延缓可以从图8-2得到解释：水泥颗粒表面有钙镁等阳离子，在阴离子型的胶粉进入水泥基质后，其将先附着在水泥颗粒表面阳离子所占据的位置（如 C_3A），进而形成保护层，抑制水泥中钙矾石的形成，进而延缓水泥的水化进程。因此，在干混砂浆中引入胶粉后，同样会引起砂浆的凝结时间延缓。

可再分散胶粉的颗粒形态及其再分散后的成膜特性使其对水泥砂浆在新拌合硬化状态下的性能产生了如下作用效果：

（1）在新拌砂浆中颗粒的"润滑作用"使砂浆拌合物具有良好的流动性，从而获得更佳的施工性能。引气效果使砂浆变得可压缩，因而更容易进行镘抹作业。

（2）在硬化砂浆中乳胶膜可对基层-砂浆界面的收缩裂缝进行桥联并使收缩裂缝得以愈合，提高砂浆的封闭性。

（3）提高砂浆的内聚强度。

（4）高柔性和高弹性聚合物区域的存在改善了砂浆的柔性和弹性，为刚性的骨架提供了内聚性和动态行为。

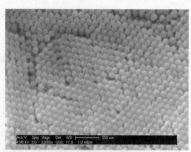

胶粉原始颗粒形貌

 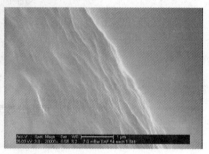

在纯水中的成膜过程，左图为15min后的形貌，右图为1h后的形貌

 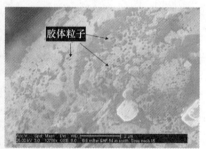

在水泥孔液中的成膜过程，左图为15min后的形貌，右图为1h后的形貌

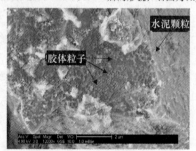

分散后胶体粒子在水泥（颗粒）表面的选择性吸附

图8-1　胶粉颗粒在水和水泥介质中的变化形式（慕尼黑工业大学提供）

（5）互相交织的聚合物区域对微裂缝合并为贯穿裂缝也有阻碍作用。因此，可再分散胶粉提升了材料的破坏应力和破坏应变，提高水泥基材料变形能力。

（6）延长开放时间。

（7）提高砂浆抗拉能力，砂浆憎水性及砂浆耐候性。

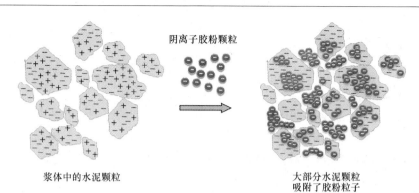

阴离子胶粉颗粒

浆体中的水泥颗粒

大部分水泥颗粒
吸附了胶粉粒子

图 8-2　胶粉对水泥凝结时间延缓机理示意图

8.1.3　可再分散乳胶粉技术指标要求

可再分散乳胶粉的技术要求执行标准 JC/T 2189—2013《建筑干混砂浆用可再分散乳胶粉》，应符合表 8-2 和表 8-3 的规定要求。

表 8-2　可再分散乳胶粉的技术要求

项　　目	指　　标
外观	无色差、无杂质、无结块
堆积密度 / （kg/m³）	标注值[①]±50
不挥发物含量 /％ ≥	98.0
灰分 /％	标注值[①]±2
细度 /％ ≤	10.0
pH 值	5～9
最低成膜温度 /℃	标注值[①]±2

①为具体数值，非数值范围。

表 8-3　可再分散乳胶粉改性砂浆的技术要求

项　　目		指　　标
凝结时间差/min	初凝	−60～+210[①]
	终凝	−60～+210[①]
抗压强度比/％ ≥		70
拉伸粘结强度比（与混凝土板）/％ ≥	原强度	140
	耐水	120
	耐冻融	120
拉伸粘结强度[②]（与模塑聚苯板）/MPa ≥	原强度	0.10，且聚苯板破坏
	耐水	0.10，且聚苯板破坏
	耐冻融	0.10，且聚苯板破坏
收缩率 /％ ≤		0.15

①"−"表示提前，"+"表示延缓。

②用于配制模塑聚苯板专用砂浆时，检验此项目。

8.2 纤维素醚

8.2.1 纤维素醚概述

在建筑业化学建材全部市场中，纤维素醚占有相当可观的比例。纤维素醚的合成是在碱性条件下进行醚化，首先纤维素与碱溶液反应生成溶胀的碱纤维素，然后碱纤维素和醚化试剂发生醚化反应。混合醚可通过同时加入或分段加入不同的醚化试剂来制备。几种建筑常用纤维素醚如表 8-4 所示。

表 8-4　用于建筑中的纤维素醚

醚的种类	缩写
甲基纤维素	MC
羟乙基甲基纤维素	HEMC
羟丙基甲基纤维素	HPMC
羟乙基纤维素	HEC
羟丙基纤维素	HPC
羧甲基纤维素钠	CMC，PAC
羧甲基羟乙基纤维素钠	CHEMC
乙基纤维素	EC
乙基羟乙基纤维素	EHEC

一般地，纤维素醚产品用于建筑中以获得保水性能和增黏作用。表 8-5 给出了纤维素醚在建筑工业中的主要应用领域概况。

表 8-5　纤维素醚在建筑工业中的应用领域

应用领域		功能	纤维素醚
建材产品	石膏抹灰砂浆	保水剂，抗下垂，胶结剂，和易性	MC，HEMC，HPMC
	石灰抹灰砂浆		
	水泥抹灰砂浆		
	瓷砖胶粘剂		
	填缝剂		
	墙纸胶		CMC，PAC
涂料和油漆	水基乳胶漆	颜料悬浮液，增稠，便于涂刷，增韧	HEC，HEMC，HPMC，EC，EHEC
	溶剂涂料	乳化剂	
钻井材料	钻井液	保水剂	CMC，PAC
	固井水泥	保水剂，缓凝剂	HEC，CHEMC
	完井液	调粘剂	HEC
陶瓷		胶结料，保水剂	HPMC，HEMC

如表 8-5 中所示，纤维素醚在工业中已得到了大范围的应用。在下面的讨论中，仅选出几种典型的应用来描述其性能特征和特殊优势。

甲基纤维素（MC）是目前用于干混砂浆和灌浆料以获得保水性能的最为重要的化学添

加剂。主要应用包括瓷砖胶粘剂、水泥基、石膏基和石灰基的抹灰砂浆以及墙体填缝剂。

MC 大量应用于机器喷涂的墙体抹灰砂浆,特别是石膏基的。这在英国和德国都非常流行。机器喷涂的应用使得对 MC 的需求量上升。另外,对于保水性能、防挂垂性能以及与墙体的粘结性能等,MC 必须在 $10\sim30s$ 内混合均匀并达到使用效果。为达这一目的,MC 一般被磨成直径小于 $60\mu m$ 的颗粒,这使得 MC 在抹灰砂浆抹到墙上的同时就可发挥其全部功效。MC 的吸水增稠效应可通过对比吸水前后 MC 形貌的变化明显表征出来,由图 8-3 可见,吸水后甲基纤维素直径明显增大。

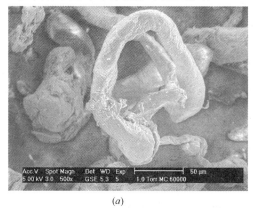 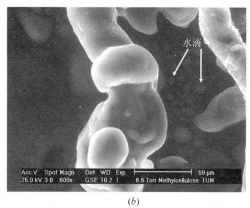

(a)   (b)

图 8-3 吸水后甲基纤维素形貌对比(ESEM 电镜图片,慕尼黑工业大学提供)
(a) 未吸水前原状甲基纤维素;(b) 吸水后甲基纤维素明显膨胀增大

MC 和 HEMC 及 HPMC 的应用还包括手工抹灰砂浆、自流平材料、墙板粘结剂、砌筑抹灰砂浆和少量其他方面。研究表明 MC 的黏度非常明显地影响胶凝材料体系的保水率。表 8-6 给出了黏度<60000mPa·s 的 MC 所能具有的最大保水能力。在实际应用中,需要在最佳保水性与和易性之间找到平衡点,因为 MC 往往由于黏度较大而影响整体的使用性能,所以稍低的保水性有时是更可取的。

表 8-6　MC 作为增稠剂对保水性的影响

MC 黏度 (mPa·s)	掺 0.1%MC 胶凝体系 的保水率/%	MC 黏度 (mPa·s)	掺 0.1%MC 胶凝体系 的保水率/%
300	85	15000	94
2000	88	60000	97
6000	91		

非离子纤维素醚是油漆工业普遍使用的增稠剂,从使用量上来看也是在这一领域最为重要的增稠剂。在水性分散油漆中,HEMC,HPMC,EHEC 和 HEC 是应用最为普遍的。它们保证了油漆的结构黏度和保水性能,这点针对墙体或地基中毛细管力的作用是非常有必要的。另外优点是其可改善分散性和提高抗磨性。中等黏度的 HEMC 和 HEC(2000～6000mPa·s)是低喷洒油漆的最好助剂。典型的纤维素醚掺量在 0.15%～0.60%之间。有时候,纤维素产品与缔合型增粘剂结合使用,能减少假塑性行为。在溶剂型油漆或是含水较少的油漆中,与溶剂相容性好的醚如 EC 和 EHEC 是首选的。

在油田钻井中，亦有相当量的纤维素醚被应用。事实上，纤维素醚的保水性是在油田中第一次得到验证的。早在1948年，羧基纤维素就被引入到水基膨润土钻井液中并成功地控制了体系的滤失量。这一发现革命性地改变了钻探业，使得在连续作业情况下钻得更长的孔成为可能。10年之后，在俄克拉荷马州（Oklahoma）HEC第一次被掺入到固井用泵送油井水泥浆体中，并且其优异的流动性经时损失率再次被关注，并导致该体系的具有减少流动性损失的聚合物均被引了进来，这也是常规建筑产品中的一段趣闻。但直到20世纪70年代中期，纤维素醚才被确定为保水剂产品。

羧甲基纤维素醚（CMC）及其纯化、脱盐后形成的衍生物也称为聚阴离子纤维素（PAC），是聚合物泥浆的主要组成部分。该类型钻井液是低膨润土含量的，因为它已从纤维素中得到了相当可观的一部分黏度。膨润土常作为成孔护壁泥饼的固相组分。该行业需要高、中、低黏度的羧甲基纤维素或聚阴离子纤维素。低黏度等级的是制备高密度泥浆（S.G. >1.7g/mL）的首选，反之亦然。典型的浓度范围是从0.2%至2%。用于油田的商业羧甲基纤维素典型的取代度DS为0.7～0.9。PAC中DS明显偏高，其值在1.05到1.15之间。

CMC和PAC对二价阳离子（如钙）有些敏感，镁的影响程度相对较小。低浓度的二价阳离子将引起纤维素用量的增加，而高浓度的钙（大于3%）可使它们失去效果。在这种情况下，可使用羟丙基淀粉或基于乙烯基磺酸盐的合成磺化共聚物，它们能容忍高浓度的钙/镁。CMC/PAC的另一个局限性是温度的稳定性。在150℃以上，它们在钻井液中迅速降解并失去有效性。通常情况下，基于乙烯基磺酸盐的共聚物，如2-丙烯酰胺基-2甲基丙磺酸-N-乙烯基乙酰胺-丙烯酰胺三元共聚物可在高一些的温度下使用。虽然它们比CMC/PAC更昂贵，但至少可在225℃下使用。

HEC和CHEMC是油井水泥非常重要的抗滤失添加剂。HEC在150℃内在不同盐度环境下能很好控制滤失量。甚至低黏度等级的也可使水泥浆液明显稠化，这点并不受欢迎，因为这要求极高的泵送压力来泵送浆液。在这种情况下，分散剂也就是摩擦阻力降低剂，常掺入到水泥浆液中来缓解HEC的增稠效应。表8-7对比列出了加或未加分散剂的HEC水泥浆液的流变参数测试值。在钻孔灌浆中常用的HEC产品的DS值为1.5～2.5。

表8-7 含HEC水泥浆的流变及滤失量[①]

外加剂	FANN流变					表观黏度 AV/mPa·s	塑性黏度 PV/mPa·s	剪切应力 YP/(Ibs/100ft²)	滤失量 70bar/mL
	600r/min	300r/min	200r/min	6r/min	3r/min				
无外加剂	171	136	119	34	25	85	35	101	完全脱水
0.25%HEC	230	156	124	39	36	115	74	82	190
0.25%HEC+1%分散剂	174	115	79	3	2	87	59	56	44

①水泥：APIH级水泥；水灰比：0.38；温度：78℃。1Ibs/100ft²≈0.5Pa。

CHEMC在此也具有一定的市场。羧基基团对水泥有缓凝效果，因此在钻孔灌浆中CHEMC常用作缓凝型降滤失添加剂。典型商业产品中，CHEMC的DS值为0.3～0.4（CM），MS为0.3～2（HE）。

在钻孔灌浆方面，和其他降滤失剂竞争产品如聚乙烯亚胺和聚乙烯醇相比，纤维素醚有更好应用前景，原因之一是其卓越的稳定性，而另一原因是其更好的环境友好性。

8.2.2　纤维素醚对砂浆作用机理

纤维素醚主要有以下三个功能：

(1) 可以使新拌砂浆增稠，从而防止离析并获得均匀一致的可塑体；

(2) 本身具有引气作用，还可以稳定砂浆中引入的均匀细小气泡；

(3) 作为保水剂，有助于保持薄层砂浆中的水分（自由水），从而在砂浆施工后水泥可以有更多的时间水化。

在使用纤维素醚时应该注意的是，其掺量过高或黏度过大会使需水量增加，施工中感觉吃力（粘抹刀）和工作性降低。纤维素醚会延缓水泥的凝结时间，特别是在掺量较高时缓凝作用更为显著。此外，纤维素醚也会影响砂浆的开放时间、抗垂流性能和粘结强度。

对纤维素醚本身来讲，其保水性来自于纤维素醚自身的溶解性和去水化作用。纤维素分子链虽然含有大量水化性很强的羟基，但其本身并不溶于水，这是因为纤维素结构有高度的聚合。单靠羟基的水化能力还不足以破坏分子间强大的氢键和范德华力，所以在水中只溶胀而不溶解，当分子链中引入取代基时，不但取代基破坏了氢键，而且因相邻链间取代基楔入而破坏链间氢键，取代基越大，拉开分子间距离越大。破坏氢键效应越大，纤维素晶格膨化后，溶液进入，纤维素醚成为水溶性，形成高黏度溶液。当温度升高时，高分子水化作用减弱，而链间的水被逐出。当去水作用充分时，分子开始聚集，形成三维网状结构凝胶析出。

纤维素醚能推迟砂浆的凝结时间，使砂浆的凝结硬化变慢，延长可操作时间。纤维素醚的缓凝作用与烷基取代度有直接的关系，烷基取代度越小，羟基含量越大，缓凝的作用越明显。这种缓凝作用主要是由于纤维素醚分子吸附在正在水化的水泥系统中的各种矿物相上，随着水泥水化的开始，纤维素醚分子主要吸附在 C-S-H 凝胶和氢氧化钙等水化产物上，很少吸附在熟料原始矿物相上。此外，由于孔溶液黏度的增加，纤维素醚降低了离子（Ca^{2+}，SO_4^{2-} 等）在孔溶液中的活动性，从而进一步延缓了水化过程。

烷基基团可以使含有纤维素醚的水溶液表面能降低，这也是纤维素醚的引入对砂浆具有引气的作用的原因。纤维素醚的加入不但容易使砂浆引入气泡，而且气泡膜的韧性较高，不易破裂；由于砂浆具有一定黏性，又使引入的气泡不易排出。纤维素醚的引气作用，对于砂浆的力学强度是负面的，因此，为了消除有害气泡对砂浆强度的影响，可以在砂浆中加入适量的消泡剂。

图 8-4 和图 8-5 是纤维素醚改性砂浆前后的 SEM 图。图 8-4 中的砂浆未加纤维素醚，晶粒之间的空隙较大，有少量晶体形成。在图 8-5 中，晶体生长得很充分，10 万 mPa・s HPMC 纤维素醚的掺入使得砂浆的保水性提高，有充足的水分用于水泥水化，水泥水化产物很明显。

可见，纤维素醚经过特殊醚化工艺处理，具有优异的分散和保水作用，能使纤维素有效而又十分均匀地分布在水泥砂浆中，吸收水分并形成一层润湿膜，使整个体系变得十分稳定。包裹的水分在相当长的一段时间内才逐步释放，其中部分水分由于干燥蒸发而脱离毛细孔。而大部分剩余水分继续和水泥发生水化作用，即使在炎热高温环境下，也有充足的水分和时间发生水化反应，从而保证材料的粘结强度。

8.2.3　纤维素醚技术指标要求

执行标准 JC/T 2190—2013《建筑干混砂浆用纤维素醚》，纤维素醚的技术要求应符合

表 8-8 和表 8-9 的规定。

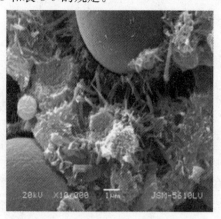

图 8-4 未掺 HPMC 水泥砂浆 SEM 图

图 8-5 掺 0.4％HPMC 水泥砂浆 SEM 图

表 8-8 纤维素醚的技术要求

项 目	技 术 要 求						
	MC	HPMC				HEMC	HEC
		E	F	J	K		
外观	白色或微黄色粉末，无明显粗颗粒、杂质						
细度/ %≤	8.0						
干燥失重率/ %≤	6.0						
硫酸盐灰分/ %≤	2.5						10.0
黏度①/mPa・s	标注黏度值（−10%，＋ 20 ％）						
pH 值	5.0～9.0						
透光率/ %≥	80						
凝胶温度/℃	50.0～55.0	58.0～64.0	62.0～68.0	68.0～75.0	70.0～90.0	≥75.0	—

①本标准规定的黏度值适用于黏度范围在 1000～100000mPa・s 之间的纤维素醚。

表 8-9 纤维素醚改性砂浆的技术要求

项 目	技术要求			
	MC	HPMC	HEMC	HEC
保水率/ %≥	90.0			
滑移值/ mm≤	0.5			
终凝时间差/min ≤	360			—
拉伸粘结强度比/ %≥	100			

8.3 木质纤维素

　　木质纤维素是采用富含木质素的高等级天然木材，以及食物纤维、蔬菜纤维等经化学处理、提取加工磨细而成的白色或灰白色粉末。木质纤维素是多孔长纤维状的，平均长度为 $10\sim2000\mu m$，平均直径小于 $50\mu m$，主要取决于木质纤维素的品种。

8.3.1　木质纤维素的物理性能

木质纤维素的物理性能如下：

（1）木质纤维素的密度为 $1.3\sim1.5g/cm^3$。

（2）木质纤维素的含水率为 $6\%\sim8\%$，它在空气中易吸水，饱和吸水率为 $6\%\sim8\%$，故应储存于干燥的场地。

（3）不溶于水和有机溶剂，耐稀酸和稀碱。

（4）耐温性：160℃，几小时；180℃，$1\sim2h$；高于 200℃，短时间。

（5）具有胀缩性，无毒，可代替 $30\%\sim50\%$ 的石棉。

（6）渗到木质纤维素毛细孔中的水，冰点可达到 -70℃，因此耐冻融。

（7）pH 为 7.5。

（8）与纤维素醚的区别见表 8-10。

表 8-10　木质纤维素与纤维素醚的区别

项目	纤维素醚	木质纤维素
水溶性	溶于水	不溶于水
黏着性	有	无
保水性	约 2000%	约 600%
增黏性	有	有，但小于纤维素醚

8.3.2　木质纤维素对砂浆的作用

木质纤维素对砂浆的主要作用如下：

（1）增稠效果。木质纤维素具有强劲的交联织补功能，与其他材料混合后纤维之间构成三维立体结构，纤维长度越长，表面交织越好，同时可以把水包在其中，达到保水和增稠的效果。

（2）改善和易性。当体系一旦受到外力，部分液体会从木质纤维素的网络中释放出来，网络顺序与流动方向一致，体系的黏度降低，和易性提高，当停止搅动时，水很快重新回到木质纤维素的网络中，并很快恢复到原始的黏度。

（3）抗裂性好。木质纤维可以降低硬化和干燥过程所出现的机械能，提高抗裂性。

（4）低收缩。木质纤维素的生物尺寸稳定性好，混合料不会发生收缩沉降，提高抗裂性。

（5）流动性好。木质纤维素的毛细管可吸收自重的 $1\sim2$ 倍的液体，利用结构吸附 $2\sim6$ 倍的液体。

（6）热稳定及抗下垂性。由于增稠效果明显，不会出现下垂现象，可一次涂抹较厚的灰，在高温条件下，木质纤维素也有很好的热稳定性。

（7）延长"开放时间"并延缓。由于木质纤维的网状结构能传送液体，可使水从里边传送液体到产生蒸发液体的表面上来，使表面有充足的水进行水化，提高强度。

8.3.3　木质纤维素的经验掺加量

木质纤维素的经验掺加量为：

(1) 外墙保温料浆：每吨添加量 0.4%～0.5%；

(2) 内外墙耐水腻子：每吨添加量 0.3%～0.5%；

(3) 陶瓷砖胶粘剂：每吨添加量 0.2%～0.5%；

(4) 嵌缝石膏：每吨添加量 0.3%～0.6%。

8.4 减水剂

在保持新拌砂浆和易性相同的情况下，能显著降低用水量的外加剂叫减水剂，又称为分散剂或塑化剂，它是最常用的一种砂浆外加剂。按照减水率可分为三类：普通减水剂或塑化剂（减水率≥8%）、高效减水剂或超塑化剂（减水率≥14%）和高性能减水剂（减水率≥25%）。

普通减水剂按化学成分分类，主要有木质素磺酸盐、多元醇系及其复合物和高级多元醇等；高效减水剂按化学成分分类，主要有萘系高效减水剂、三聚氰胺高效减水剂和聚羧酸盐系高效减水剂等。根据减水剂对砂浆凝结时间及强度增长的影响以及是否具有引气功能，又将减水剂分为缓凝减水剂、早强减水剂和引气减水剂。目前应用在干混砂浆中的减水剂主要为高效减水剂和高性能减水剂。

虽然减水剂的种类不同，其对水泥颗粒的分散作用机理也不尽相同，但是概括起来可分为以下五个方面：降低水泥颗粒固液界面能、静电斥力作用、空间位阻斥力作用、水化膜润滑作用、引气隔离"滚珠"作用。减水剂掺入新拌水泥浆体中，能够破坏水泥颗粒的絮凝结构，起到分散水泥颗粒及水泥水化颗粒的作用，从而释放絮凝结构中的自由水，增大水泥浆体的流动性，即可以减少砂浆用水量，提高砂浆施工和易性及物理力学性能。

萘系高效减水剂的化学成分为萘磺酸盐甲醛缩合物，该种减水剂其掺量为水泥质量的0.2%～1.0%；三聚氰胺高效减水剂属于密胺树脂类减水剂，对胶凝材料的适应性强，可以提高材料表面的硬度及光洁度，主要应用于石膏制品、耐磨地坪、彩色马路砖、防水浆料等，通常掺量为水泥质量的 0.5%～1.0%；聚羧酸盐系高效减水剂属于新型的减水剂，具有分子链可设计性，该种减水剂高温下坍落度损失小，具有良好的流动性，在较低的温度下不需大幅度增加减水剂的加入量，主要应用于水泥基无收缩灌浆料、CA 砂浆、修补砂浆、水泥基自流平砂浆和防水砂浆等砂浆中，通常掺量为水泥质量的 0.05%～1.0%。

执行标准是国家或行业规定的工业品必须执行或者推荐执行的标准。减水剂执行的相关标准如下：GB 8076—2008《混凝土外加剂》、GB/T 8077—2012《混凝土外加剂匀质性试验方法》及 JG/T 223—2007《聚羧酸系高性能减水剂》等。

依据标准 GB 8076—2008 和 JG/T 223—2007，减水剂根据性能可分为以下几种型号，用代号标识如下：HPWR-A（早强型高性能减水剂）、HPWR-S（标准型高性能减水剂）、HPWR-R（缓凝型高性能减水剂）、HWR-S（标准型高效减水剂）、HWR-R（缓凝型高效减水剂）、HWR-A（早强型高效减水剂）、WR-S（标准型普通减水剂）、WR-R（缓凝型普通减水剂）、AEWR（引气减水剂）、FHN（非缓凝型聚羧酸高性能减水剂）、HN（缓凝型聚羧酸高性能减水剂）。

依据 GB 8076—2008、GB/T 8077—2012 和 JG/T 223—2007，减水剂性能指标参数如表 8-11 至表 8-15 所示。

表 8-11　受检混凝土性能指标

项　目		外加剂品种								
		高性能减水剂 HPWR			高效减水剂 HWR		普通减水剂 WR			引气减水剂
		早强型	标准型	缓凝型	标准型	缓凝型	早强型	标准型	缓凝型	
		HPWR-A	HPWR-S	HPWR-R	HWR-S	HWR-R	WR-A	WR-S	WR-R	AEWR
减水率/%，≥		25	25	25	14	14	8	8	8	10
泌水率比/% ≤		50	60	70	90	100	95	100	100	70
含气量/%		≤6.0	≤6.0	≤6.0	≤3.0	≤4.5	≤4.0	≤4.0	≤5.5	≥3.0
凝结时间之差/min	初凝	−90～	−90～	>+90	−90～	>+90	−90～	−90～	>+90	−90～
	终凝	+90	+120	—	+120	—	+90	+120	—	+120
1h 经时变化量	坍落度/mm	—	≤80	≤60	—	—	—	—	—	—
	含气量/%	—	—	—	—	—	—	—	—	−1.5～+1.5
抗压强度比/%，≥	1d	180	170	—	140	—	135	—	—	—
	3d	170	160	—	130	—	130	115	—	115
	7d	145	150	140	125	125	110	115	110	110
	28d	130	140	130	120	120	100	110	110	100
收缩率比/%，≤	28d	110	110	110	135	135	135	135	135	135
相对耐久性(200 次)/%，≥		—	—	—	—	—	—	—	—	80

注：1. 表中抗压强度比、收缩率比、相对耐久性为强制性指标，其余为推荐性指标。

2. 除含气量和相对耐久性外，表中所列数据为掺外加剂混凝土与基准混凝土的差值或比值。

3. 凝结时间之差性能指标中的"−"号表示提前，"+"号表示延缓。

4. 相对耐久性（200 次）性能指标中的"≥80"表示将 28d 龄期的受检混凝土试件快速冻融循环 200 次后，动弹性模量保留值≥80%。

5. 1h 含气量经时变化量指标中的"−"号表示含气量增加，"+"号表示含气量减少。

6. 其他品种的外加剂是否需要测定相对耐久性指标，由供需双方协商确定。

表 8-12　掺聚羧酸系高性能减水剂混凝土性能指标

序号	试验项目		性能指标			
			FHN		HN	
			I	II	I	II
1	减水率/%	≥	25	18	25	18
2	泌水率比/%	≤	60	70	60	70
3	含气量/%	≤	6.0			
4	1h 坍落度保留值/mm	≥	—		150	
5	凝结时间差/min		−90～+120		>+120	

序号	试验项目		性能指标			
			FHN		HN	
			I	II	I	II
6	抗压强度比/% 不小于	1d	170	150	—	
		3d	160	140	155	135
		7d	150	130	145	125
		28d	130	120	130	120
7	28d 收缩率比/% ≤		100	120	100	120
8	对钢筋锈蚀作用		对钢筋无锈蚀作用			

表 8-13 减水剂匀质性指标

项 目	指 标
氯离子含量/%	不超过生产厂控制值
总碱量/%	不超过生产厂控制值
含固量/%	$S>25\%$时，应控制在 $0.95S\sim1.05S$
	$S\leqslant25\%$时，应控制在 $0.90S\sim1.10S$
含水率/%	$W>5\%$时，应控制在 $0.90W\sim1.10W$
	$W\leqslant5\%$时，应控制在 $0.80W\sim1.20W$
密度/（g/cm³）	$D>1.1$时，应控制在 $D\pm0.03$
	$D\leqslant1.1$时，应控制在 $D\pm0.02$
细度	应在生产厂控制范围内
pH 值	应在生产厂控制范围内
硫酸钠含量/%	不超过生产厂控制值

注：1. 生产厂应在相关的技术资料中明示产品匀质性指标的控制值。

2. 对相同和不同批次之间的匀质性和等效性的其他要求，可由供需双方商定。

3. 表中的 S、D 和 W 分别为含固量、含水率和密度的生产厂控制值。

表 8-14 聚羧酸系高性能减水剂匀质性指标

序号	试验项目	指 标
1	固体含量①	对液体聚羧酸系高性能减水剂： $S\geqslant20\%$时，$0.95S\leqslant X<1.05S$ $S<20\%$时，$0.90S\leqslant X<1.10S$
2	含水率②	对固体聚羧酸系高性能减水剂： $W\geqslant5\%$时，$0.90W\leqslant X<1.10W$ $W<5\%$时，$0.80W\leqslant X<1.20W$
3	细度	对固体聚羧酸系高性能减水剂，其 0.3 mm 筛筛余应小于 15%
4	pH 值	应在生产厂控制值的 ±1.0 之内
5	密度	对液体聚羧酸系高性能减水剂，密度测试值波动范围应控制在 ±0.01 g/mL
6	水泥净浆流动度③	不应小于生产厂控制值的 95%
7	砂浆减水率③	不应小于生产厂控制值的 95%

①S 是生产厂提供的固体含量（质量分数），X 是测试的固体含量（质量分数）。

②W 是生产厂提供的含水率（质量分数），X 是测试的含水率（质量分数）。

③水泥净浆流动度和砂浆减水率选做其中的一项。

表 8-15　聚羧酸系高性能减水剂化学性能指标

序号	试验项目	性能指标			
		FHN		HN	
		I	II	I	II
1	甲醛含量（按折固含量计）/% ≤	0.05			
2	氯离子含量（按折固含量计）/% ≤	0.6			
3	总碱量（Na$_2$O+0.658K$_2$O）（按折固含量计）/% ≤	15			

8.5　淀粉及其衍生物

　　无论是何种来源的淀粉都是由一种或多种葡聚糖组成的。其实质性的两个分子成分是多聚糖直链淀粉和支链淀粉。直链淀粉是由长而直的 α-葡萄糖组成，如图 8-6 所示，分子量在 10000～100000 之间。

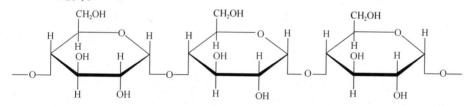

图 8-6　直链淀粉结构，重复的葡萄糖单元示意图

　　作为主要组成的支链淀粉为多支链分子的混合物，如图 8-7 和图 8-8 所示。支链淀粉的分子量在 40000～100000 之间。

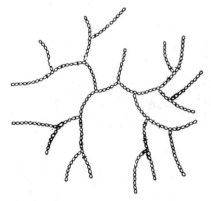

图 8-7　支链淀粉结构示意图　　　　　图 8-8　支链淀粉的分子结构

　　商业淀粉主要是用谷物生产的。土豆是另一主要原料，尤其是在欧洲。不同的淀粉可以用显微镜分辨出来，因为不同的植物其淀粉颗粒有着不同的大小和形状。

在建筑工业中，天然淀粉使用得很少，最为常用的是预胶化淀粉和淀粉衍生物。预胶化是对淀粉进行改性处理，以大幅提高其在冷水中的溶解度及其黏度屈服应力值。当然，这两个性质在工业应用中是相当重要的。这个处理过程是加热含水的天然淀粉浆，使其颗粒膨胀，黏度增加。获取的预胶化淀粉凝胶产物在圆筒干燥器内再脱水干燥成粉末。

预胶化淀粉是一种便宜的、可在低温环境中使用的水基钻井液降滤失剂，它主要用于表层钻井或者是温度低于 100℃ 的浅层环境钻井。尤其是在 25℃、7bar 的情况下，它的应用可以使 API 滤失量降至 2~5mL。当温度升高时，预胶化淀粉将被羧甲基淀粉取代。

预胶化淀粉的另一个应用领域是石膏板的制造业。将此淀粉加到 β 型半水石膏浆体中。在干燥过程中，淀粉迁移到石膏体的表面并将硬纸板粘到石膏板的表面。

在淀粉醚中，主要用于建筑工业中的是羧甲基和羟丙基淀粉衍生物。羧甲基淀粉可以由碱化淀粉和氯乙酸反应制得。这样葡萄糖酐中的某些羟基单元转变为带羧基基团的醚。取代度（DS）可能会有所不同，但是不会超过 3。用于建筑中的商业产品其取代度大约为 0.2~1.2。羧甲基淀粉是一种重要的钻井液添加剂。它超越预胶化淀粉的主要优点在于其高温稳定性（可高达 120℃）。

羟丙基淀粉是通过环氧丙烷与淀粉反应制得的。在普通建筑中它的重要应用是作抹灰砂浆增稠剂。为达这一目的，可将取代度为 0.5 的羟丙基淀粉和其他配合料混合制成干混砂浆，然后加水拌合，用喷射机具喷到墙上。羟丙基淀粉的主要作用是提供初始黏度以把浆体粘到墙上。这种特性被称为"坯体强度"。它可以阻止喷在墙上的浆体松弛凹陷。羟丙基淀粉的另一作用是：在有其他外加剂存在的配方中增强保水性能；减少浆体在铲刀上的黏附；保证抹平、收光时浆体具有适宜表面黏度。那些从未见过或从未这样整平处理过的人（图8-9），可能无法想象这里有多大的区别，在此抹灰砂浆合适的表面黏度对节省泥瓦匠的劳动强度和劳动时间意义非常巨大。为此，企业也非常关注产品的优化和开发。

图 8-9　墙面抹灰砂浆的抹平（左）和收光（右）

8.6　聚乙烯醇

聚乙烯醇是一种不由单体聚合而通过聚醋酸乙烯酯经醇解得到的一种安定、无毒的水溶性高分子聚合物的简称，外观呈白色片状、絮状或颗粒状。

聚乙烯醇的聚合度分为超高聚合度（分子量 25 万～30 万）、高聚合度（分子量 17 万～

22万）、中聚合度（分子量12万~15万）和低聚合度（2.5万~3.5万）。醇解度通常有三种，即78%、88%和98%。完全醇解的聚乙烯醇醇解度为98%~100%，部分醇解的醇解度通常为87%~89%。常取平均聚合度的千、百位数放在前面，将醇解度的百分数放在后面，来表示聚乙烯醇的品种，如17—88即表聚合度为1700，醇解度为88%。干混砂浆中使用的冷水速溶聚乙烯醇粉末，指的是醇解度在88%的这类部分醇解型聚乙烯醇。

（1）水溶性

聚乙烯醇的溶解性随其醇解度的高低而有很大差别。醇解度小于66%，由于憎水的乙酰基含量增大，水溶性下降；醇解度在50%以下，聚乙烯醇不再溶于水；醇解度大于90%，聚乙烯醇分子链上的羟基之间形成氢键，就不能在冷水中溶解，但能溶于热水。

部分醇解型聚乙烯醇在冷水中的溶解性还与聚合度有关。聚合度越低，越容易在冷水中溶解，反之，则溶解越慢。

一般规律，聚乙烯醇溶解性的影响因素，醇解度大于聚合度。聚合度增大，在水中的溶解度下降；醇解度增大，在冷水中溶解度下降。部分醇解型聚乙烯醇在冷水中的溶解过程是分阶段进行的，即：亲和润湿—溶胀—无限溶胀—溶解。

（2）水溶液黏度

聚乙烯醇水溶液的黏度随聚合度、溶液浓度而变化。一般说来，聚合度越高，黏度越大；在一定的浓度范围内，浓度越高，黏度越大。

干混建材领域内主要应用型号为17-88或者24-88的冷水速溶聚乙烯醇，不过需将颗粒状或者片状聚乙烯醇经过磨细加工后，以细粉状形式应用于干混砂浆、干混腻子、冷水速溶胶水粉等领域，其应用细度分为0.15mm、0.106mm、0.075mm。

干混砂浆体系中，如粘结抹面砂浆、瓷砖胶粘剂、无机保温砂浆等及混凝土界面剂上，聚乙烯醇粉末主要应用细度为0.15mm的部分醇解型聚乙烯醇，在上述领域与羟丙基甲基纤维素醚配合使用，可以改善水泥砂浆的柔韧性、保水性、提高砂浆粘结性。一般情况下，聚合度越高，粘接强度越强。另外，还能减少砂浆的摩擦，从而增强工作效能以及质量。

在干混腻子中，因腻子粉颗粒较细，故一般内外墙干混腻子需要应用细度为0.106mm以上的冷水速溶聚乙烯醇粉末，来增强腻子层与基层的粘结力，防止脱粉、空鼓。钢化仿瓷腻子最好使用0.075mm的聚乙烯醇粉末，在达到一般增强作用的同时又能给仿瓷效果增加光泽度。

冷水速溶胶水粉中适用0.15~0.18mm的聚乙烯醇粉末，冷水速溶聚乙烯醇粉末在这个细度区间段内的颗粒，与水接触溶胀后不会迅速抱成小团，但是颗粒不能太大，否则会发生沉淀，影响溶胀溶解速度。冷水速溶聚乙烯醇粉末在建材应用上的建议添加量见表8-16。

表8-16　冷水速溶聚乙烯醇粉末在建材应用上的建议添加量

应用领域	建议添加量/‰
粘结、抹面砂浆	1~2
瓷砖胶粘剂	3~5
无机保温砂浆	2~3
内外墙腻子	2~3（需用0.106mm）
界面剂、胶水	30~50

冷水速溶聚乙烯醇粉末应用配方列举（腻子领域），见表8-17~表8-19，技术指标

见表 8-20。

表 8-17　内墙底层耐水腻子

原　材　料	每吨砂浆添加量/kg
灰钙粉（325 目）	200～300
重钙粉（400 目）	700～800
聚乙烯醇 2488 粉末（BNE-1180-150 目）	2
BNE-119A（HPMC）	4

表 8-18　内墙耐水腻子面层（仿瓷腻子）

原　材　料	每吨砂浆添加量/kg
灰钙粉（325 目）	200～300
超细滑石粉（600 目）	100
重钙粉（400 目）	600～700
聚乙烯醇 2488 粉末（BNE-1180-150 目）	2
BNE-119A（HPMC）	5

表 8-19　外墙普通型腻子

原　材　料	每吨砂浆添加量/kg
白水泥 32.5	250
灰钙（325 目）	200
重钙（400 目）	550
Nove 28	8～12
BNE-119A（10 万）	5
聚乙烯醇 2488 粉末（BNE-1180-150 目）	2

表 8-20　冷水速溶聚乙烯醇粉末的技术指标

项　　目	24-88	17-88
平均聚合度（DP）	2400～2500	1700～1800
分子量（Mn）	118000～124000	84000～89000
黏度（cps）	44～50	21～26
碱化度（mole%）	86～89	86～89
挥发分（质量分数%）	＜5	＜5
灰分（质量分数%）	＜0.5	＜0.5
pH 值	5～7	5～7

8.7　有机硅防水剂

有机硅类防水剂亦为喷雾干燥所形成的，其吸附载体一般为纳米二氧化硅和纳米碳酸钙两种。有机硅防水剂中活泼基（"H"、"OR"、"OH"等）可和基材表面活性基或吸附水起缩合作用形成共价键、氢键，或以偶极相互吸引，从而使它牢固地和基材表面连接起来，而使非极性的有机基团排列向外形成一层憎水膜。有机硅分子中含有 Si—O 键和 Si—C 键，Si—O 键能高达 443.5kJ/mol，硅和氧的电负性差别较大，接近于离子键，从而赋予它耐热、抗氧化、耐辐射等性能。有机硅与水泥、砂浆表面产生化学结合，形成牢固的防水性表面层，其中反应机理如图 8-10 所示。

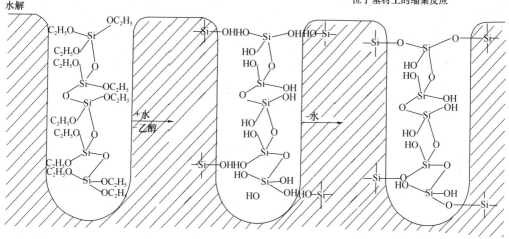

图 8-10　有机硅防水机理

这种斥水性网状硅烷分子膜具有很低的表面张力，能均匀分布在多孔硅酸盐基材上，使微孔孔壁上有着极好的斥水性。

各类型有机硅类产品的化学缩合反应如图 8-11 所示。

①水溶性有机硅防水剂。水溶有机硅防水剂的主要成分为甲基硅酸钠，是一种小分子的水溶性聚合物。这种防水剂容易被弱酸分解而形成甲基聚硅酸。在水泥和混凝土之间形成憎水网。

②硅烷类。硅烷类防水剂分子量小，本身无憎水性。但是和基层中的水分反应后产生能使毛细孔憎水的活性物质，其渗透性很好，因而能显著地提高抗渗性能。

③硅氧烷类。硅氧烷类防水剂也是低分子量的溶剂型材料，也能使毛细孔壁有憎水的效果。但是，硅氧烷无需碱性环境加速其交联形成硅烷和硅酮聚合物的复合产物。具有较高的渗透性和密闭性及较好的填充毛细孔的能力。

这种斥水性网状硅烷分子膜具有很低的表面张力，能均匀分布在多孔硅酸盐基材上，使微孔孔壁上有着极好的斥水性。

通常用作砖石建筑物防水的材料有涂料、油膏、沥青等。这些普通防水剂的防水原理是通过堵塞砖石材料的孔眼以排斥外面的水分侵入，由于小孔被堵死，造成墙体不透气，因此当水分从砖石孔隙排出时，它能冲破表面的防水涂层，致使涂层的寿命很短。此外，这些油性涂料长期暴露于环境中还会引起老化、褪色和剥离，并容易吸灰。

有机硅建筑防水剂既可保持墙壁的正常透气，又能抵抗雨水的侵蚀，可使墙壁防潮、防腐、耐冻融和保持光洁，是一种理想的墙材防水剂。它的性能与目前较多使用的涂料、油

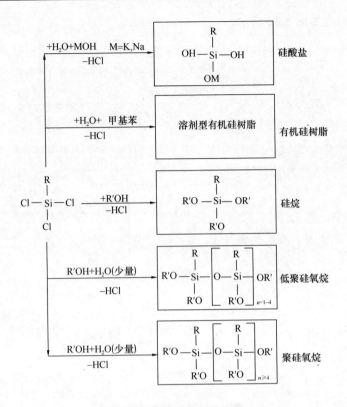

图 8-11　有机硅防水剂的分类

膏、沥青不同，有机硅类憎水剂不会影响建筑材料的通气性（开孔）及呼吸性能，它不会堵塞孔隙或妨碍混凝土的渗透性，而是通过与结构材料起化学反应，在基材表面上生成一层几个分子厚的不溶性防水树脂薄膜。这层防水薄膜是通过化学键连接在砖石材料的表面上的，由于化学键的力要比用沥青和涂料作防水剂的物理键力大得多，因此结合得十分牢固。有机硅材料由于具有很低的表面张力（20～21mN/m），使水难以在有机硅防水层上铺展，并能均匀地涂布在基材上，而不封闭基材的透气性微孔，同时能降低基材的表面能，使其具有憎水性，因而可作为新颖的功能防水材料。

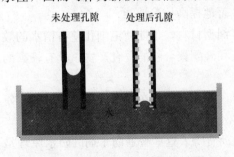

图 8-12　有机硅防水剂处理前后毛细管作用对干混砂浆表面性能的影响

有机硅防水剂的特点是能增大润湿角，产生"反毛细管效应"。建筑物常与水或大气中的水汽接触，在建筑材料、水和空气的交点处，沿水滴的表面切线与水和固体接触而形成夹角 θ（润湿角），当 $\theta \geqslant 90°$，水分子之间内聚力大于水分子与材料间的作用力，则材料表面不会被水润湿。所以经有机硅处理后的材料表面，其润湿角 θ 可达到 110°，有疏水作用，如图 8-12 所示。

硅酸盐材料均有较强的吸水性，通过毛细管作用吸水，由于润湿角 $\theta \leqslant 90°$，水在毛细管内形成凹形液面，液面上升吸水。经有机硅处理，疏水物质的毛细管内与上述情况相反，因其润湿角 $\theta \geqslant 90°$，水在毛细管内形成凸形弯液面，液面随之下降，不易通过毛细管吸水，仍保持建筑材料的透气能力。保温、隔热和吸声的材料经有机硅处理非常有效，其吸水量降低，可提高强度和耐久性。吸声材料多孔，若吸水会降低吸声效果影响寿命，经有机硅处理极其见效。同时用其防止建筑材料霜冻损伤收效也甚大。

有机硅防水剂的"反毛细管效应"以下式表示：

$$h = \frac{2\sigma\cos\theta}{\rho g r}$$

式中　h——毛细管升高高度，m；

σ——表面张力，N/m；

ρ——密度，kg/m^3；

r——毛细管半径，m；

α——界面角，°。

处理前：α 很小，$\alpha < 90°$时，h 为正数。

处理后：$\alpha = 105°$左右，$\alpha > 90°$时，h 为负数。达到反毛细管效应。

8.8　有机硅消泡剂

国内外商品消泡剂的品种繁多，性能各异，目前常采用的有机硅消泡剂主要有硅油型和硅醚混合型。

（1）硅油型消泡剂

单纯的有机硅，如二甲基硅油，并没有消泡作用，但将其乳化后，表面张力迅速降低，使用很少量即能达到很强的破泡和抑泡作用，成为一种重要的消泡剂成分。硅油型消泡剂一般具有较高的消泡效能，其使用时的关键在于硅油的乳化。如乳化不完全，使用时会破乳，影响其使用效果。常用的有机硅消泡剂都是以硅油作为基础组分，配以适宜的溶剂、乳化剂或无机填料配制成的。有机硅作为优良的消泡剂，去消泡力强，尤为可贵的是硅氧烷集化学稳定性、生理惰性和高低温性能好等特性于一身，因而获得广泛应用。

因硅油本身具有亲油性，因此对油溶性溶液的消泡具有令人满意的效果。

有机硅消泡剂，属低毒、抗氧化、破泡能力较强的消泡剂，但是它的抑泡能力较差，耗用量大，对微酸性发酵效果差，对菌丝发育又有一定的抑制作用。因此，在发酵业上的应用就受到了一定的限制；在纺织印染行业，尤其是浅色织物使用时，由于硅斑不易洗净而又一次受到限制。

（2）聚醚改性有机硅消泡剂

聚醚改性有机硅，是在硅氧烷分子中引入聚醚链段制得的聚醚-硅氧烷共聚物（简称硅醚共聚物）。一般有机化合物如醚类、烃类、醇类及磷酸酯类，铺展系数较大，因此破泡作用很强，但是抑泡作用却很差。以环氧乙烷、环氧丙烷开环聚合制得的聚醚是优良的水溶性非离子表面活性剂。分子中聚环氧乙烷链是亲水基，聚环氧丙烷链是疏水基。环氧乙烷的量超过 25％时聚醚溶于水。表征聚醚水溶性的指标是浊点。调节环氧乙烷和环氧丙烷的比例可制得不同亲水亲油平衡值（HLB）的表面活性剂，获得所期望的表面活性。通过调节 EO/PO 比和相对分子质量，改善其水溶性和油溶性，可大大降低发泡液表面张力，具有很好的消泡、抑泡能力。聚醚消泡剂最大的优点是抑泡能力较强，因此它是目前发酵行业应用的主导消泡剂，但是它又有一个致命的缺点是破泡率低，一旦产生了大量的泡沫，它不能一下有效地扑灭，而是需要新加一定量消泡剂才能慢慢解决问题。因此聚醚改性有机硅消泡剂是将两者的优点有机结合起来的一种新型高效消泡剂。它是选择具有较强抑泡能力的聚醚和疏水性强、破泡迅速的二甲基硅油为主要成分，和能使硅油与聚醚有机结合起来的乳化剂、稳定剂等成分组成的消泡剂。它具有表面张力低、消泡迅速、抑泡时间长、成本低、用量少、应用面广等特点。对有机硅进行聚醚改性，使之具有两类消泡剂的优点，成为一种性能优良，有广泛应用前景的消泡剂。

在硅醚共聚物的分子中，硅氧烷段是亲油基，聚醚段是亲水基。聚醚链段中聚环氧乙烷链节能提供亲水性和起泡性，聚环氧丙烷链节能提供疏水性和渗透力，对降低表面张力有较强的作用。聚醚链端的基团对硅醚共聚物的性能也有很大的影响。常见的端基有羟基、烷氧基等。调节共聚物中硅氧烷段的相对分子质量，可以使共聚物突出或减弱有机硅的特性。同样，改变聚醚段的相对分子质量，会增加或降低分子中有机硅的比例，对共聚物的性能也会产生影响。

聚醚改性有机硅消泡剂很容易在水中乳化，亦称作"自乳化型消泡剂"。在其浊点温度以上时，失去对水的溶解性和机械稳定性，并耐酸、碱和无机盐，可用于苛刻条件下的消泡，是一种很有代表性、性能优良、用途广泛的有机硅消泡剂。

为改善亲油性用于水基涂料，在聚醚改性有机硅的共聚物分子中部分甲基用长链烷基取代，可以更有效地发挥消泡效果。为使在浊点温度以下也能有较好的消泡性，自乳化型消泡剂中通常都配有二甲基硅油-白炭黑（一种高纯、精细、无定形态的二氧化硅纳米粉体）膏状物，这时在浊点温度下聚醚改性有机硅表面活性剂又可作为二甲基硅油的乳化剂而发挥分散、乳化作用。

泡沫是一种有大量气泡分散在液体中的分散体系，其分散相为气体，连续相为液体。当体系中加有表面活性剂时，在气泡表面吸附着定向排列的一层表面活性剂分子，当其达到一定浓度时，气泡壁就形成了一层坚固的薄膜。表面活性剂吸附在气液界面上，造成液面表面张力下降，从而增加了气液接触面，这样气泡就不易合并。气泡的相对密度比水小得多，当上升的气泡透过液面时，把液面上的一层表面活性剂分子吸附上去。因此，暴露在空气中的吸附有表面活性剂的气泡膜同溶液里的气泡膜不一样，它包有两层表面活性剂分子，形成双分子膜，被吸附的表面活性剂对液膜具有保护作用。消泡剂就是要破坏和抑制此薄膜的形成，消泡剂进入泡沫的双分子定向膜，破坏定向膜的力学平衡而达到破泡。

有机硅消泡剂是易于在溶液表面铺展的液体。此种液体在溶液表面铺展时会带走邻近表面的一层溶液，使液膜局部变薄，于是液膜破裂，泡沫破坏。在一般情况下，消泡剂在溶液表面铺展越快，则使液膜变得越薄，迅速达到临界厚度，泡沫破坏加快，消泡作用加强。这种能在表面铺展、起消泡作用的液体，其表面张力较低，易于吸附于溶液表面，使溶液表面局部表面张力降低（即表面压增高），发生不均衡现象。于是铺展即自此局部发生，同时会带走表面下一层邻近液体，致使液膜变薄，从而破坏气泡膜。因此，消泡的原因一方面在于易于铺展，吸附的消泡剂分子取代了起泡剂分子，形成了强度较差的膜；同时，在铺展过程中带走邻近表面层的部分溶液，使泡沫液膜变薄，降低了泡沫的稳定性，使之易于破坏。

一种优秀的消泡剂必须同时兼顾消泡、抑泡作用，即不但应该迅速使泡沫破坏，而且能在相当长的时间内防止泡沫生成。常常发现有些消泡剂在加入溶液一定时间后，就丧失了效力。要防止泡沫生成，还需再加入一些消泡剂。发生此种情况的原因，可能与溶液中起泡剂（表面活性剂）的临界胶束浓度 Cmc 是否超过有关。在超过 Cmc 的溶液中，消泡剂（一般为有机液体）有可能被增溶，以至于失去在表面铺展的作用，消泡效力大减。开始加入消泡剂时，其在表面铺展速度大于增溶速度，表现出较好的消泡效果。经过一段时间后，随着消泡剂被逐步增溶，消泡效果相应减弱。

消泡剂可以帮助新拌砂浆释放由于砂浆混合、施工以及由其他助剂所夹带或产生的气泡，提高砂浆的强度以及改善砂浆的表面状态。在干混砂浆中使用的消泡剂一般为粉末状的表面活性剂，主要为多元醇类及聚硅氧烷类。

当产生的气泡溶于新拌浆体之后，瞬间生成疏水基伸向气泡的内部，亲水基向着液相的吸附膜。因为干混砂浆添加了各种保水增稠助剂后黏度较大，使气泡自行逸出变得困难，以及形成的气泡膜自身强度比较大，气泡的消除要借助消泡剂。

消泡剂作为一种表面活性剂，其分子结构同样是两亲结构，由两部分组成，即亲水基（极性基团）和疏水基（非极性基团），如图 8-13 所示。疏水基一般由长链烃基构成，以碳氢基团为主；而亲水基部分的基团种类繁多，差别较大，从而形成了种类各异适合于不同领域的消泡剂产品。

图 8-13　表面活性剂分子示意图

消泡剂消除泡沫的过程分为脱泡与消泡两个部分，脱泡是使分布在砂浆中的气泡上升至表面；消泡是使上升至表面的气泡破裂。根据 Stokes 法则式（8-1）可知，气泡上升的速度与气泡半径的平方成正比，当两个气泡相互接近时，消泡剂分子的末端相结合，使多数的小气泡聚结成少数较大的气泡，稳定的小气泡变成了不稳定的大气泡，上升速度快。

$$u \approx \frac{r^2}{\eta} \qquad (8\text{-}1)$$

式中　u——气泡上升速度；

　　　r——气泡半径；

　　　η——液体黏度。

消泡剂铺展于泡沫上并使其破裂的示意图如图 8-14 所示；消泡剂降低液膜局部表面能使其破裂的示意图如图 8-15 所示。

图 8-14 和图 8-15 展示了消泡剂溶于水后

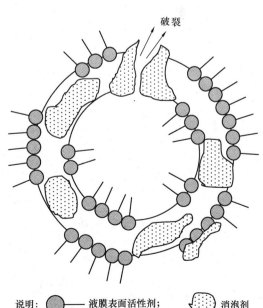

说明：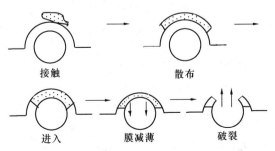

图 8-14　消泡剂消泡作用示意图　　　图 8-15　液膜局部表面能降低示意图

产生的表面张力较低的消泡液，附着于液膜上，吸附的消泡剂分子取代了稳定气泡的表面活性剂分子，使液膜局部表面能降低，形成强度较差的膜，使液膜变薄的同时带走液膜下临近的液体，使液膜破裂的一系列过程。因此一般消泡剂应具有的特性为：表面张力要比被消泡介质低；与被消泡介质有一定的亲和性，分散性好，能快速均匀地铺展吸附于气泡液膜上；具有良好的化学稳定性。一般地说，消泡剂在液膜上铺展得越快，液膜变得越薄，消泡能力越强。有效的消泡剂既要能迅速消泡，又要能在相当长的时间内防止气泡的生成。

8.9 保水触变剂

保水触变剂是指砂浆拌制过程中掺入的用以提高砂浆保水性、触变性、泵送性、黏聚性和稳定性等施工性能的外加剂。

保水触变剂的保水增稠性能优异，减少砂浆拌合物的泌水、离析现象，并能延长砂浆的操作开放时间，降低砂浆的表面张力，使砂浆在抹灰时有很好的触变性和润滑性，极大地改善了砂浆的泵送性能和施工性能，减少墙面空鼓开裂现象。

保水触变剂适用于手工作业用普通预拌砌筑、抹灰、地面砂浆及机喷砂浆，不同型号的保水触变剂，产品特性不一样，适用范围略有不同。例如有适用于手工作业的，也有适用于机喷作业的，掺量为砂浆总质量的 0.08%～0.12%。

依据 JG/T 164—2004《砌筑砂浆增塑剂》，保水触变剂的性能指标参数见表 8-21 和表 8-22。

表 8-21 匀质性指标

序号	试验项目	性能指标
1	固体含量	对液体增塑剂，不应小于生产厂最低控制值
2	含水量	对固体增塑剂，不应大于生产厂最大控制值
3	密度	对液体增塑剂，应在生产厂控制值的 $\pm 0.02 \text{g/cm}^3$ 以内
4	细度	0.315mm 筛的筛余量应不大于 15%

注：氯离子含量不应超过 0.1%，无钢筋增强的砂浆不需检测氯离子含量。

表 8-22 受检砂浆性能指标

序号	试验项目		单位	性能指标
1	分层度		mm	10～30
2	含气量	标准搅拌	%	≤20
		1h 静置		≥（标准搅拌时的含气量－4）
3	凝结时间差		min	+60～－60
4	抗压强度比	7d	%	≥75
		28d		
5	抗冻性（25 次冻融循环）	抗压强度损失率	%	≤25
		质量损失率		≤5

注：有抗冻性要求的寒冷地区应进行抗冻性试验；无抗冻性要求的地区可不进行抗冻性试验。

8.10　润滑触变剂

润滑触变剂是一种可以提高砂浆触变性、稳定性和施工性的添加剂。通常是以改性层状硅酸盐矿物为载体，辅以其他添加剂制备而成的粉状流变助剂。

润滑触变剂中的片层状硅酸盐矿物材料能够形成一种称为"卡屋式"的结构，这种结构能够在系统内提高基础黏度，增加抗流挂性，但在外部有剪切力时，这种结构会被很容易地破坏，当砂浆在进行泵送、搅拌或者涂刮时，剪切力的轻微增加就足以克服屈服点，卡屋式结构被可逆性地破坏，其结果是硅酸盐薄片起到润滑剂的作用，降低了相对黏度，改善砂浆的施工性。

润滑触变剂可以应用于：腻子、装饰砂浆，瓷砖胶粘剂，耐磨、自流平等地坪砂浆，外墙外保温系统，水泥、石膏基抹灰砂浆等水泥矿物基建筑体系。润滑触变剂，可以提高砂浆抗下垂性及可塑性、施工和易性和表面平滑性，减小泵送阻力和施工时与工具的附着力，通常在砂浆配方中的添加量为 0.1%～0.3%，可以与其他增稠添加剂混用。

8.11　促凝剂

促凝剂是指加入砂浆后可以缩短砂浆凝结时间并能促进早期强度发展的外加剂。促凝剂的主要种类有无机物：氯盐类、硫酸盐类、碳酸盐类及硝酸盐类。水溶性有机物包括三乙醇胺（TEA）、三异丙醇胺（TP）、甲酸盐（如甲酸钙）和乙酸盐。

氯化钙相对于其他外加剂来说是使用较久的一种促凝剂，效果也很显著，但是氯盐对钢筋有腐蚀问题，在有钢筋的情况下应慎重使用。

甲酸钙和碳酸锂是干混砂浆中常用的一种非氯盐促凝剂，加入甲酸钙可以提高砂浆的早期强度，后期强度不降低，具有很好的抗冻融性，可以负温施工。典型掺量在砂浆配方总量的 0.7%以下。

砂浆中经常采用两种水泥（硅酸盐水泥＋高铝水泥）以获得快速硬化的效果，如自流平砂浆、修补砂浆，此时碳酸锂可以作为一种十分有效的促凝剂来使用，可以进一步加快该系统的初始和最终强度。应采用较细颗粒的碳酸锂（一般 0.075mm 以下），太大的颗粒会在自流平砂浆的表面引起较大的斑点，碳酸锂的典型掺量为砂浆配方总量的 0.2%以下。

8.12　缓凝剂

缓凝剂是降低水泥或者石膏的水化热，延长凝结时间的一种添加剂。主要有糖类（糖钙、葡萄糖酸盐）、羟基羧酸及其盐类（柠檬酸、酒石酸及其盐，其中以天然酒石酸缓凝效果最好）、木质磺酸盐等。

在砂浆中，主要用于石膏灰浆和石膏填缝剂，缓凝剂还用于自流平砂浆中。

8.13　稠化粉

稠化粉是一种非石灰、非引气型粉状复合砂浆稠化材料。与传统砂浆相比，掺稠化粉砂浆与混凝土、砖粘结牢固，抗渗性好，收缩值低，施工方便。通过调整复合型普通砂浆添加剂掺量、品种及水泥、粉煤灰、砂用量，可以生产各强度等级普通干混抹灰砂浆、普通干混砌筑砂浆、普通干混地面砂浆及普通防水砂浆。

有关规范对普通砂浆用保水增稠材料要求如下：

(1) GB 50203—2011《砌体结构工程施工质量验收规范》中规定：在砂浆中掺入的砌筑砂浆增塑剂、早强剂、缓凝剂、防冻剂、防水剂等砂浆添加剂，其品种和用量应经有资质的检测单位检验和试配确定。所用添加剂的技术性能应符合国家现行有关标准 JG/T 164《砌筑砂浆增塑剂》、GB 8076《混凝土外加剂》、JC 474《砂浆、混凝土防水剂》的质量要求。

(2) GB/T 25181—2010《预拌砂浆》中规定：保水增稠材料、可再分散乳胶粉、颜料、纤维等应符合相关标准的规定或经过试验验证。保水增稠材料用于砌筑砂浆时应符合 JG/T 164 的规定。

由于市面上添加剂种类众多，无法一一举例来说明其性能，在此仅选取最常见的一种复合型普通砂浆添加剂 BNE-5320 为例来说明其性能。

同配合比条件下，空白砂浆与掺 BNE-5320 砂浆性能数据对比，见表 8-23 和表 8-24。

表 8-23　空白砂浆与掺 BNE-5320 砂浆试验配合比

序　号	P·O42.5 水泥	Ⅱ级粉煤灰	砂	添加剂
1-1	165	55	780	0
1-2	165	55	780	0.7

注：1. 此配合比为 DP M10 砂浆配合比。

　　2.1-1 未掺添加剂，1-2 掺加的是 BNE-5320。

表 8-24　掺 BNE-5320 与空白砂浆性能对比表

序号	用水量/%	稠度/cm	密度/(kg/m³)	保水率/%	2h 稠度损失率/%	凝结时间	28d 抗压强度/MPa	14d 拉伸粘结强度/MPa	28d 收缩率/%	F15 强度损失率/%	F15 质量损失率/%
1-1	16.3	9.8	2126	87.2	65	5h0min	15.8	0.14	0.20	23.6	3.7
1-2	15.4	9.8	2023	93.6	18	7h35min	17.2	0.25	0.04	8.7	0

注：F15 表示经过 15 次冻融循环。

从表 8-24 可以看出，掺加 BNE-5320 对砂浆性能改善明显，具体如下：

(1) 能够提高砂浆保水率，减小砂浆稠度损失，延长砂浆凝结时间，明显改善砂浆施工性和可操作时间。

(2) 明显提高砂浆抗压强度和粘结强度。

(3) 降低砂浆收缩率，抑制砂浆开裂。

(4) 改善砂浆的抗冻性。

BNE-5320 不同掺量下 DP M5 抹灰砂浆性能见表 8-25 和表 8-26。

表 8-25　BNE-5320 不同掺量的试验配合比

序　号	P·O42.5 水泥	Ⅱ级粉煤灰	砂	BNE-5320
2-1	120	40	840	0.4
2-2	120	40	840	0.5
2-3	120	40	840	0.6
2-4	120	40	840	0.7
2-5	120	40	840	0.8
2-6	120	40	840	0.9
2-7	120	40	840	1.0
2-8	120	40	840	1.1

表 8-26　不同 BNE-5320 掺量砂浆性能对比表

序　号	用水量 /%	稠度 /cm	密度 /(kg/m³)	保水率 /%	2小时稠度损失率/%	凝结时间	28d抗压强度 /MPa	14d拉伸粘结强度/MPa	28d收缩率 /%
2-1	15.5	9.4	2090	90.9	42	6h05min	10.0	0.224	0.18
2-2	15.6	9.5	2080	90.6	28	6h30min	10.7	0.235	0.12
2-3	16.8	9.7	2078	88.4	19	7h20min	10.7	0.264	0.09
2-4	15.9	9.2	2022	91.1	15	7h50min	10.3	0.253	0.06
2-5	16.0	9.2	2014	91.9	13	8h05min	10.7	0.257	0.06
2-6	15.6	9.6	1978	94.3	8	8h15min	9.5	0.284	0.06
2-7	15.5	9.8	1945	95.4	8	8h30min	9.7	0.233	0.05
2-8	15.4	9.4	1909	96.4	7	8h50min	10.2	0.279	0.06

从表 8-26 可以看出，随着 BNE-5320 掺量增加，砂浆湿密度下降，而保水率升高，2h 稠度损失率下降即可操作时间延长，凝结时间延长，产生原因是随着高分子材料的增加，其中极性基团与水分子之间形成的氢键数量增加，砂浆保水率提高，同时由于高分子材料包裹在水泥颗粒表面，延缓了水泥水化，因此 2h 稠度损失降低，凝结时间延长。

8.14　高强耐水胶粉

高强耐水胶粉是以高分子互穿网络理论为技术依据的具有独特性能的高分子共混物。首先分别合成长链状的交联聚合物Ⅰ和交联聚合物Ⅱ。由于这两种聚合物混合在一起会发生交联反应，所以需要采用包覆技术，在交联聚合物合成完成后，在喷雾干燥同时对聚合物进行包覆处理，包覆处理剂为纳米级粉状无机材料，包覆过程为四层包覆处理。经过包覆处理后，包覆剂隔断了交联聚合物Ⅰ和交联聚合物Ⅱ的直接接触，避免二者发生交联反应。经过包覆处理的交联聚合物Ⅰ和交联聚合物Ⅱ按照一定的比例混合制备而成。

用高强耐水胶粉配制的水泥砂浆，使用时加入拌合水后，强碱环境使包覆膜逐渐破裂，交联聚合物Ⅰ和交联聚合物Ⅱ逐渐露出本体。此后，两种交联聚合物之间、交联聚合物与水泥砂浆之间、聚合物与保温聚苯板之间，在相互接触点处粘合，由聚合物长链形成连续地相互穿插的网络状结构。随着水泥的水化和水泥硬化体的失水，聚合物长链失水固化，同时选择性吸附水泥砂浆中的 OH^-，形成一个坚硬的、三维的、乱向的网络状结构。这些网状结构像钢丝网一般固结着水泥砂浆，同时又像无数的钢钉连接着聚合物砂浆与聚苯板和墙面基材，达到超强的粘结强度和优异的抗裂性能。这种交联聚合物在水泥硬化体中固化后，遇水不再软化，表现出优异的耐水性能。

应用互穿网络结构理论制备的高强耐水胶粉，不同于可再分散乳胶粉在水泥砂浆成膜固化，而是由聚合物长链形成连续地相互穿插而成的网络状结构，因此显著提高了水泥砂浆的粘结强度，显著改善了水泥砂浆的耐水性能，显著提高了水泥砂浆的抗裂性能。由此达到全面提升聚苯板薄抹灰外保温体系的安全性、抗裂性和耐久性的目的。

由于采用了纳米级无机材料做为包覆膜，当包覆膜破裂后，这些微小颗粒会填充到水泥砂浆的空隙中，使得砂浆更加密实，从而也提高了砂浆的强度。

表 8-27　参考实验配比

序号	KC-509	水泥	石英砂	重钙	HPMC	序号	KC—509	水泥	石英砂	重钙	HPMC
1	0	300	600	100	2.5	10	15	350	550	100	2.5
2	0	350	550	100	2.5	11	15	300	600	100	2.5
3	5	300	600	100	2.5	12	16	350	550	100	2.5
4	5	350	550	100	2.5	13	16	300	600	100	2.5
5	9	300	600	100	2.5	14	18	350	550	100	2.5
6	9	350	550	100	2.5	15	18	300	600	100	2.5
7	12	300	600	100	2.5	16	22	350	550	100	2.5
8	12	350	550	100	2.5	17	22	300	600	100	2.5
9	14	300	600	100	2.5	18	22	350	550	100	2.5

表 8-28　实　验　结　果

序号	压折比			序号	压折比		
	7d	14d	28d		7d	14d	28d
1	4.97	5.54	5.81	10	2.21	2.12	2.55
2	5.23	5.85	6.34	11	2.42	2.36	2.63
3	3.92	3.67	3.55	12	2.54	2.44	2.57
4	4.39	3.89	3.75	13	2.16	2.65	2.30
5	3.06	3.42	2.96	14	2.30	2.67	2.52
6	3.28	3.50	3.43	15	2.58	2.57	2.57
7	2.91	2.88	2.23	16	2.63	2.60	2.55
8	2.61	2.88	2.58	17	2.51	2.54	2.41
9	2.13	2.01	2.53	18	2.58	2.56	2.49

第九章 砂 浆 施 工

9.1 施工设备

主要有运输设备、搅拌设备、泵送设备和喷涂设备。

9.2 施工工艺

工程品质在很大程度取决于施工工程，包括工程材料的选择和施工工艺，即使选用了恰当的工程材料，如施工不当，也会引发工程事故品质问题。因此，施工是不可忽视的工程环节。本章主要介绍几种常用的砂浆的施工程序，且重点放在砂浆的涂抹过程上。除特别指明外，所提到的砂浆为水泥基砂浆。这里先介绍一下共性问题，即基层处理、砂浆存放和搅拌、工作面养护和劳动防护等。无论使用何种砂浆，正确处理基层表面对获得最佳施工效果至关重要。基层表面应清洁，无浮尘、油渍及其他污垢。松散部位应清除、补平。袋装砂浆使用前存放时应避免阳光直接照射，应放在托板上离地贮存，以防雨水浸湿；并最好垫上胶膜，防止地面水汽影响，避免过度叠压，避免产品过早失效或结块。预拌砂浆运至施工地点后可直接使用，使用前应贮存在不吸水的密闭容器内。砂浆装卸时应有防雨措施。砂浆在施工现场加入定量的拌合水，用恰当型号的搅拌机搅拌 3～5min。如采用连续搅拌的设备，其混合时间可以适当缩短。有时需要静置几分钟后（必要时进行短时的二次搅拌）方可使用。无论预拌砂浆还是砂浆，搅拌好后必须在规定的时间内使用完毕。环境温度低于 5℃（涂抹时及以后的 24h 以内）或高于 40℃时不能施工。砂浆涂抹后一般情况下依靠自然养护，无需浇水养护，只在特别炎热或出现快速干燥的情况下才需浇水养护。

水泥基砂浆呈碱性，会刺激皮肤。在使用过程中应避免吸入粉尘和接触皮肤及眼睛，并应戴上合适的防护手套及护眼罩，一旦接触皮肤，应用清水冲洗，若接触到眼睛，应立即用大量清水冲洗，并尽快就医诊治。

9.2.1 砌筑砂浆

砌筑砂浆用来粘结各种砖或砌块构成砌体，而砌筑砂浆的选择和施工因砌筑材料的不同而有所区别，应根据建筑设计的厚度要求进行施工。施工工艺应符合 GB 50203《砌体工程施工质量验收规范》的要求。一般来说，吸水性和平整度低的砌体材料，如黏土砖要用保水性低的厚层砌筑砂浆（集料最大粒径通常为 4.75mm），吸水性和平整度高的砌体材料，如灰砂砖和加气混凝土砌块要用保水性高的薄层砌筑砂浆（集料最大粒径通常为 0.5mm）。

9.2.2 抹灰砂浆

1）施工准备

（1）基层墙体——砌体的含水率必须小于一定的值。如加气混凝土砌块的含水率必须＜5%，存放龄期在 28d 以上，砌筑墙体在 21d 以上。

（2）冬季抹灰应对门窗或其他洞口进行遮挡。

（3）为防止抹灰过程中污染和损坏已完工的成品，抹灰前应确定防护的具体项目和措施，或对相关部位进行遮挡和包裹。例如：

①抹灰前应对门窗框、管道、防火箱、电气开关箱、线盒、预埋件、设备、栏杆、扶手板等采取防护措施。

②当布设和移动输浆管时，应注意对门窗口和柱面等阳角处加以防护。

③设有变形缝和分格缝的楼地面、顶棚处，抹灰前应对变形缝和分格缝加以遮挡。

2）砂浆涂抹或喷涂

可采用人工施工或机械喷涂。人工作业时，使用木磨板配合直边大刮尺（或冲筋）进行找平；喷涂作业时，把已搅拌好的灰料倒入喷浆机的容器内，直接均匀地喷涂到在墙面上。喷嘴与墙壁表面应垂直并保持一定距离，同时平稳移动喷枪，如图 9-1 所示。

图 9-1　机械喷涂砂浆

喷涂后用直边大刮尺推抹及刮平。待表面略干后，再用钢灰匙将表面收光抹平。如需分层施工，需将前一层硬化后方可进行第二次施工。

9.2.3　石膏抹灰

石膏抹灰也称为粉刷石膏，并分为底层粉刷石膏（带砂骨料，用于底层抹灰）和面层粉刷石膏（用于表面饰面）。施工准备与 9.2.2 相同。施工要点包括基层处理、料浆制备和粉刷等。

1）基层处理

（1）对基层墙表面凸凹不平部位应细心剔平或用 1∶3 水泥砂浆补平；对有些外露的钢筋头必须打掉，并用砂浆盖住断口，以免在此处出现锈斑；对砂浆残渣、油漆、隔离剂等污垢必须清除干净（一般对油污隔离剂可先用 5%～10% 的火碱水或洗衣粉清洗，后再用清水洗净；对于析盐、泛碱的基层，可用 3% 的草酸水清洗）；对于大板隔墙，其接缝处的处理方法应视板缝的宽度来定，宽度较小时，可覆盖玻纤网格布，搭接宽度应从接缝处起两边不小于 80mm。宽度较大时，可加钉钢板网，网的厚度不应超过 0.5mm。要求钉平钉牢，不得有鼓肚现象。

（2）墙体抹灰前应洒水。不同的墙体洒水要求略有不同。

①加气砌块表面孔隙率大，但该材料毛细管为封闭性和半封闭性，阻碍了水分渗透速度，因此应提前两天进行浇水，每天浇透两边以上，以保证其吸水深度在 10mm 以上。

②混凝土空心砌块表面吸水率低，可提前一天洒水，保证其吸水深度在 8mm 左右即可。

③黏土多孔砖墙面也应提前一天洒水，保证其吸水深度在 10mm 左右即可，考虑黏土多孔砖吸水速度较快，可在粉刷前再次洒水（以上均要求墙体表面不能有明水）。

（3）在与其他不同基材（如混凝土、砖等）或墙体阴角处的连接处应先粘贴玻纤网布，搭接宽度应从相接处两边≥80mm。

（4）门窗框与墙面缝隙根据不同材质的门窗分别嵌填密实。

2）浆料制理

①按照施工工人每班组人数多少及粉刷石膏的可操作时间，确定每次搅拌料浆量，料浆需在初凝前用完，使用过程中不允许陆续加水，对于已凝结浆体绝不能再继续加水使用。

②将定量的底层粉刷石膏倒在拌灰板上（现场加砂应严格按照膏砂比进行拌合），加入适量水，用铁锹充分搅匀，静置4～5min后再次搅匀即可使用。遇夏季高温天气时，料浆稠度要比正常时略稀一些，但应避免在40℃以上的环境中操作。

③在制备面层粉刷石膏时，因用量较少，可在搅拌桶内完成，此时应先加入水，再逐渐加入面料，静置5min左右，待粉料充分润湿后搅拌，搅拌好的料浆内不应出现未搅开的小球状物。

④粉刷石膏的使用效果与加水量的多少有直接关系，水量过大会出现流挂现象影响抹灰的操作和强度；水量过小又会给施工操作带来困难，缩短可操作时间，造成不必要的浪费。

3）粉刷

（1）底层粉刷。在墙面上抹灰，其灰层厚度一般在8mm左右时，即可一次抹灰完成。如因墙面不平或其他要求，抹灰层超过8mm时，应分层施工，下层要在上一层料浆初凝后（砂浆略微发白，四至五成干后）方可进行。这样可防止已抹的砂浆内部产生松动，或几层湿浆合在一起，造成收缩率过大，产生空鼓或裂缝。无水型粉刷石膏一般在底层料浆终凝前进行压光（现场可用手指按压，当略感干硬，仍可压出指印时），先用木抹轻轻搓光后，再用不锈钢抹子或其他能满足饰面要求的抹子进行压光。但应避免在同一部位反复压光，或用木抹用力搓揉，以免强度下降。

（2）面层粉刷。面层厚度一般控制在2～3mm，待底层粉刷石膏终凝后即可抹面，面层抹灰不宜在底层料浆完全干燥后进行。抹灰方法有两种：

①罩面时应由阴、阳处开始，先竖着（或横着）薄薄刮一遍底，再横着（或竖着）抹第二遍找平，两遍总厚度约为2mm；阴、阳角分别用阴角和阳角抹子捋光，在料浆终凝前（约40min，现场可用手指按压，当略感干硬，仍可压出指印时）再用不锈钢抹子或其他能满足饰面要求的抹子顺抹子纹压光，并随时用靠尺检查强面是否平整。

②压光过程中，料浆硬化后出现石膏毛刺时，可用排笔或毛刷蘸水配合，边搓边压，但应避免在同一部位反复压光，以免强度下降及表面掉粉。在与其他不同基材连接的阴角处，在面层内铺一层两边搭建80mm的玻纤网布为宜。

（3）顶棚抹灰。顶棚及混凝土墙面，采用净浆刮腻子为主，将拌制好的腻子状粉刷石膏料浆用抹刀直接刮压于基面上。顶棚以一次刮抹成为好，厚度一般在2mm左右，最大厚度不超过4mm，顶棚抹灰完毕即可进行墙面施工。

9.2.4 墙体找平腻子

施工准备与9.2.2相同。腻子涂抹过程简述如下。

新抹灰的表面应养护12d后方可批刮腻子，原抹灰层不能使用水泥净浆压光。用批刮工具进行批刮，待第一层批嵌完成约4h后方可进行第二道批刮。将腻子层刮光滑，并控制厚度约1.5mm，水泥基腻子完成自然养护到碱性与强度达到要求方可涂刷涂料抗碱底涂。腻子层完成 24h 视温湿度状况进行浇水养护，宜在 1~2d 内打磨。

9.2.5　装饰砂浆

先将适量的水倒入拌料桶内，将粉料倒入，再用电动搅拌器充分搅拌均匀，然后分别用喷涂（流动性较大的砂浆）或刮抹的方式进行施工。喷涂时，用喷枪将胶浆均匀地喷于工作面上，一般喷涂 2~3 次，每次喷涂时间间隔为 2~3h。刮抹时（之前将搅拌过的砂浆静置 10min 再略作搅拌），用抹刀均匀平整地刮抹于基面上，厚度一般为 2~3mm，饰面要平整美观。做蠕虫状饰面层时，将调好的砂浆用木抹子或抹刀刮抹在基层表面上，厚度以加入粗砂的最大粒径为准。

9.2.6　瓷砖胶粘剂

基层表面如果是结实、牢固、完整的水泥基复合防水材料，可以直接进行铺贴，如果是坚实的旧瓷砖面、人造石、油漆等，要使用韧性、柔性的高强瓷砖黏合剂进行铺贴；室内粘贴石膏板、碎木胶合板（≥22mm）、刨花板、加气混凝土、预制水泥板或石膏批荡面，须预先用非膜性界面处理剂涂刷，待 2~4h 干透后，再进行粘贴。

在平整的基面上粘贴小型的饰面砖可使用薄涂法施工，选用合适的齿形刮板将搅拌好的胶浆刮涂于墙身或地面，涂胶量以施工时间不大于当时条件下的晾置时间为准，饰面砖的底部应均匀地粘贴不少于 70% 的接触面积。粘贴完成 24~36h 后可进行勾缝。

在不平整的基面上粘贴饰面砖，或粘贴较大的饰面砖、石材板，宜采用厚涂法（使用灰匙施工）；较小型的饰面砖粘贴或对墙体有抗渗要求的，应使瓷砖底部 100% 接触到胶浆；墙体贴较大的石板材、抛光砖材底部应均匀地粘贴不少于 75% 的接触面积。粘贴完成 24~36h 后可进行勾缝。

在聚苯板、保温砂浆薄抹灰外墙外保温体系上粘贴饰面砖，应同时用上述两种方法。

多余的、沾污在饰面砖面层上的胶浆，应趁湿用湿布清除干净，以免固化后难以清洗或破坏饰面；如需留缝填充柔性密封胶，要在铺贴定位完毕后，尽快将缝中多余的胶浆勾出或压平，以免填缝后出现表面不平整；在用灰色瓷砖黏合剂粘贴浅颜色的石材（尤其是大理石）时，应用分色纸保护，以免污染；大砖施工应做好托底平直，从上往下施工，原则上应该在第一层固化后，再做第二层，如果要连续施工，应该将饰面砖固化后，再安装上一排。

9.2.7　勾缝剂

填缝工序应在瓷砖铺贴 24h 后方可进行。使用填缝剂前应先将瓷砖缝隙清洁干净，去除所用灰尘、油渍及其他污染物。同时要清除瓷砖缝隙间松散的瓷砖胶粘剂。

用橡胶填缝刀或合适刮刀，将搅拌好的填缝剂填入瓷砖缝隙内，按对角线方向或以环形转动方式将填缝剂填满缝隙。尽可能不在瓷砖面上残留过多的填缝剂，并在物料凝固前用湿海绵或湿布定期清洁瓷砖表面。尽快清除发现的任何瑕疵，并尽早修补完好。压入勾缝剂时，海绵刮板宜用力大，使压入的勾缝剂表面低于砖面，有利于海绵清洗时不会过多破坏勾缝面，且节约材料。

使用微湿的海绵清洁瓷砖表面，局部使用干净湿布擦净，并于填缝剂膜层干燥之前进行。工具使用后立即用清水冲洗。

填缝剂初干固化后，用干布将表面已经粉化的填缝剂擦掉，或者用水进行最后的清洗。较宽的接缝也可用专用的铁条形勾缝刀进行勾填。

9.2.8　石膏接缝砂浆

用腻子刀将腻子嵌入板缝并填实刮平。根据不同的抗裂、抗拉要求，嵌入带孔的加强纸筋带或是无纺布、纤维网格等。然后再刮下一道腻子并把板缝找平。嵌填完的板缝要填实，表面平整，光滑，无裂纹。

腻子层干硬后，用砂纸打磨平整；板墙与混凝土、水泥砂浆等其他墙体材料的接缝，阴阳角等部位要用纤维接缝带加强。第一层嵌填完毕时，将纤维接缝带粘贴刮平嵌入，如果需要可在第一道固化后再刮一道，并把板缝表面进行美观处理；板墙面嵌填完毕后，半个月内禁止进行挖、钻、锯等影响腻子粘结的工序，应在一定的墙板面稳定期内避免冲击振动，部分墙板材料耐水性能不好的还要在饰面层没有完成之前做好防水、防潮措施。

9.2.9　界面砂浆

界面砂浆的施工方法有：喷涂、涂刷、甩浆、涂抹，根据不同的基面情况，选择合适的施工方法。

乳液类或乳液兑水泥类的产品用涂抹法施工时，应在短时间晾置，待水分挥发，表面发黏、收浆，接近初凝，而后续材料可以压入又不下滑，即可进行后续材料的施工。

可通过甩浆法造成麻点，或涂抹法（含较粗砂粒）造成划道凹点以及拉毛法等，一般都可在终凝前再进行后续材料的施工。

9.2.10　保温砂浆以及防护砂浆

本方法适用于保温砂浆体系，并按下列程序施工。

基层墙体处理→墙体基层涂刷界面砂浆→吊垂直、套方、弹抹灰厚度控制线→打点、冲筋→抹第一遍保温砂浆→24h 后，抹第二遍保温砂浆→晾置干燥，保温层验收→抹防护砂浆，铺压玻纤网布→防护层验收→后续（面层）施工→保温施工整体验收。

施工要点如下：

（1）基层墙面处理。用钢丝刷清除基层墙面浮灰、油渍等，再用软刷扫干净。如果墙面有旧油漆或涂料，应将其铲除；若墙面不吸水或吸水很少，应置一层钢丝网。

（2）涂刷界面砂浆（必要时）。用滚刷或扫帚蘸取搅拌好的界面砂浆均匀涂刷于墙面上，不得漏刷，拉毛不宜太厚。有时用承载网（锚固在墙体上）代替界面砂浆。

（3）吊垂直、套方、弹厚度控制线。在侧墙、顶板处根据保温厚度要求弹出抹灰控制线。

（4）打点、冲筋。用聚苯乙烯泡沫粒子保温砂浆做灰饼。

（5）抹保温砂浆。每遍抹灰厚度不宜＞30mm，材料抹上墙与墙粘住后，不宜反复赶压。如果设计厚度＞30mm 则应分层涂抹。每抹完一个墙面，用大杠刮平找直后用铁抹子压实赶平。保温砂浆宜用喷浆机施工。

（6）保温层验收。抹完保温层用检测工具进行检验，应达到垂直、平整、阴阳角方正、顺直，对于不符合要求的墙面，应进行修补。

（7）抹防护砂浆同时压入网格布。在保温层硬化干燥后（一般条件下晾置 7d 后，在潮湿度高或温度低的情况下晾置时间应更长些），用铁抹子在保温层上抹防护砂浆，厚度要求≥5mm，不得漏抹，在刚抹好的砂浆上用铁抹子压入裁好的网格布，竖向铺贴，使网格布靠近防护砂浆的外表面，但须将网格布全部压入防护砂浆内，不得有干贴现象，粘贴饱满度应达到 100%，接茬处搭接应≥50mm，两层搭接网布之间要布满防护砂浆，严禁干茬搭接。

在门窗口角处洞口边角应 45°斜向加贴一道网格布，网格布尺寸宜为 400mm×150mm。

（8）防护层验收。抹完防护砂浆，检查平整、垂直和阴阳角方正，对于不符合《砌体工程施工质量验收规范》中 5.3.1 要求的墙面，应进行修补。门窗、洞口处网格布应满包内口，厨房、卫生间抹完防护砂浆后，应用木抹子搓平。

（9）后续施工。在抹完防护砂浆 5d 后，可涂抹饰面砂浆，粉刷涂料或粘贴面砖。

9.2.11 聚苯板粘结砂浆和防护砂浆

本方法适用于聚苯乙烯泡沫塑料板（聚苯板）保温材料体系，并按下列程序施工。

（1）对于新建工程的结构墙体基面必须清理干净，并检验墙面平整度和垂直度。用 2m 靠尺检查，最大偏差≤3mm。对旧房节能改造，应加固找平；若旧墙面有油污、涂料或粉刷层，应将其清除。

（2）根据图纸要求，在墙面弹出膨胀缝线及膨胀缝宽度线，墙面阴角应设置膨胀缝。经分格后的墙面板块面积不宜大于 15m²，单向尺寸不宜大于 5m。

（3）安装聚苯板：

①膨胀缝线两侧的聚苯板上预贴 250mm 宽包底网格布。

②在待贴墙面上根据设计要求铺设粘结砂浆，满贴时须用齿板（齿深 10mm）梳理。

③紧接着将聚苯板立起，从下排开始，就位粘贴，粘贴时应轻柔、均匀压实，并随时用托线板检查垂直平整。板与板挤紧，碰头缝处不抹粘结剂。粘贴聚苯板应做到上下错缝，每贴完一块板，应及时清除挤出的粘结剂（务必不使粘结砂浆残留在聚苯板的侧边连接处），板间不留间隙，如出现间隙，应用相应宽度的聚苯板填塞（严禁用粘结砂浆填充）。阳角处相邻的两墙角所粘聚苯板应交错连接。

④若有不与相邻聚苯板连接的边缘部位（如底排和侧排、门窗洞口、管道口等），应在基层涂一条粘结砂浆，同时将玻纤网嵌入其中（玻纤网留有翻包的余地），边缘聚苯板的侧面也应涂粘结砂浆（翻包前涂抹），并使玻纤网翻包在其中。

⑤聚苯板接缝不平处应用粗砂纸磨平，粗砂纸宜衬有平整板材（如聚苯板条）。打磨动作宜为轻柔的圆周运动，磨平后应用刷子或压缩空气将碎屑清理干净。

（4）必要时安装固定件。在聚苯板贴好 24h 后，在其上用冲击钻钻孔，孔洞深入墙基面≥30mm，数量为每平方米 2～3 个，但每一单块聚苯板≥1 个。用聚乙烯胀塞，长 88mm 镀锌木螺丝，30mm×30mm×1mm 镀锌钢垫板，把聚苯板固定在墙体上。木螺丝拧到与聚苯板面平。

（5）抹防护砂浆和贴网格布：

①聚苯板粘贴完成 24h 后在整个聚苯板表面涂抹一层防护砂浆，用半圆齿板（圆齿半径 10mm）梳理。若无半圆齿板，可用泥刀在整个聚苯板上涂抹防护砂浆，涂抹的面积比实际玻纤网面积略大，平均厚度约为 2.5mm。

②将大面网格布沿水平方向绷直，用抹子由中间向上、下两边将网格布抹平，使其紧贴防护砂浆。网格布左、右搭接宽度≥100mm，上、下搭接宽度≥80mm，局部搭接处可用防护砂浆补充胶浆不足，不得使网格布皱褶、空鼓、翘边。在阳角处还需局部加铺宽 400mm 网格布一道。最后用木抹子搓平，用 2m 靠尺检查，最大偏差不超过 1mm。

③若设计要求，应在涂抹防护砂浆前在膨胀缝处固定分隔木条。分隔木条宽度同膨胀缝宽度，厚度应比砂浆保护层厚度大 10mm 左右，以便嵌入聚苯板间的膨胀缝内。分隔木条

固定的高度根据砂浆保护层厚度确定（即面层砂浆表面与分隔木条表面齐平）。分隔木条必须保持横平竖直。

④门、窗洞口四角如靠膨胀缝，沿 45℃ 方向各加一层 400mm×200mm 网格布进行加强，加强布位于大面网格布下面。

⑤膨胀缝处网格布应断开，但装饰缝处网格布不得搭接和断开。

⑥在底层墙面及受冲击墙面上，应用加强型玻纤网。

（6）后续施工。在抹完防护砂浆 5d 后，可涂抹饰面砂浆、粉刷涂料或粘贴面砖。

9.2.12 自流平砂浆

从施工角度来说，自流平层的施工厚度取决于地面的平整度，从 5～30mm 不等。面层自流平由于成本较高，铺设的厚度相对较薄，可与性能、成本较低的底层自流平层配合使用。

基层须用地表打磨机（1000W 以上）配金属粗打磨冲片除去污染、凸起疏松和不平整部位，彻底清扫地坪并用真空吸尘或吸水机进行施工前清洁。

将界面处理剂用滚筒均匀涂刷在清洁后的地面基面上，横向纵向各一道。根据现场气温和通风条件，等候 1～4h，待底涂表干且无积液进行自流平施工。

将自流平浆料倾倒于地面上，让其自动找平。设计自流平施工厚度＜4mm，须使用专用自流平齿刮板进行批刮。在自流平初凝前，用专用放气滚筒滚轧地面，以排除因搅拌带入的空气，避免气泡麻面及接口高差。自流平施工完毕后立即封闭现场，10h 内严禁行走，20h 内避免重物冲击。1～2d 后即可进行饰面材料的铺设。

9.2.13 地坪砂浆

用界面剂于施工表面作全面均涂，待表干后即可施工。施工后地坪表面应当光滑及平整。平整度的效果会受到用量厚度、基面凹凸情况的影响。对于要求高度平整的地面时，应根据要求选用细度不同的材料，并在施工过程中配合推尺找平等施工技术。

9.2.14 硬化地坪

（1）混凝土浇筑。按要求进行分仓浇筑，并尽量控制减少冷浇缝。通过标高设定、振捣密实，使基面达到整体大面平整的效果，并同时符合混凝土施工抹面的要求（GB 50209—2010）。

（2）硬化地坪干混撒布的时间应在混凝土初凝前 60～90min（正常重量的人踩上去，下陷 3～5mm）；混凝土收水后，发现不平整处以 1∶2 砂浆补平，积水严重的区域，需要进行排除。

（3）撒布量及撒布方式。一般情况下分两次撒布，首次撒布应大于总用量的一半。重荷载地坪或彩色地坪，可分三次以上撒布，最后一次撒布是根据目测，针对未均匀的较少部分进行补充撒布。当撒布的硬化地坪干混与混凝土表层水完全润合后，就可以用机械进行抹平；使用模压工艺，其强度要求不高的，可用长刮板进行抹平，而后再撒布第二次材料。第二次撒布的硬化材料完全润湿后，同样用机械或刮板进行抹平。

（4）收光。基本平整后，约 1～2h，再用机械进行整体粉光、收光，逐次增加压力，使地面达到要求的光滑程度，这个工序一般都要进行 2～4 次，同时手工修补边角部分。从混凝土整平到覆盖养护，所有的操作过程一般应在 24h 内完成。施工完成 2～3d 后可开放行走。

（5）养护。表面终凝后可使用喷洒（或刷涂）养护剂或覆盖薄膜的方式对地面实施养护处理，防止水分快速挥发引起开裂。

（6）伸缩缝切割。视基础的情况，每隔5～7m切割3mm宽、20m深，注入填缝剂或装饰条。

9.2.15 防水砂浆

抹刷时，从一头开始，逐渐向另一头推进，要上下顺抹刷，互相衔接，避免漏抹。两遍之前的抹刷方向应该相互交叉，经纬相交。每遍施工都要等上一遍略干固后再进行。当选用纤维网格布增强时，基层及纤维网格布与防水砂浆之间应尽量排出气泡，才能使其粘结牢固。

抹刷后的初干时间约3h，现场环境温度低，湿度大，通风差，干固时间会延长，严重的会长时间不干；保护层及装饰的施工须在防水层完成7d后进行。

9.2.16 无收缩灌浆料

无机非金属基层进行灌浆前，施工表面硬，具有多孔粗糙的表面结构，因此在施工前应对基层预先清洁干净，使其表面无灰尘、油渍及其他污垢物，并除去不利粘结的松脱物。金属表面应无油污和锈蚀，否则要用溶剂清洗。对过于光滑的表面建议将施工面凿毛，用水润湿基面，使其湿润而无明水。重要的部位可用无溶剂环氧树脂进行底涂基层。

模板或维护板材支撑好后应做好密封，防止漏浆。为取得最佳的膨胀效果，混合后的灰浆应于膨胀产生初期的时间内（规定的可用时间内）用完。大面积施工时可用大型的泵送设备。

施工时从一侧单向灌入以避免气泡或空洞的形成。采用机械施工时，填充施工距离应尽可能减至最短，以保证无需移动机械直至施工完毕，这在速凝系统中尤为重要。根据具体体积，可用较大的石子（根据实际情况选择粒径，最大粒径可达32mm，如用卵石更好）混合到灌浆料中，振动使结构密实。灌浆施工完成后，外露表面宜进行适当养护，可采用喷洒养护剂的方法来封闭养护，亦可覆盖湿麻布或洒水养护，养护时间应持续2～3d。

9.2.17 修补砂浆

施工前用切割机将修补范围切入合适的深度，将所有松散的混凝土除去，将铁锈彻底清除，并将混凝土表面的灰尘除去，用水冲洗，虽然基材表面不一定要形成水膜，但施工前要用水充分湿润。然后在钢筋面层聚合物改良的水泥界面涂层，在涂层未完全固化前涂上中间层的修补砂浆。

施工时将修补砂浆用灰匙或以手直接施工并按压到已涂界面涂层的基面上。如果面涂层于开始施工修补砂浆前已干透，必须彻底清除及重新再涂，方可批上修补砂浆。

在一般情况下，仰面的单层涂抹厚度可达30mm。较厚修补部分需以多层涂抹方式，中间层表面需先刮花及涂上界面涂层，然后再批挂细致层的修补砂浆。

第十章 常用检验方法

10.1 新拌砂浆性能检验

10.1.1 执行标准

稠度的检测按照标准 JGJ/T 70—2009《建筑砂浆基本性能试验方法》4 进行。

密度的检测按照标准 JGJ/T 70—2009《建筑砂浆基本性能试验方法》5 进行。

分层度的检测按照标准 JGJ/T 70—2009《建筑砂浆基本性能试验方法》6 进行。

凝结时间的检测按照标准 JGJ/T 70—2009《建筑砂浆基本性能试验方法》8 进行。

保水性的检测参照 DIN 18555—7《无机胶凝材料砂浆的检测方法》。

10.1.2 试验方法

10.1.2.1 稠度

稠度试验所用仪器应符合下列规定：

（1）砂浆稠度仪：如图 10-1 所示，由试锥、容器和支座三部分组成。试锥由钢材或铜材制成，试锥高度为 145mm，锥底直径为 75mm，试锥连同滑杆的重量应为（300±2）g；盛载砂浆容器由钢板制成，筒高为 180mm，锥底内径为 150mm；支座分底座、支架及刻度显示三个部分，由铸铁、钢及其他金属制成。

（2）钢制捣棒：直径 10mm，长 350mm，端部磨圆。

（3）秒表等。

稠度试验应按下列步骤进行：

（1）用少量润滑油轻擦滑杆，再将滑杆上多余的油用吸油纸擦净，使滑杆能自由滑动。

（2）用湿布擦净盛浆容器和试锥表面，将砂浆拌合物一次装入容器，使砂浆表面低于容器口约 10mm。用捣棒自容器中心向边缘均匀地插捣 25 次，然后轻轻地将容器摇动或敲击 5～6 下，使砂浆表面平整，然后将容器置于稠度测定仪的底座上。

（3）拧松制动螺丝，向下移动滑杆，当试锥尖端与砂浆表面刚接触时，拧紧制动螺丝，使齿条侧杆下端刚接触滑杆上端，读出刻度盘上的读数（精确至 1mm）。

（4）拧松制动螺丝，同时计时间，10s 时立即拧紧螺丝，将齿条测杆下端接触滑杆上端，从刻度盘上读出下沉深度（精确至 1mm），二次读数的差值即为砂浆的稠度值。

（5）盛装容器内的砂浆，只允许测定一次稠度，重复测定时，应重新取样测定。

稠度试验结果应按下列要求确定：

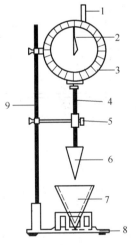

图 10-1 砂浆稠度测定仪

1—齿条测杆；2—摆针；3—刻度盘；4—滑杆；5—制动螺丝；6—试锥；7—盛装容器；8—底座；9—支架

① 取两次试验结果的算术平均值，精确至 1mm；

② 如两次试验值之差大于 10mm，应重新取样测定。

10.1.2.2 密度

本方法适用于测定砂浆拌合物捣实后的单位体积质量（即质量密度）。以确定每立方米砂浆拌合物中各组成材料的实际用量。

质量密度试验所用仪器应符合下列规定：

（1）容量筒：金属制成，内径 108mm，净高 109mm，筒壁厚 2mm，容积为 1L；

（2）天平：称量 5kg，感量 5g；

（3）钢制捣棒：直径 10mm，长 350mm，端部磨圆；

（4）砂浆密度测定仪（图 10-2）；

（5）振动台：振幅(0.5±0.05)mm，频率(50±3)Hz；

（6）秒表。

砂浆拌合物质量密度试验应按下列步骤进行：

（1）按本章 10.1.2.1 稠度的规定测定砂浆拌合物的稠度；

（2）用湿布擦净容量筒的内表面，称量容量筒质量 m_1，精确至 5g；

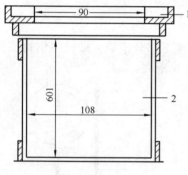

图 10-2 砂浆密度测定仪
1—漏斗；2—容量筒

（3）捣实可采用手工或机械方法。当砂浆稠度大于 50mm 时，宜采用人工插捣法，当砂浆稠度不大于 50mm 时，宜采用机械振动法。

采用人工插捣时，将砂浆拌合物一次装满容量筒，使稍有富余，用捣棒由边缘向中心均匀地插捣 25 次，插捣过程中如砂浆沉落到低于筒口，则应随时添加砂浆，再用木槌沿容器外壁敲击 5～6 下。

采用振动法时，将砂浆拌合物一次装满容量筒连同漏斗在振动台上振 10s，振动过程中如砂浆沉入到低于筒口，应随时添加砂浆。

（4）捣实或振动后将筒口多余的砂浆拌合物刮去，使砂浆表面平整，然后将容量筒外壁擦净，称出砂浆与容量筒总质量 m_2，精确至 5g。

砂浆拌合物的质量密度应按式（10-1）计算：

$$\rho = (m_2 - m_1)/V \qquad\qquad (10\text{-}1)$$

式中　ρ——砂浆拌合物的质量密度，kg/m^3；

m_1——容量筒质量，kg；

m_2——容量筒及试样质量，kg；

V——容量筒容积，L。

取两次试验结果的算术平均值，精确至 $10kg/m^3$。

注：容量筒容积的校正，可采用一块能覆盖住容量筒顶面的玻璃板，先称出玻璃板和容量筒质量，然后向容量筒中灌入温度为（20±5）℃的饮用水，灌到接近上口时，一边不断加水，一边把玻璃板沿筒口徐徐推入盖严，应注意使玻璃板下不带入任何气泡。然后擦净玻璃板面及筒壁外的水分，称量容量筒、水和玻璃板质量（精确至 5g）。后者与前者质量之差（以 kg 计）即为容量筒的容积（L）。

10.1.2.3 分层度

本方法适用于测定砂浆拌合物在运输及停放时内部组分的稳定性。

分层度试验所用仪器应符合下列规定：

（1）砂浆分层度筒（图 10-3）内径为 150mm，上节高度为 200mm，下节带底净高为 100mm，用金属板制成，上、下层连接处需加宽到 3～5mm，并设有橡胶垫圈；

（2）振动台：振幅（0.5±0.05）mm，频率（50±3）Hz；

（3）稠度仪、木槌等。

分层度试验应按下列步骤进行：

（1）首先将砂浆拌合物按稠度试验方法测定稠度；

（2）将砂浆拌合物一次装入分层度筒内，待装满后，用木槌在容器周围距离大致相等的四个不同部位轻轻敲击 1～2 下，如砂浆沉落到低于筒口，则应随时添加，然后刮去多余的砂浆并用抹刀抹平；

（3）静置 30min 后，去掉上节 200mm 砂浆，剩余的 100mm 砂浆倒出放在拌合锅内拌 2min，再按本章 10.1.2 稠度试验方法测其稠度。前后测得的稠度之差即为该砂浆的分层度值（mm）。

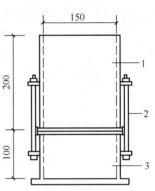

图 10-3 砂浆分层度测定仪
1—无底圆筒；2—连接螺栓；
3—有底圆筒

注：也可采用快速法测定分层度，其步骤是：（一）按稠度试验方法测定稠度；（二）将分层度筒预先固定在振动台上，砂浆一次装入分层度筒内，振动 20s；（三）然后去掉上节 200mm 砂浆，剩余 100mm 砂浆倒出放在拌合锅内拌 2min，再按第 4 章稠度试验方法测其稠度，前后测得的稠度之差即为是该砂浆的分层度值。但如有争议时，以标准法为准。

分层度试验结果应按下列要求确定：

（1）取两次试验结果的算术平均值作为该砂浆的分层度值；

（2）两次分层度试验值之差如大于 10mm，应重新取样测定。

10.1.2.4 保水性

本方法适用于测定砂浆保水性，以判定砂浆拌合物在运输及停放时内部组分的稳定性。

（1）保水性试验所用仪器应符合下列规定：

① 金属或硬塑料圆环试模，内径 100mm，内部高度 25mm；

② 可密封的取样容器，应清洁、干燥；

③ 2kg 的重物；

④ 医用棉纱，尺寸为 110mm×110mm，宜选用纱线稀疏，厚度较薄的棉纱；

⑤ 超白滤纸，符合 GB/T 1914《化学分析滤纸》中速定性滤纸的要求。直径 110mm，200g/m²；

⑥ 2 片金属或玻璃的方形或圆形不透水片，边长或直径大于 110mm；

⑦ 天平：量程 200g，感量 0.1g；量程 2000g，感量 1g；

⑧ 烘箱。

（2）保水性试验应按下列步骤进行：

① 称量下不透水片与干燥试模质量 m_1 和 8 片中速定性滤纸质量 m_2。

② 将砂浆拌合物一次性填入试模，并用抹刀插捣数次，当填充砂浆略高于试模边缘时，用抹刀以 45°角一次性将试模表面多余的砂浆刮去，然后再用抹刀以较平的角度在试模表面

143

反方向将砂浆刮平。

③ 抹掉试模边的砂浆，称量试模、下不透水片与砂浆总质量 m_3。

④ 用 2 片医用棉纱覆盖在砂浆表面，再在棉纱表面放上 8 片滤纸，用不透水片盖在滤纸表面，以 2kg 的重物把不透水片压着。

⑤ 静止 2min 后移走重物及不透水片，取出滤纸（不包括棉纱），迅速称量滤纸质量 m_4。

⑥ 依据砂浆的配比及加水量计算砂浆的含水率，若无法计算，可按规定测定砂浆的含水率。

砂浆保水性应按式（10-2）计算：

$$W = [1 - (m_4 - m_2)/\alpha/(m_3 - m_1)] \times 100\%$$ (10-2)

式中　W——保水性，%；

m_1——下不透水片与干燥试模质量，g；

m_2——8 片滤纸吸水前的质量，g；

m_3——试模、下不透水片与砂浆总质量，g；

m_4——8 片滤纸吸水后的质量，g；

α——砂浆含水率，%。

取两次试验结果的平均值作为结果，如两个测定值中有 1 个超出平均值的 5%，则此组试验结果无效。

（3）砂浆含水率测试方法

称取 100g 砂浆拌合物试样，置于一干燥并已称重的盘中，在（105±5）℃的烘箱中烘干至恒重，砂浆含水率应按式（10-3）计算：

$$\alpha = m_5 / m_6 \times 100\%$$ (10-3)

式中　α——砂浆含水率，%；

m_5——烘干后砂浆样本损失的质量，g；

m_6——砂浆样本的总质量，g。

砂浆含水率值应精确至 0.1%。

10.1.2.5　凝结时间测定

本方法适用于测定砌筑砂浆和抹灰砂浆以贯入阻力表示的凝结时间。

凝结时间测定所用设备应符合下列规定：

砂浆凝结时间测定仪由试针、容器、台秤和支座四部分组成，如图 10-4 所示。试针由不锈钢制成，截面积为 $30mm^2$；盛砂浆容器由钢制成，内径为 140mm，高为 75mm；台秤的称量精度为 0.5N；支座分底座、支架及操作杆三部分，由铸铁或钢制成。

凝结时间试验应按下列步骤进行：

（1）制备好的砂浆［控制砂浆稠度为（100±10）mm］装入砂浆容器内，低于容器上口 10mm，轻轻敲击容器，并予抹平，将装有砂浆的容器放在（20±2）℃的室温条件下保存；

（2）砂浆表面泌水不清除，测定贯入阻力值，用截面为 $30mm^2$ 的贯入试针与砂浆表面接触；在 10s 内缓慢而均匀地垂直压入砂浆内部 25mm 深，每次贯入时记录仪表读数 N_p，贯入杆至少离开容器边缘或任何早先贯入部位 12mm；

（3）在（20±2）℃条件下实际的贯入阻力值在成型后 2h 开始测定（从搅拌加水时起算），

然后每隔半小时测定一次，至贯入阻力达到 0.3MPa 后，改为每 15min 测定一次，直至贯入阻力达到 0.7MPa 为止。

注：施工现场凝结时间测定：其砂浆稠度、养护和测定的温度与现场相同。

砂浆贯入阻力按式（10-4）计算：

$$f_p = N_p / A_p \ (MPa) \tag{10-4}$$

式中 f_p——贯入阻力值，计算精确至 0.01MPa；

N_p——贯入深度至 25mm 时的静压力；

A_p——贯入度试针截面积，即 30mm^2。

由测得的贯入阻力值可按下列方法确定砂浆的凝结时间。

（1）分别记录时间和相应的贯入阻力值，根据试验所得各阶段的贯入阻力与时间的关系绘图，由图求出贯入阻力值达到 0.5MPa 所需的时间 t_s（min），此时的 t_s 值即为砂浆的凝结时间测定值，或采用内插法确定。

（2）砂浆凝结时间测定，应在一盘内取两个试样，以两个试验结果的平均值作为该砂浆的凝结时间值，两次试验结果的误差不应大于 30min，否则应重新测定。

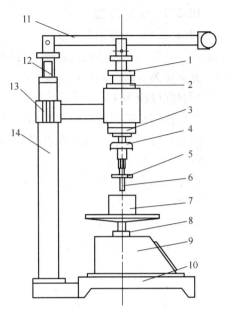

图 10-4 砂浆凝结时间测定仪示意图
1—调节套；2—调节螺母；3—调节螺母；
4—夹头；5—垫片；6—试针；7—试模；
8—调整螺母；9—压力表座；10—底座；
11—操作杆；12—调节杆；13—立架；
14—立柱

10.2 硬化砂浆性能检验

10.2.1 执行标准

拉伸粘结强度的检测参照 JC/T 993—2006《外墙外保温用膨胀聚苯乙烯板抹面胶浆》。

吸水性的测试方法参照 JG 149—2003《膨胀聚苯板薄抹灰外墙外保温系统》中面层吸水量的测定。

水蒸气湿流密度的检测按照 GB/T 17146—1997《建筑材料水蒸气透过性能试验方法》进行。

立方体抗压强度引用标准 JGJ 70—2009《建筑砂浆基本性能试验方法》。

砂浆剪切粘结强度的检测按照 JC/T 547—2005《陶瓷墙地砖胶粘剂》。

收缩值的检测按照标准 JC/T 1004—2006《陶瓷墙地砖填缝剂》进行。

热导率的检测引用 JG/T 158—2013《胶粉聚苯颗粒外墙外保温系统材料》。

耐磨性检测按照 JC/T 1004—2006《陶瓷墙地砖填缝剂》。

抗泛碱性检测按照 JC/T 1024—2007《墙体饰面砂浆》。

抗冲磨检测按照 DL/T 5207—2005《水工建筑物抗冲磨防空蚀混凝土技术规程》。

抗冲击性检测引用 JC/T 993—2006《外墙外保温用膨胀聚苯乙烯板抹面胶浆》。

耐沾污性检测按照 JC/T 1024—2007《墙体饰面砂浆》。

10.2.2 试验方法

10.2.2.1 拉伸粘结强度

（1）砂浆拉伸粘结强度试验条件应符合下列规定：

温度应为（20±5）℃；

相对湿度应为45％～75％。

（2）拉伸粘结强度试验应使用下列仪器设备：

拉力试验机：破坏荷载应在其量程的20％～80％范围内，精度应为1％，最小示值应为1N；

拉伸专用夹具：如图10-5和图10-6的规定；

成型框：外框尺寸应为70mm×70mm，内框尺寸应为40mm×40mm，厚度应为6mm，材料应为硬聚氯乙烯或金属；

钢制垫板：外框尺寸应为70mm×70mm，内框尺寸应为43mm×43mm，厚度应为3mm。

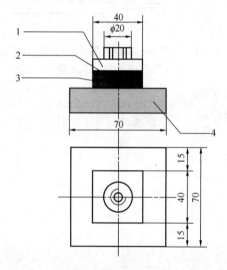

图10-5 拉伸粘结强度用钢制上夹具
（mm）

1—拉伸用钢制上夹具；2—胶粘剂；
3—检验砂浆；4—水泥砂浆块

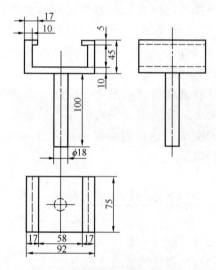

图10-6 拉伸粘结强度用钢制
下夹具（mm）

（3）基底水泥砂浆块的制备应符合下列规定：

原材料。水泥应采用符合现行国家标准GB 175《通用硅酸盐水泥》规定的42.5级水泥；砂应采用符合现行行业标准JGJ 52《普通混凝土用砂、石质量及检验方法标准》规定的中砂；水应采用符合现行行业标准JGJ 63《混凝土用水标准》规定的用水。

配合比。水泥：砂：水＝1：3：0.5（质量比）。

成型。将制成的水泥砂浆倒入70mm×70mm×20mm的硬聚氯乙烯或金属模具中，振动成型或用抹灰刀均匀插捣15次，人工颠实5次，转90°，再颠实5次，然后用刮刀以45°方向抹平砂浆表面。试模内壁事先宜涂刷水性隔离剂，待干、备用。

应在成型24h后脱模，并放入（20±2）℃水中养护6d，再在试验条件下放置21d以上。

试验前，应用 200 号砂纸或磨石将水泥砂浆试件的成型面磨平，备用。

（4）砂浆料浆的制备应符合下列规定：

①干混砂浆料浆的制备

a. 待检样品应在试验条件下放置 24h 以上；

b. 应称取不少于 10kg 的待检样品，并按产品制造商提供比例进行水的称量；当产品制造商提供比例是一个值域范围时，应采用平均值；

c. 应先将待检样品放入砂浆搅拌机中，再启动机器，然后徐徐加入规定量的水，搅拌 3～5min。搅拌好的料应在 2h 内用完。

②现拌砂浆料浆的制备

a. 待检样品应在试验条件下放置 24h 以上；

b. 应按设计要求的配合比进行物料的称量，且干物料总量不得少于 10kg；

c. 应先将称好的物料放入砂浆搅拌机中，再启动机器，然后徐徐加入规定量的水，搅拌 3～5min。搅拌好的料应在 2h 内用完。

（5）拉伸粘结强度试件的制备应符合下列规定：

①将制备好的基底水泥砂浆块在水中浸泡 24h，并提前 5～10min 取出，用湿布擦拭其表面；

②将成型框放在基底水泥砂浆块的成型面上，再将按照第（4）条的规定制备好的砂浆料浆或直接从现场取来的砂浆试样倒入成型框中，用抹灰刀均匀插捣 15 次，人工颠实 5 次，转 90°，再颠实 5 次，然后用刮刀以 45°方向抹平砂浆表面，24h 内脱模，在温度（20±2）℃、相对湿度 60％～80％的环境中养护至规定龄期；

③每组砂浆试样应制备 10 个试件。

（6）拉伸粘结强度试验应符合下列规定：

①应先将试件在标准试验条件下养护 13d，再在试件表面以及上夹具表面涂上环氧树脂等高强度胶粘剂，然后将上夹具对正位置放在胶粘剂上，并确保上夹具不歪斜，除去周围溢出的胶粘剂，继续养护 24h；

②测定拉伸粘结强度时，应先将钢制垫板套入基底砂浆块上，再将拉伸粘结强度夹具安装到试验机上，然后将试件置于拉伸夹具中，夹具与试验机的连接宜采用球铰活动连接，以（5±1）mm/min 速度加荷至试件破坏；

③当破坏形式为拉伸夹具与胶粘剂破坏时，试验结果应无效。

（7）拉伸粘结强度应按式（10-5）计算：

$$f_{at} = F/A_z \tag{10-5}$$

式中　f_{at}——砂浆拉伸粘结强度，MPa；

　　　F——试件破坏时的荷载，N；

　　　A_z——粘结面积，mm^2。

（8）拉伸粘结强度试验结果应按下列要求确定：

① 应以 10 个试件测值的算术平均值作为拉伸粘结强度的试验结果；

② 当单个试件的强度值与平均值之差大于 20％时，应逐次舍弃偏差最大的试验值，直至各试验值与平均值之差不超过 20％，当 10 个试件中有效数据不少于 6 个时，取有效数据的平均值为试验结果，结果精确至 0.01MPa；

③ 当 10 个试件中有效数据不足 6 个时，此组试验结果应为无效，并应重新制备试件进行试验。

（9）对于有特殊条件要求的拉伸粘结强度，应先按照特殊要求条件处理后，再进行试验。

10.2.2.2 抗压强度

本方法适用于测定砂浆立方体的抗压强度。

抗压强度试验所用仪器设备应符合下列规定：

（1）试模。尺寸为 70.7mm×70.7mm×70.7mm 的带底试模，应符合现行行业标准 JG 237《混凝土试模》的规定选择，应具有足够的刚度并拆装方便。试模的内表面应机械加工，其不平度应为每 100mm 不超过 0.05mm，组装后各相邻面的不垂直度不应超过±0.5°。

（2）钢制捣棒。直径为 10mm，长为 350mm，端部应磨圆。

（3）压力试验机。精度为 1%，试件破坏荷载应不小于压力机量程的 20%，且不大于全量程的 80%。

（4）垫板。试验机上、下压板及试件之间可垫以钢垫板，垫板的尺寸应大于试件的承压面，其不平度应为每 100mm 不超过 0.02mm。

（5）振动台。空载中台面的垂直振幅应为（0.5±0.05）mm，空载频率应为（50±3）Hz，空载台面振幅均匀度不大于 10%，一次试验至少能固定（或用磁力吸盘）三个试模。

立方体抗压强度试件的制作及养护应按下列步骤进行：

（1）采用立方体试件，每组试件 3 个。

（2）应用黄油等密封材料涂抹试模的外接缝，试模内涂刷薄层机油或脱模剂，将拌制好的砂浆一次性装满砂浆试模，成型方法根据稠度而定。当稠度≥50mm 时采用人工振捣成型，当稠度＜50mm 时采用振动台振实成型。

① 人工振捣。用捣棒均匀地由边缘向中心按螺旋方式插捣 25 次，插捣过程中如砂浆沉落低于试模口，应随时添加砂浆，可用油灰刀插捣数次，并用手将试模一边抬高 5～10mm 各振动 5 次，使砂浆高出试模顶面 6～8mm。

② 机械振动。将砂浆一次装满试模，放置到振动台上，振动时试模不得跳动，振动 5～10s 或持续到表面出浆为止；不得过振。

（3）待表面水分稍干后，将高出试模部分的砂浆沿试模顶面刮去并抹平。

（4）试件制作后应在室温为（20±5）℃的环境下静置（24±2）h，当气温较低时，可适当延长时间，但不应超过两昼夜，然后对试件进行编号、拆模。试件拆模后应立即放入温度为（20±2）℃，相对湿度为 90% 以上的标准养护室中养护。养护期间，试件彼此间隔不小于 10mm，混合砂浆试件上面应加以覆盖，以防有水滴在试件上。

砂浆立方体试件抗压强度试验应按下列步骤进行：

（1）试件从养护地点取出后应及时进行试验。试验前将试件表面擦拭干净，测量尺寸，并检查其外观。并据此计算试件的承压面积，如实测尺寸与公称尺寸之差不超过 1mm，可按公称尺寸进行计算。

（2）将试件安放在试验机的下压板（或下垫板）上，试件的承压面应与成型时的顶面垂直，试件中心应与试验机下压板（或下垫板）中心对准。开动试验机，当上压板与试件（或上垫板）接近时，调整球座，使接触面均衡受压。承压试验应连续而均匀地加荷，加荷速度应为每秒钟 0.25~1.5kN（砂浆强度不大于 2.5MPa 时，宜取下限），当试件接近破坏而开始迅速变形时，停止调整试验机油门，直至试件破坏，然后记录破坏荷载。

砂浆立方体抗压强度应按式（10-6）计算：

$$f_{m,cu} = N_u/A \tag{10-6}$$

式中　$f_{m,cu}$——砂浆立方体试件抗压强度，MPa；

　　　　N_u——试件破坏荷载，N；

　　　　A——试件承压面积，mm^2。

砂浆立方体试件抗压强度应精确至 0.1MPa。

以三个试件测值的算术平均值的 1.35 倍（f_2）作为该组试件的砂浆立方体试件抗压强度平均值（精确至 0.1MPa）。

三个测值的最大值或最小值中，如有一个与中间值的差值超过中间值的 15％时，则把最大值及最小值一并舍除，取中间值作为该组试件的抗压强度值；如有两个测值与中间值的差值均超过中间值的 15％时，则该组试件的试验结果无效。

10.2.2.3　干燥收缩值

本方法适用于测定建筑砂浆的自然干燥收缩值。

收缩试验所用仪器应符合下列规定：

（1）立式砂浆收缩仪：标准杆长度为（176±1）mm，测量精度为 0.01mm；

（2）收缩头：黄铜或不锈钢加工而成。

（3）试模：尺寸为 40mm×40mm×160mm 棱柱体，且在试模的两个端面中心，各开一个 ϕ6.5mm 的孔洞。

收缩试验应按下列步骤进行：

（1）将收缩头固定在试模两端面的孔洞中，使收缩头露出试件端面（8±1)mm；

（2）将拌合好的砂浆装入试模中，振动密实，置于(20±5)℃的预养室中，4h 之后将砂浆表面抹平，砂浆带模在标准养护条件[温度为(20±2)℃，相对湿度为 90％以上]下养护，7d 后拆模，编号，标明测试方向；

（3）将试件移入温度(20±2)℃，相对湿度(60±5)％的测试室中预置 4h，测定试件的初始长度，测定前，用标准杆调整收缩仪的百分表的原点，然后按标明的测试方向立即测定试件的初始长度；

（4）测定砂浆试件初始长度后，置于温度（20±2）℃，相对湿度为（60±5)％的室内，到第 7d、14d、21d、28d、56d、90d 分别测定试件的长度，即为自然干燥后长度。

砂浆自然干燥收缩值应按式（10-7）计算：

$$\varepsilon_{at} = (L_0 - L_t)/(L - L_d) \tag{10-7}$$

式中　ε_{at}——相应为 t 天（7、14、21、28、56、90d）时的自然干燥收缩值；

　　　　L_0——试件成型后 7d 的长度即初始长度，mm；

　　　　L——试件的长度 160mm；

　　　　L_d——两个收缩头埋入砂浆中长度之和，即（20±2)mm；

　　　　L_t——相应为 t 天（7、14、21、28、56、90d）时试件的实测长度，mm。

试验结果评定：

（1）干燥收缩值取三个试件测值的算术平均值，如一个值与平均值偏差大于 20％，应剔除，若有两个值超过 20%，则该组试件无效。

（2）每块试件的干燥收缩值取两位有效数字，精确至 10×10^{-6}。

10.2.2.4 抗渗性能

本方法适用于测定砂浆抗渗性能。

抗渗性能试验所用仪器应符合下列规定：

（1）金属试模：上口直径 70mm，下口直径 80mm，高 30mm 的截头圆锥带底金属试模。

（2）砂浆渗透仪。

抗渗试验应按下列步骤进行：

（1）将拌合好的砂浆一次装入试模中，用抹刀插捣数次，当填充砂浆略高于试模边缘时，用抹刀以 45°角一次性将试模表面多余的砂浆刮去，然后再用抹刀以较平的角度在试模表面反方向将砂浆刮平，共成型六个试件。

（2）试件成型后应在室温 (20±5)℃的环境下，静置(24±2)h 后脱模。试件脱模后放入温度(20±2)℃，湿度 90%以上的养护室养护至规定龄期，取出待表面干燥后，用密封材料密封装入砂浆渗透仪中进行透水试验。

（3）从 0.2MPa 开始加压，恒压 2h 后增至 0.3MPa，以后每隔 1h 增加 0.1MPa，当 6 个试件中有 3 个试件端面呈有渗水现象时，即可停止试验，记下当时水压。在试验过程中，如发现水从试件周边渗出，则应停止试验，重新密封。

砂浆抗渗压力值以每组 6 个试件中 4 个试件未出现渗水时的最大压力计算，应按下式计算：

$$P = H - 0.1$$

式中　P——砂浆抗渗压力值，MPa；

　　　H——6 个试件中 3 个渗水时的水压力，MPa。

10.2.2.5 抗泛碱性

（1）执行标准

抗泛碱性的检测引用 JC/T 1024—2007《墙体饰面砂浆》。

（2）仪器设备与材料

① 电热鼓风干燥箱：温控器灵敏度为±1℃。

② 电控淋水装置：水平安装的内径为 30mm 的 PVC 管，沿 PVC 管长度方向每隔 40mm 带有一个直径为 3mm 的径向圆孔，所有圆孔均排列在一条直线上，PVC 管通过定时电磁阀与自来水管连接。

③ 封闭材料：采用固体含量 33%、玻璃化温度—7~6℃、pH 值 6.0~7.0 的苯乙烯丙烯酸酯乳液。

④ 标准混凝土板：符合 JC/T 547—2005 附录 A 中的要求。

（3）试验步骤

用封闭材料横遮竖盖封闭标准混凝土表面（除背面外），晾干备用。

按生产厂商提供的涂覆量，将饰面砂浆涂布于两块标准混凝土板表面，在标准试验条件下养护 24h 后，将试件安放到电控淋水装置的下方，放置的倾斜角度为 60°±5°，PVC 管的开孔方向和流量与试件表面基本垂直，水管与试件的垂直距离为（15±2）cm。将自来水的流量调节到 300mL/s，连续喷淋 10min，然后将试件放到（50±2)℃电热鼓风干燥箱中烘干 4h，取出放在标准试验条件下冷却至室温，再连续喷淋 10min。循环 21 次后，检查试件表面有无可见泛碱，用手指亲搓表面，检查是否掉粉。

10.2.2.6 抗冲击性

（1）试验仪器

① 钢球：高碳铬轴承钢钢球，规格分别为：

a. 公称直径 50.8mm，质量 535 g；

b. 公称直径 63.5mm、质量 1045g。

② 抗冲击仪：由装有水平调节旋钮的基底、落球装置和支架组成。

（2）试样制备

① 按生产商使用说明书要求配制抹面胶浆胶料，在尺寸 600mm×250mm×50mm、表观密度（18.0±0.2)kg/m³，的聚苯板上抹涂抹面胶浆，压入耐碱网布。抹面层厚度 3.0mm，耐碱网布位于距离抹面胶浆表面 1.0mm 处；或按生产商要求的抹面层厚度及耐碱网布位置，生产商要求的抹面层厚度应为 3.0～5.0mm；

② 试样数量根据抗冲击级别确定，每一级别一个；

③ 在标准试验条件下放置 14d。

④ 在（23±2)℃的水中浸泡 7d，试样抹面胶浆层向下，浸入水中的深度为 2～10mm，然后在标准试验条件下放置 7d。

（3）试验过程

① 将试样抹面胶浆层向上，水平放在抗冲击仪的基底上，试样紧贴基底。

② 用公称直径为 50.8mm 的钢球从冲击重力势能 3.0J 高度自由落体冲击试样（钢球在 0.57m 的高度上释放），每一级别冲击 5 次，冲击点间距及冲击点与边缘的距离应不小于 100mm，试样表面冲击点周围出现环状裂缝视为冲击点破坏。当 5 次冲击中冲击点破坏次数小于 2 次时，判定试样未破坏；当 5 次冲击中冲击点破坏次数不小于 2 次时，判定试样破坏。

③ 若冲击重力势能 3.0J 试样未破坏时，将冲击重力势能增加 1.0J，在未进行冲击的试样上继续试验，直至试样破坏时试验终止。当冲击重力势能大于 7.0J 时，应使用公称直径为 63.5mm 的钢球。

④ 若冲击重力势能 3.0J 试样破坏时，将重力势能降低 1.0J，在未进行冲击的试样上继续试验，直至试样未破坏时试验终止。

（4）试验结果

试验结果为试样未破坏时的最大冲击重力势能。

10.2.2.7 耐磨性

耐磨性的测定应在 JC/T 1004—2006 7.1.2 中规定的标准试验条件下进行。

（1）试验仪器

耐磨仪：符合 GB/T 3810.6—2006 要求的耐磨试验机。

磨料：符合 GB/T 3810.6—1999 要求的白刚玉。

测量标尺：精度为 0.1mm。

模板：光滑硬质的，内部尺寸为(150±1)mm ×(150±1)mm 或其他适合于相应耐磨试验机的尺寸，厚度为(10±1)mm的不吸水正方形框架（例如聚乙烯或聚四氟乙烯）。

（2）试件制备

按照规定制备填缝剂。把模板放在聚乙烯薄膜上。在模板上涂抹足量的填缝剂，刮平以保证完全填充模板空隙并使之平整。按照规定，用玻璃板覆盖。24h脱模后在标准试验条件下养护27d。制备两个试件。

（3）试验步骤

把待测试件放入仪器，使抹平的成型面朝向圆盘以保证其与旋转圆盘成切线。应使磨料以（100±10）g/100r的速度均匀地进入研磨区域，不锈钢圆盘旋转50r。从仪器中取出试件，测量槽沟的弦长度（L），精确到0.5mm。一个试件至少在两个不同的位置进行试验，弦长取两个数值的平均值。磨料不能再重复利用。

按试验结果计算GB/T 3810.6—2006第7章的规定进行。耐磨性试验结果用体积（V）表示，取两个试件的平均值，精确到1mm。

10.2.2.8 横向变形

1. 试验仪器

（1）试验用基材：基材是厚度为0.15mm以上的聚乙烯薄膜。

（2）试验用塑料密封箱：塑料密封箱的尺寸为（600±20）mm×（400±10）mm×（110±10）mm，能有效密封。

（3）试验用垫座：用于支撑聚乙烯薄膜的刚性光滑平整垫座。

该测试头的金属构造和尺寸如图10-7所示。

（4）试验支架：两个直径为（10±0.1）mm、最小长度为60mm的圆柱形辊轴支架，其中心距为（200±1）mm，如图10-8所示。

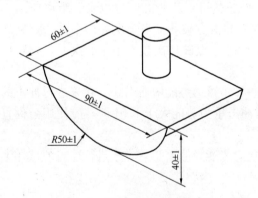
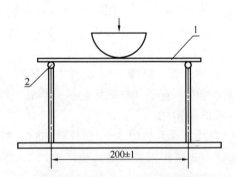

图10-7 横向变形试验测试头　　　　图10-8 横向变形试验测试夹具

1—圆柱形辊轴支架，直径为（10±0.1）mm，最小长度60mm；2—砂浆厚度为（3±0.1）mm

（5）A型试验模具：一个刚性光滑防粘的矩形框架，其内部尺寸为（280±1）mm×（45±1）mm，厚度为（5.0±1）mm，由聚四氟乙烯或金属制成。

注：建议在内部每个角落钻一个直径为2mm的圆洞以方便制备测试样品。如图10-9所示。

（6）B型试验模具：一个钢制光滑无吸附的模具，能使试样形成尺寸为（300±1）mm×（45±1）mm×（3±0.05）mm的装置，如图10-10所示。

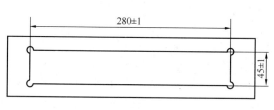

图 10-9 横向变形 A 型试验模具   图 10-10 横向变形 B 型模具

（7）试验仪器

试验仪器是一个能以 2mm/min 的速度进行试验的压力机。

（8）振动设备

采用水泥跳桌试验机，能有效固定模具。

2. 试验方法

（1）试验基材准备

将聚乙烯膜固定在刚性垫座上，确保砂浆将要粘贴的表面不会发生扭曲变形，即没有皱纹。

（2）试件制备

将 A 型模具紧密压放在聚乙烯膜上。将足够的砂浆涂抹在模具内，然后涂抹均匀，使其完全平整地装填于模具内，用水泥跳桌试验机，振动 70 次。最后小心地垂直移走模具。将 B 型模具对准试样放好。在 B 型模具上放置截面积为 290 mm×45 mm，重量为（100±0.1）N 的重块。用小刀将压出的多余砂浆刮除，1h 后取下重块。48h 后移走 B 型模具。每种砂浆制备六个试件。

（3）试件养护

将 B 型模具移走后的试件，立即连同垫座一起放入塑料密封箱中，每个箱中放入六个试件，并密封箱口。在（23±2）℃下养护 12d 后，将试件连同垫座从密封箱中取出，在标准试验条件下养护 14d。

（4）试验步骤

养护完成后，将试件从聚乙烯薄膜上移走，测量试件的厚度。用精度为 0.01mm 的游标卡尺在试件的中间以及距试件两端（50±1）mm 处测量其厚度，如果 3 个数据均在（3.0±0.1）mm 内，则记录其平均值。如果有任何一个数据超出范围，该试件无效。

将符合要求的试件放在试验支架上。以 2mm/min 的速度对试件施加荷载使试件变形，直至试件破坏。记录下该点的荷载，以 N 表示，最大变形量，以 mm 表示。

（5）试验结果

横向变形取试验结果的算术平均值，以 mm 表示，精确到 0.1mm。每个砂浆样品至少需要三个有效试件。

10.3 量值溯源

10.3.1 测量溯源性

任何量的单位都有其定义、复现和表示。单位的定义是理想的；单位的复现是通过尽可能接近其定义的试验来实现，通常由法律规定的国家实验室，即国家计量院进行；获得单位复现后，国家计量院就把复现的量值作为单位的表示贮存在某个实物标准上，并将此"单位的表示"作为主体标准。溯源就是将一个国家或地区的所有测量都统一到这些主标准（SI单位）使不同地点、不同时间进行的类似测量都能在一定的不确定度范围内保持一致。

SI的推广使各国都有一个公共的认识基础，而且国际计量委员会（CIPM）也经常组织各国间的国际比对，以保持国际上的单位统一。因此，溯源性是："通过一条具有规定不确定度的不间断的比较链，使测量结果或标准的值能够与规定的参考标准，通常是国家的或国际的标准联系起来的一种特性。"

10.3.2　中国的量值溯源体系

根据《中华人民共和国计量法》，我国计量行政主管部门（原国家计量局）编制了"中国量值溯源体系图"（图10-11）和"计量检定体系方框图"（图10-12）。由图10-11和图10-12可以看出，溯源体系与计量检定系统的区别在于前者是自下而上的，而后者则是自上而下的。这正是我国目前存在的两种溯源方式，一是量值溯源，二是量值传递，两者的区别是：量值传递是《计量法》的要求，是自上而下的，体现了政府的一种法制要求，而量值溯源不受量值传递的限制，是自下而上寻求量值"源"的行为，体现了企事业单位的自觉要求，有利于市场经济的需求。

此外，在量值传递过程中，由于不允许越级，必须逐级进行，而每一级都有相应的不确定度，故准确度逐级降低。而量值溯源不受此限制，可以越级，故准确度损失相应较小。

10.3.3　量值溯源方式

量值溯源是通过校准/检定进行的，即溯源有两种方式。

（1）校准

校准的定义是："在规定条件下，为确定带有相关不确定度的测量仪器/测量系统所指示的量值，或实物量具/参考标准所代表的值与对应也带有相关不确定度的测量标准所复现值之间关系的一组操作"。简言之："在规定条件下为确定示值与对应标准值关系的一组操作。"它是将量值测量设备与测量标准进行技术比较，确定被校设备的量值及其不确定度，目的是确定测量设备示值误差的大小，并通过测量标准将测量设备的量值与整个量值溯源体系相联系，使测量设备具有溯源性。

（2）检定

检定的定义是："提供客观证据，证明某项目满足规定的要求。"在法制计量与合格评定中，检定通常与测量系统的检查，贴标记/出具检定证书有关。例如在我国就定义为："查明和确认计量器具是否符合法定要求的活动，包括检查，加标记/出具检定证书。"其中的检查，既包含测量设备与测量标准的技术比较（即校准过程），又包括将校准结果与计量要求进行比较，判断是否符合规定的要求；对于符合要求的测量设备加标记/出具检定证书。

（3）校准和检定的区别

① 性质不同。校准不具有法制性，是企事业单位自愿的溯源行为，而检定具有法制性，属计量管理范畴的执法行为。

② 内容不同。校准主要确定测量设备的示值误差或给修正值，检定则是对其计量特性和技术要求符合性的全面评定。

③ 依据不同。校准依据的是校准规范/方法，检定依据检定规程。

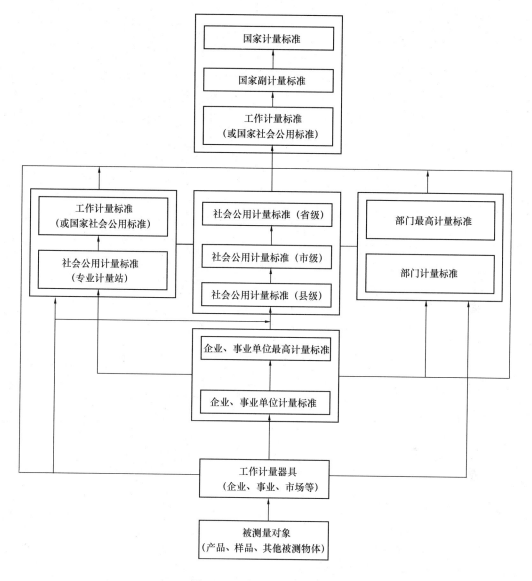

图 10-11　中国量值溯源体系

④ 结果不同。校准通常不判断测量设备合格与否（由于客户千差万别，同一设备用在不同场合，计量要求就不同，校准机构无法按统一要求进行合格性判定），若客户明确使用目的和计量要求时，也可确定某一特性是否符合预期要求，检定则必须作出合格与否的结论。

⑤ 证书不同。校准结果出具校准证书/报告，一般不给校准周期，故不考虑校准对象性能今后可能产生的变化，该变化由客户自己考虑。检定结果若合格出具检定证书，给检定周期，故不确定度要包括有效期可能产生的变化对检定结果的影响。

检定合格的设备不一定适用于检测/校准项目的要求，检定不合格的设备有时可降级使用，这取决于对检测/校准项目的要求（测量范围，准确度等）。实验室在送校/送检时，应明确哪些参数应校准，关键量或值应制定校准计划。校准机构在接受任务时，也应问清客户

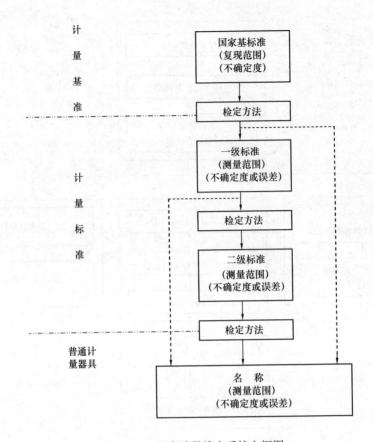

图 10-12 国家计量检定系统方框图

的需求。校准完成后，实验室应对校准结果进行审查，确定设备是否满足要求，必要时应考虑修正值，修正因子。

10.3.4 量值溯源途径

CNAS 确认的量值溯源途径为：

（1）法定计量检定机构；

（2）已经 CNAS 认可的校准实验室；

（3）BIPM 框架下，签署 MRA 并能证明可溯源至 SI 单位的国家或经济体的检测/校准机构。

10.3.5 开展自校准的要求

已认可实验室对其测量设备进行自校准（内部校准）时，应符合国家有关规定，并能证实其具备从事校准的能力，必须做到：

（1）确保校准的测量溯源性；

（2）校准方法需要使用标准方法，并需要经过证实能正确运用标准方法；

（3）校准人员应经过培训和考核，并获得相应资质；

（4）校准记录信息充分，校准数据和结果报告正确；

（5）报告被校准量值的测量不确定度及包含因子。

10.4 抽样技术

10.4.1 基本概念

1）抽样

所谓抽样，简单地说，就是从总体（样品全体）中随机抽取若干个体（样品）构成样品的过程。抽样的目的，是为了进行抽样检查，而抽样检查的目的，则是为了对整体作出判断。因此，抽样的基本原则是代表性，而从抽样的过程来看，还应注意随意性。

2）抽检与全检

抽检即抽样检查，全检是全数检查。从检查效果来看，当然全检是稳妥。然而，并非任何情况都可以进行全检。比如，带有破坏性的、费用昂贵的或数量非常大的检查，就不能或不宜进行全数检查。所以，抽样检查是人们认识事物的一种常见而又重要的手段。

3）单位产品、批和样本

（1）单位产品

为实施抽样检查的需要而划分的基本单位，称为单位产品（亦称个体），他们是构成总体的基本单位。

（2）批

为实施抽样检查而汇集起来的单位产品，称为检查批或批（亦称总体），它是抽样检查和判定的对象。

（3）样本

从批中随机抽取的单位产品所构成的集体，称为样本。

（4）样本容量

样本中所包含的样本单位的数目（n）。

10.4.2 抽样方法

从检查批中抽取样本的方法称为抽样方法。抽样方法的正确性是指抽样的代表性和随机性，代表性反映样本与批质量的接近程度，而随机性反映检查批中单位产品被抽入样本纯属随机因素所决定。在对总体质量状况一无所知的情况下，显然不能以主观的限制条件去提高抽样的代表性。抽样应当是完全随机的，这时采用简单随机抽样最为合理。在对总体质量构成有所了解的情况下，可以采用分层随机或系统随机抽样。在采用简单随机抽样有困难的情况下，可以采用代表性和随机性较差的分段随机抽样或警群随机抽样。这些抽样方法除简单随机抽样外，都是带有主观限制条件的随机抽样法。通常只要不是有意识地抽取质量好或坏的产品，尽量从批的各部分抽样，都可以近似地认为是随机抽样。

（1）简单的随机抽样

根据 GB/T 10111—2008《随机数的产生及其在产品质量抽样检验中的应用程序》规定，简单随机抽样是指"从含有 N 个个体的总体中抽取 n 个个体，使包含有 n 个个体的所有可能的组合被抽取的可能性都相等"。显然，采用简单随机抽样法时，批中的每一个单位产品被抽入样本的机会均等，它是完全不带主观限制条件的随机抽样法。操作时可将批内的每一个单位产品按 1 到 N 的顺序编号，根据获得的随机数抽取相应编号的单位产品，随机数可按国标用掷骰子，或者抽签、查随机数表等方法获得。

（2）分层随机抽样

如果一个批是由质量明显差异的几个部分所组成，则可将其分为若干层，使层内的质量较为均匀，而层间的差异较为明显。从各层中按一定的比例随机抽样，即称为分层按比例抽样。在正确分层的前提下，分层抽样的代表性比较好，但是，如果对批质量的分布不了解或者分层不正确，则分层抽样的效果可能会适得其反。

（3）系统随机抽样

如果一个批的产品可按一定的顺序排列，并可将其分为数量相当的 n 个部分，此时，从每个部分按简单随机抽样方法确定的位置，各抽取一个单位产品构成一个样本，这种抽样方法即称为系统随机抽样。它的代表性在一般情况下较好，但在产品质量波动周期与抽样间隔正好相当时，抽到的样本单位可能都是质量好的或都是质量差的产品，显然此时代表性较差。

（4）分段随机抽样

如果先将一定数量的单位产品包装在一起，再将若干个包装单位（例如若干箱）组成批时，为了便于抽样，此时可采用分段随机抽样的方法：第一段抽样以箱作为基本单元，先随机抽出 k 箱；第二段再从抽到的 k 个箱中分别抽取 m 个产品，集中在一起构成一个样本，k 与 m 的大小必须满足 $k \times m = n$。分段随机抽样的代表性和随机性，都比简单随机抽样要差些。

（5）整群随机抽样

如果在分段随机抽样的第一段，将抽到的 k 组产品中的所有产品都作为样本单位，此时即称为整群随机抽样。实际上，它可以看做是分段随机抽样的特殊情况，显然这种抽样的随机性和代表性都是较差的。

10.4.3　抽样检查

（1）计数抽样检查

计数抽样检查包括计件（统计不合格品数）的抽样检查和计点（统计不合格数）的抽样检查。当以样本的不合格品数作为批合格的判定依据时，称为计件抽样检查；当以样本的不合格数作为判定依据时，称为计点抽样检查。

（2）计量抽样检查

当以样本单位的计量特性值为判定依据时，称为计量抽样检查。它只适合于单位产品的质量特性是以计量的方式表示的场合，且对每个质量特性要分别检查。计量抽样检查可以对批的平均值提出要求，也可以对批的不合格品率提出要求。对于后者，批的质量以计数的方法表示，但样本的质量仍以计量的方法表示。

对于计量的质量特性，可以采用计量抽样检查的方法，也可以将其包含在计数抽样检查的试验组中。采用计数抽样检查的优点，是可以把若干个检查项目组成一个试验组，而计量抽样检查则要对每一个计量的质量特性分别进行检查。由于计量抽样能够更多地利用产品质量的信息，与计数抽样相比，为达到同样的效果而抽取的单位产品要少得多。在检查项目较多时，以采用计数抽样的方法比较有利；而在检查项目较少且样品的检查费用较高时，则采用计量抽样的方法比较有利。对重要的检查项目，则要求采用计量的抽样检查方法。

（3）抽样检查的风险

① 拒真风险（亦称第一类错误），拒真概率通常以 α 表示；

② 纳伪风险（亦称第二类错误），纳伪概率通常以 β 表示

（4）抽样检查特性曲线（OC 曲线）OC 曲线是表示批合格概率（接收概率）$L(P)$ 与批质量 P 关系的曲线，它反映了抽样方案的特性，其典型形状如图 10-13 所示。

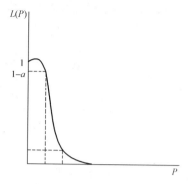

图 10-13　抽样检查特性曲线

由图可见，$L(P)$ 的值是随着 P 值的增加而减小的。

当批质量水平 P 处于合格质量水平 $P_0(P = P_0)$ 时，应以高概率（$1-\alpha$）接收（α 是拒真概率，通常取 0.05）；当 $P = P_1$（不合格质量水平或极限质量水平）时，仍可以较低的概率（β）接收（β 是纳伪概率，通常取 0.10）；而当 $P > P_1$ 时，则不能接收。

考虑到供需双方的利益，只要事先商定或有关抽检文件规定了 P_0，P_1，α 和 β 这四个参数，便可由抽样查出对应的样本容量 n 和合格判定数 A_c，即得出一个合适的抽检方案 $[n, A_c]$。

10.5　测量误差

测量误差是测量的一个重要内容。可以说，有测量，便有误差。或者说，实际的测量（而不是所谓"理想"的测量）不可能没有误差。测量要研究的是，如何恰当地分析、认识和评定（确切地说是"估算"）误差与减小误差。

1）测量误差的概念

测量误差是指测得值与被测量的真值之差。该测量误差的定义，有时亦称为测量的绝对误差，以区别于测量的相对误差。

（1）绝对误差

绝对误差 Δx 是测得值 x 与其值 x_0 之差。即

$$\Delta x = x - x_0$$

（2）相对误差

相对误差 δx 是测量值 x 的绝对误差与其真值之比，即

$$\delta x = \frac{\Delta x}{x_0} = \frac{x - x_0}{x_0}$$

相对误差通常以百分数表示，即

$$\delta x = \frac{x - x_0}{x_0} \times 100\%$$

2）误差的主要来源

（1）理论误差

对被测量的理论认识不足或所依据的测量原理不完善所引起的误差。

（2）方法误差

测量方法不十分完备，特别是忽略和简化等所引起的误差。

（3）器具误差

测量器具本身的原理、结构、工艺、调整以及磨损、老化或故障等所引起的误差。

（4）环境误差

测量环境的各种条件，如温度、湿度、气压、电场、磁场与振动等所引起的误差。

（5）人员误差

由观测者的主观因素和实际操作，如个性、生理特点或习惯、技术水平以及失误等所引起的误差。

另外，由于被测量的定义不完善，以及测量的样本（抽样）不能代表所定义的被测量等，亦可能引起相应的误差。不过，在一般的测量工作中，通常对此多不考虑。

3）测量误差的分类

根据性质，测量误差可分两类：系统误差和随机误差。

（1）系统误差

① 系统误差的概念

在对同一被测量的重复测量过程中，保持恒定或以可预知方式变化的测量误差分量称为系统误差。许多系统误差可通过实验确定（或根据实验方法、手段的特性估算出来）并加以修正。但有时由于对某些系统误差的认识不足或没有相应的手段予以充分确定，而不能修正，即所谓的剩余系统误差，亦称未消除的系统误差。

显然，系统误差与测量次数无关，亦不能用增加测量次数的方法使其消除或减小。

系统误差按其呈现特征可分为常值系统误差和变值系统误差，而变值系统误差又可分为累积的、周期的和按复杂规律变化的系统误差。

② 系统误差的修正

系统误差一经确定，便可进行相应的修正。修正值等于负的系统误差。当然，修正值不可能绝对准确。

（2）随机误差

① 随机误差的概念

在对同一被测量的重复测量过程中，以不可预知方式变化的测量误差分量称为随机误差。

显然，随机误差不能修正，也不能完全消除，而只能根据其本身存在的规律用增加测量次数的方法加以限制和减小。

② 随机误差的表示

（a）标准差

标准差亦称均方根差。对同一量（X）进行有限（n）次测量，其测得值（x_i）间的离散性可用标准差（S）来表述：

$$S = \sqrt{\frac{1}{n-1}\sum_{i=1}^{n}(x_i - \overline{x})^2}$$

式中　　　　n——测量次数；

　　　　　　x_i——第 i 次测量的值；

$\overline{x} = \dfrac{1}{n}\sum_{i=1}^{n}x_i$——$n$ 次测得值的算数平均值；

　　　　$x_i - \overline{x}$——第 i 次测得值与平均值的偏差，称剩余误差或残差。

该式即贝塞尔（Bessel）公式。

可以导出，测量列平均值 $\overline{x}$ 的标准差 $S_{\overline{x}}$ 比标准差 S 小 $\sqrt{n}$ 倍，即

$$S_{\overline{x}} = \frac{S}{\sqrt{n}}$$

另外，由于标准差亦是一个随机变量，其本身也具有一定的标准差，即所谓的标准差的标准差 S_s

$$S_s = \frac{S}{\sqrt{2(n-1)}}$$

若测量次数（N）足够大（$N \gg n$），测得值的平均值为 $\overline{x}_N$，则测量列的总体标准差 σ 为

$$\sigma = \sqrt{\frac{1}{N} \sum_{i=1}^{N} (x_i - \overline{x}_N)^2}$$

严格地说，只有当 N 为无穷大时，$\overline{x}_N$ 才等于 X 的真值。此时，总体标准差 σ 才是理论上的总体标准差，故亦称其为"理论标准差"。

标准差是每个测得值的函数，对一系列测得值中的大小误差的反应都比较灵敏，是表示测量的随机误差的较好方式，已被普遍采用。

前已说明，对于正态分布，统计上允许的合理误差限为 $\pm 3\sigma$。

应当指出，在实际工作中，测量次数不可能是无穷大，也就是说，理论上的总体标准差只是一个理想的概念。若将有限的 n 次测量列视为"总体"的一个"样本"，使可将贝塞尔公式所估算的标准差 S 称为"样本标准差"或实验标准差。当测量次数 n 较大时，样本标准差与总体标准差便较为接近，可视 $\overline{x}$ 为 $\overline{x}_N$ 的估计、S 为 σ 的估计。显然，n 越大，两者的差异越小。

（b）平均误差

平均误差的表达式为：

$$\overline{\delta} = \frac{1}{n} \sum_{i=1}^{n} | x_i - \overline{x} |$$

该误差形式的缺点是不能体现各次测得值之间的离散情况，因为不管离散大小，都可能有相同的平均误差。

（c）或然误差

在一系列测量中，测得值的误差 δ 在 $-\gamma \sim 0$ 之间的次数与在 $0 \sim +\gamma$ 之间的次数相等，即

$$P(| \delta | \leqslant \gamma) = \frac{1}{2}$$

则 γ 便称为或然误差。

根据定义，或然误差的求法是：

将一系列 n 个测得值的残差分别取绝对值，按大小依次排列，如 n 系奇数，则取中间者；如 n 系偶数，则取最靠近中间的两者的平均值，故而 γ 又称为中值误差。

（d）极限误差

极限误差亦称范围误差，是一系列测得值中的最大值与最小值之差，即误差限（范围），通常表示为 R。

显然，该误差只反映了误差限，而没有反映测量次数的影响，难以体现误差的随机性及其概率。

上述的随机误差的各种表示方式，有的已不多用，甚至基本不用，最常用的是标准差。

10.6 测量数据处理

10.6.1 有效数字及其运算

（1）有效数字

若某近似数字的误差绝对值不超过该数末位的 1 的一半时，则从其第一个不是零的数字起至最末一位数的所有数字，都是有效数字。

例如，若取 0.333 的近似数为 0.33，则其末位数的 1 的一半为 0.005：

而误差的绝对值为 ｜0.33－0.333｜＝0.003，不超过 0.005。于是，0.33 是 0.333 的有效数字，其位数为两位。

为了明显地表示计量测试数据的有效位数，往往采用下列形式：$k \times 10^m$

其中，m 为可具有任意符号的任意自然数或零；k 为不小于 1 而小于 10 的任意数，其位数即是有效位数。

（2）有效数字的运算

① 加、减运算

在进行有效数字的加、减运算时，以参与运算的各数中末位的数量级最大的数为准，其余的数均比它多保留一位，多余位数应舍去。计算结果的末位的数量级，应与参与运算的数中末位的数量级最大的那个数相同。若计算结果尚需参与下一步运算，则可多保留一位。

例如：$18.3＋1.4546＋0.876 \rightarrow$

$18.3＋1.45＋0.88＝20.63 \approx 20.6$

计算结果为 20.6。若尚需参与下一步运算，则取 20.63。

② 乘、除（或乘方、开方）运算

在进行数的乘除运算时，以参与运算的各数中有效数字位数最少的那个数为准，其余的数的有效数字均比它多保留一位。运算结果（积或商）的有效数字位数，应与参与运算的数中有效数字位数最少的那个数相同。其计算结果尚需参与下一步运算，则有效数字可多取一位。

例如：$1.1 \times 0.3268 \times 0.10300 \rightarrow$

$1.1 \times 0.327 \times 0.103＝0.0370 \approx 0.037$

计算结果为 0.037。若需参与下一步运算，则取 0.0370。

乘方、开方运算类同。

10.6.2 数值修约

（1）数值修约的基本概念

对某一拟修约数，根据保留数位的要求，将其多余位数的数字进行取舍，按照一定的规则，选取一个其值为修约间隔整数倍的数（称为修约数）来代替拟修约数，这一过程称为数值修约，也称为数的化整或数的凑整。

修约间隔又称为修约区间或化整间隔，它是确定修约保留位数的一种方式。修约间隔一

般以 $k \times 10^n$（k 可取 1~9 中的任一整数，一般多取 1，亦有取 2 或 5 者；n 为正、负整数）的形式表示。

修约间隔一经确定，修约数只能是修约间隔的整数倍。例如：

① 指定修约间隔为 0.1，修约数应在 0.1 的整数倍的数中选取；

② 若修约间隔为 2×10^n，修约数的末位只能是 0、2、4、6、8 等数字；

③ 若修约间隔为 5×10^n，则修约数的末位数字必然不是"0"就是"5"。

当对某一拟修约数进行修约时，需根据修约间隔确定修约数的位数，即拟修约数的保留位数应与修约间隔相应。例如：若修约间隔为 0.1，则拟修约数应保留到小数点后第一位；若修约间隔为 2，则拟修约数应保留到个位数。

（2）数值修约规则

国家标准 GB/T 8170—2008《数值修约规则与极限数值的表示和判定》，对"1"、"2"、"5"间隔的修约方法分别作了规定，但使用时比较烦琐，对"2"和"5"间隔的修约还需进行计算。下面介绍一种适用于所有修约间隔的修约方法，只需直观判断，简便易行。

① 如果在为修约间隔整数倍的一系列数中，只有一个数最接近拟修约数，则该数就是修约数。例如：将 1.150001 按 0.1 修约间隔进行修约。此时，与拟修约数 1.150001 邻近的为修约间隔整数倍的数有 1.1 和 1.2（分别为修约间隔 0.1 的 11 倍和 12 倍），然而只有 1.2 最接近拟修约数，因此 1.2 就是修约数。

又如：要求将 1.0151 修约至十分位的 0.2 个单位。此时，修约间隔为 0.02，与拟修约数 1.0151 邻近的为修约间隔整数倍的数有 1.00 和 1.02（分别为修约间隔 0.02 的 50 倍和 51 倍），然而只有 1.02 最接近拟修约数，因此 1.02 就是修约数。

同理，若要求将 1.2505 按"5"间隔修约至十分位。此时，修约间隔为 0.5，1.2505 只能修约成 1.5 而不能修约成 1.0，因为只有 1.5 最接近拟修约数 1.2505。

② 如果在为修约间隔整数倍的一系列数中，有连续的两个数同等地接近拟修约数，则这两个数中，只有为修约间隔偶数倍的那个数才是修约数。

例如：要求将 1150 按 100 修约间隔修约。此时，有两个连续的为修间隔整数倍的数 1.1×10^3 和 1.2×10^3，同等地接近拟修约数 1150，因为 1.1×10^3 是修约间隔 100 的奇数倍（11 倍），只有 1.2×10^3 是修约间隔 100 的偶数倍（12 倍），因而 1.2×10^3 是修约数。

又如：要求将 1.500 按 0.2 修约间隔修约。此时，有两个连续的为修约间隔整数倍的数 1.4 和 1.6 同等地接近拟修约数 1.5000，因为 1.4 是修约间隔 0.2 的奇数倍（7 倍），所以不是修约数，而只有 1.6 是修约间隔 0.2 的偶数倍（8 倍），因而才是修约数。

同理，1.025 按"5"间隔修约数到 3 位有效数字时，不能修约成 1.05，而应修约成 1.00。

因为 1.05 是修约间隔 0.05 的奇数倍（21 倍），而 1.00 是修约间隔 0.05 的偶数倍（20 倍）。

（3）$k=1$ 时数值的舍入规则

长期以来较为普遍应用的舍入规则（称之为"基本修约"规则，以修约间隔取为 1，即数值修约到个位数为例）：

① 被舍入数字的第一位小于 5，则全部舍去。例如，8765.43→8765。

② 被舍入数字的第一位为 5，且其后的数字为 0 或无任何数字，当保留数字的末位为偶

数或 0 时，则全部舍去，当保留数字的末位为奇数时，则该奇数加 1。例如，1234.5→1234；8765.5→8766。

③ 被舍入数字的第一位大于 5 或等于 5，但其后有不为 0 的数字时，则保留数字的末位加 1。

例如，1234.6→1235；9876.54→9877。

需要指出的是：数值修约导致的不确定度呈均匀分布，约为修约间隔的 1/2。在进行修约时还应注意：不要多次连续修约（例如：12.251→12.25→12.2；若一步修约到小数点后第一位，则为 12.3），因为多次连续修约会产生累积不确定度。

10.7 测量不确定度

10.7.1 测量不确定度的概念

测量不确定度的定义是：与测量结果相关联的一个参数，用以表征合理地赋予被测量之值的分散性。见《测量不确定度表示指南》（GUM）。

其中，测量结果实际上指的是被测量的最佳估计值；被测量之值，则是指被测量的真值，是为回避真值而采取的。因此，不确定度评估（有时也称为"不确定度评定"）实际上是对被测量最佳估计值的分散性进行评估。至于参数，可以是标准差或其倍数，也可以是给定置信概率的置信区间的半宽度。

用标准差表示的测量不确定度，称为测量标准不确定度。在实际应用中，如不加说明，一般皆称测量标准不确定度为测量不确定度，甚至简称不确定度。用标准差表示的测量不确定度，一般包括若干分量。其中，一些分量系用测量列结果的统计分布评估，并用标准差表示；而另外一些分量则是基于经验或其他信息而判定的（主观的或先验的）概率分布评估，也以标准差表示。可见，后者有主观鉴别的成分。这也是在定义中使用"合理地赋予"的主要原因。

应当指出，用来表示测量不确定度的标准差，除随机效应的影响外，还包括已识别的系统效应评估不完善的影响，如标准值不准、修正量不完善等。显然，测量结果中的不确定度，并未包括未识别的系统效应的影响，而未识别的系统效应会使测得值产生某种系统偏差。所以，可以概括地说，测量不确定度是由于随机效应的影响，包括已识别的系统效应评估不完善的影响，而对被测量的测得值不能确定（或可疑）的程度。

（注：这里的测得值，系指对已识别的系统效应修正后的最佳估计值。）

为了和传统的测量误差相区别，测量不确定度用 U（不确定度英文 uncertainty 的字头）来表示，而不用 S。

10.7.2 不确定度的来源

在国际指南（GUM）中，将测量不确定度的来源归纳为 10 个方面：

（1）对被测量的定义不完善；

（2）实现被测量的定义的方法不理想；

（3）抽样的代表性不够，即被测量的样本不能代表所定义的被测量；

（4）对测量过程受环境影响的认识不周全，或对环境条件的测量与控制不完善；

（5）对模拟仪器的读数存在人为偏移；

（6）测量仪器的分辨力或鉴别力不够；

（7）赋予计量标准的值或标准物质的值不准；

（8）引用于数据计算的常量和其他参量不准；

（9）测量方法和测量程序的近似性和假定性；

（10）在表面上看来完全相同的条件下，被测量重复观测值的变化。

上述的来源，基本上概括了实践中所能遇到的情况。其中，第（1）项如再加上理论认识不足，即对被测量的理论认识不足或定义不完善似乎更充分些；第（10）项实际上是未预料因素的影响，或简称为"其他"。

10.7.3　测量不确定度的分类

尽管测量不确定度有许多来源，但按评估方法可将其分为两类：

（1）不确定度的 A 类评估

用对观测列进行统计分析的方法来评估的标准不确定度，称为不确定度的 A 类评估，也称 A 类不确定度评估，有时可用 u_A 表示。

（2）不确定度的 B 类评估

用不同于对观测列进行统计分析的方法来评估的标准不确定度，称为不确定度的 B 类评估，也称 B 类不确定度评估，有时可用 u_B 表示。

实践中，可以简单地说，测量不确定度按其评估方法可分为两类：

A 类——用统计方法评估的分量；

B 类——用非统计方法评估的分量。

用统计方法评估的 A 类不确定度，相应于传统的随机误差；而用非统计方法评估的 B 类不确定度，则并不相应于传统的系统误差。

故不宜采用"随机不确定度"和"系统不确定度"的提法。

10.7.4　测量不确定度的评估流程

（1）建立数学模型

所谓建立数学模型，就是根据被测量的定义和测量方案，确立被测量与有关量之间的函数关系。数学模型实际上给出了被测量测得值不确定度的主要来源量，但被测量测得值的不确定度分量的数量，却可能多于其依赖量的数量，即有的依赖量所引入的不确定度分量可能不止一个。

设被测量 Y 是各依赖量 X_1、X_2，……，X_N 的函数即

$$Y = f(X_1、X_2,\cdots,X_N)$$

式中，被测量 Y 常称为输出量，而 X_1、X_2，……，X_N 则称为输入量。

应当指出，输入量中，有的本身也可能是其他输入量的一个输出量，于是便可能导致与输出量之间的关系比较复杂，甚至难以明确表达。

输入量 X_1、X_2，……，X_N 可以是直接测定的量，也可以是由外部引入的量。如经过校准的测量标准的量、有证标准物质的量以及手册中给出的标准数据等。

数学模型往往不是唯一的，通常取决于测量方法、器具和环境条件等。注意，数学模型中不应含有带±号的项。另外，数学模型在建立之初往往不够完善，通过长期测量实践的考核（如利用测量过程的统计控制技术）可对数学模型进行必要的修正，使其不断完善。

（2）求被测量的最佳值

根据前面已建立的数学模型，被测量 Y 的最佳值表示为：
$$Y = f(x_1, x_2, \cdots, x_N)$$

在实际工作中，可根据观测数据和其他可用信息，利用上式得出被测量的最佳值（通常即指算术平均值）。最佳值的求法，一般有两种：

① 先求出被测量 Y 的各个分量的估计值 y_k，然后取平均值，即
$$y = \frac{1}{N} \sum_{k=1}^{n} y_i = \frac{1}{N} \sum f(x_{1k}, x_{2k}, \cdots, x_{nk})$$

② 先求出输入 X_i 的最佳值 $\overline{x}_1$；然后再求出 Y 的最佳值，即
$$y = f(\overline{x}_1, \overline{x}_2, \cdots, \overline{x}_n)$$

当 y 是 x_i 的线性函数时，两种求法的结果相同；当 y 是 x_i 的非线性函数时，第一种求法较好。

对于测得值来说，最佳值应是修正了已识别的系统效应和剔除了异常值的平均值。

求被测量的最佳值，主要是为了报告测量结果（＝最佳值±不确定度）和构成相对不确定度（相对不确定度等于不确定度除以最佳值的绝对值，当然，最佳值不能为零）。

（3）列出各不确定度分量的表达式

根据数学模型可列出各不确定度分量的表达式
$$u_i(y) = \left| \frac{\partial f}{\partial x_i} \right| u(x_i)$$

式中，$\frac{\partial f}{\partial x_i}$ 称为不确定度传播系数或灵敏素数。其含义是：当 x_i 变化 1 个单位值时所引起 y 的变化值，即起了不确定度的传播作用。例如，某长度 y 由标准尺 x 的 4 倍测得：$y = 4x$。若 x 变化 $1\mu m$，则 y 便变化 $4\mu m$，即 $\frac{\partial f}{\partial x} = 4$。也就是说，不确定度的各分量 $u_i(y)$，等于个输入量所引起的不确定度 $u(x_i)$ 乘以相应的传播系数的模 $\left| \frac{\partial f}{\partial x_i} \right|$。这里，取不确定度传播系数模，避免了在不确定的合成过程中，由于传播系数的负值可能造成的各分量之间的相互抵消。

有时，为了简便，以 C_i 表示 $\frac{\partial f}{\partial x_i}$：
$$u_i(y) = | C_i | u(x_i)$$

列出各分量的表达式时，应注意既不要漏项，也不应该重复。

（4）不确定度的 A 类评估

若对随机变量 X_i 在相同条件下进行 n 次独立测量，所得值为 $x_{ik}(k = 1, 2, \cdots, n)$，则 X_i 量的最佳估计值为
$$\overline{x}_i = x_i = \frac{1}{n} \sum_k x_{ik}$$

其标准不确定度（最佳值的标准差）为
$$u(x_i) = \frac{S(x_{ik})}{\sqrt{n}}$$

式中，$S(x_{ik})$ 是样本标准差：

$$S(x_{ik}) = \sqrt{\frac{1}{n-1} \sum (x_{ik} - x_i)^2}$$

于是

$$u(x_i) = \sqrt{\frac{1}{n(n-1)} \sum (x_{ik} - x_i)^2}$$

其中，$n-1=v$，称为自由度。

所谓自由度，在数理统计中，系指独立的随机变量的数目（注意：不是观测值的数目）；在测量中，则指测得值的数目减待求量（或对测得值限制量）的数目。一般，由 n 个独立观测值估计的统计量（如标准差或不确定度）的自由度为 $n-1$；若用最小二乘法对 n 个独立观测值进行处理，便所求 t 个统计量的自由度为 $n-t$。例如，用最小二乘法对 n 个独立观测值进行直线拟合，需要求出决定直线的截距和斜率 2 个系数，故自由度为 $n-2$。自由度所反映的是信息量，就独立观测值的数目来说，根据不同的需要可自由选取，故称自由度。由于自由度所反映的是信息量，故可用来衡量不确定度的可靠程度。得出 $u(x_i)$ 之后，再求出其传播系数，便可得出 y 的不确定度的分量：

$$u_i(y) = \left| \frac{\partial f}{\partial x_i} \right| u(x_i)$$

（5）不确定度的 B 类评估

随机变量 X_j 的估计值 x_j 不是由重复观测得出，则相应的标准不确定度 $u(x_j)$ 便应根据可能引起 x_j 变化的所有信息来判断、估算。

① 以前的测量数据；

② 有关资料与仪器特性的知识和经验；

③ 制造厂的技术说明书；

④ 校准或其他证书与技术文件提供的数据；

⑤ 引自手册的标准数据及其不确定度。

根据所有可用的信息（上述的一种或多种），通常可得出随机变量 X_j 估计值 x_j 的置信区间（变化范围）的半宽度 a（相当于传统的测量误差限）或者扩展不确定度 $U(x_j)$［参见下文（7）］。

由于标准差、置信区间的半宽度与置信因子（或标准差、扩展不确定度与包含因子）之间有着明确的函数关系：

$$u(x_j) = a/k \text{ 或 } u(x_j) = U/k$$

故不确定度的 B 类评定便进一步转为对置信因子（或包含因子）k 的评定；而 k 值的评定则是根据先验或主观概率分布来确定。例如：

正态分布：$k=2\sim3$ 相应的置信概率 P 约为 $0.95\sim0.99$；

均匀分布：$k=\sqrt{3}$；

三角分布：$k=\sqrt{6}$，相应的置信概率 $P\approx1$；

反正弦分布：$k=\sqrt{2}$；

t 分布：$k=t_p(v)$（t 分布的临界值）。

当缺乏足够的信息时，往往只能取均匀分布。例如只给出某表的准确度为 $\pm0.01\%$，则可认为置信区间的半宽度为 0.01%，故 $u=0.0001/\sqrt{3}$；若某电压表的分辨力为 1mV，则可认为其置信区间的半宽度为 $0.5\mathrm{mV}$，将其除以均匀分布的置信因子 $k=\sqrt{3}$ 便可。

B 类评定的自由度可表示为

$$v_j \approx \frac{1}{2}\left\{\frac{u[u(x_j)]}{u(x_j)}\right\}^{-2}$$

当根据有关信息，对所观测的随机变量 x_j 做出某种先验概率分布时，则在一定的置信概率下所评定的标准不确定度 $u(x_j)$ 便具有与置信概率相应的可信度，即可估计出标准不确定度的相对标准不确定度，从而便可利用上式求出不确定度 B 类评定的自由度 v_j。

如果根据判定或假定的先验概率分布所估计的标准不确定度 $u(x_j)$ 可认为是完全可靠的，即 $u[u(x_j)]=0$，则自由度 $v_j=\infty$。通常，若给出 x_j 变化的下限和上限，别无其他补充信息，则意味着超出给定范围的可能性极小，故自由度可取为无穷大。

B 类标准不确定度的评估，主要取决于信息量是否充分以及对它们的使用是否合理。当然，这与评估者的知识基础、业务水平和实践经验密切相关。所以，不确定度的 B 类评估含有主观鉴别的成分。

应当指出，B 类评估的标准不确定度的可靠程度，并不见得比 A 类评估的标准不确定度的可靠性差。甚至有的可能更好。特别是当统计分布的独立观测值的数目 n 较小时，A 类评估的标准不确定度的相对不确定度（即不可靠程度）是相当明显的。如当 $n=10$ 时 $u[u(x_i)]/u(x_i)$ 为 24%；当 $n=3$ 时，则可达 52%。

得出 $u(x_j)$ 之后，再求出传播系数便可求出 y 的测量不确定度分量

$$u_j(y) = \left|\frac{\partial f}{\partial x_j}\right| u(x_j)$$

(6) 测量不确定度的合成

当测量不确定度有若干个分量时，则总不确定度应由所有各分量（A 类与 B 类）来合成，并称其为合成不确定度。合成不确定度，即合成标准差，是合成方差的平方根。

①相关输入量的合成不确定度

若被测量（输入量）$Y = f(X_1, X_2, \cdots, X_N)$ 的估计值 $y = f(x_1, x_2, \cdots, x_N)$ 的合成不确定度 $u_c(y)$ 由相关输入量估计值 $x_1, x_2, \cdots\cdots, x_N$ 的各不确定度所决定，则合成方差的近似表达式为：

$$u_c^2(y) = \sum_{i=1}^{N}\left(\frac{\partial f}{\partial x_i}\right)^2 u^2(x_i) + 2\sum_{i=1}^{n-1}\sum_{j=i+1}^{N}\frac{\partial f}{\partial x_i}\frac{\partial f}{\partial x_j}u(x_i, x_j)$$

该式充分考虑了不确定度的传播系数，故常将其称为不确定度传播率。式中，$u(x_i, x_j)$ $= u(x_j, x_i)$ 是相关的 x_i 与 x_j 的估计协方差，常表示为 $Cov(x_i, x_j)$。

协方差可通过相关系数和标准差来表示：

$$u(x_i, x_j) = \gamma(x_i, x_j)u(x_i)u(x_j)$$

式中，$\gamma(x_i, x_j) = \gamma(x_j, x_i)$ 是相关系数的估计值，其范围是 $-1 \leqslant \gamma(x_i, x_j) \leqslant +1$ 可表征 x_i 与 x_j 的相关程度，并可由下式估算：

$$\gamma(x_i, x_j) = \frac{\sum(x_{ik}-x_i)(x_{jk}-x_j)}{\sqrt{\sum(x_{ik}-x_i)^2\sum(x_{jk}-x_j)^2}}$$

若 $\gamma(x_i, x_j) = \pm 1$，即 x_i 与 x_j 完全正相关，则

$$u_c^2(y) = \left[\sum \left| \frac{\partial f}{\partial x_i} \right| u(x_i) \right]^2$$

即

$$u_c(y) = \sum \left| \frac{\partial f}{\partial x_i} \right| u(x_i) = \sum u_i(y)$$

② 非相关输入量的合成不确定度

对于非相关，即 $\gamma = 0$ 的输入量 X_i 的估计值 x_i，输入量 Y 的估计值 y 的合成方差为

$$u_c^2(y) = \sum_{i=1}^{N} \left(\frac{\partial f}{\partial x_i} \right)^2 u^2(x_i)$$

合成不确定度为

$$u_c(y) = \sqrt{\sum_{i=1}^{N} \left(\frac{\partial f}{\partial x_i} \right)^2 u^2(x_i)} = \sqrt{\sum_{i=1}^{N} u_i^2(y)}$$

当 $y = f(x_1, x_2, \cdots, x_N)$ 的非线性显著时，上列的合成方差的表达式中应增加重要的高阶项：

$$\sum_{i=1}^{N} \sum_{j=1}^{N} \left[\frac{1}{2} \left(\frac{\partial^2 f}{\partial x_i \partial x_j} \right)^2 + \frac{\partial f}{\partial x_i} \frac{\partial^3 f}{\partial x_i \partial x_j^2} \right] u^2(x_i) u^2(x_j)$$

如果输出量与输入量之间的函数关系具有下列形式：

$$Y = C X_1^{P_1} X_2^{P_2} \cdots X_N^{P_N}$$

式中，C 为系数（并非传播系数）；P_i 为指数（并非概率），其值可正可负或分数，且其不确定度可忽略，利用相对不确定度的形式可较方便地求出合成方差。

相关输入量的相对合成方差为：

$$\left[\frac{u_c(y)}{y} \right]^2 = \sum \left[p_i \frac{u(x_i)}{x_i} \right]^2 + 2 \sum_{i=1}^{N-1} \sum_{j=i+1}^{N} \left[P_i \frac{u(x_i)}{x_i} \right] \left[P_j \frac{u(x_j)}{x_j} \right] \gamma(x_i, x_j)$$

非相关输入量的相对合成方差为：

$$\left[\frac{u_c(y)}{y} \right]^2 = \sum \left[P_i \frac{u(x_i)}{x_i} \right]^2$$

③ 合成不确定度的自由度

合成不确定度的自由度亦称有效自由度，可用韦尔奇-萨特思韦特（Welch-Satterthwaite）公式求出：

$$v_c \text{（或 } v_{eff}） = \frac{u_c^4(y)}{\sum\limits_{i=1}^{N} \dfrac{u_i^4(y)}{v_i}}$$

显然

$$v_{eff} \leqslant \sum_{i=1}^{N} v_i$$

式中 v_i 为 $u(x_i)$ 的自由度。

如果根据上式求出的有效自由度不是整数，则通常将其取为较小的整数。

可见，在不确定度合成的过程中，对所有分量（包括各 A 类分量和各 B 类分量）一视同仁，并没有考虑它们是如何评估的。换句话说，在不确定度合成时，同样对待所有的分量，与分量的类别无关。

（7）扩展（范围）不确定度

为满足医疗卫生、安全防护、法制以及工商等领域的需要，可将合成不确定度 u_c 乘以包含（覆盖、范围）因子 k，以给测量不确定度一个较高置信概率的置信区间，从而得到扩展不确定度：

$$U(y) = ku_c(y)$$

这里并没有提供不确定度的任何新的信息，而只是以前所用信息的一种不同的表现形式。

关于包含因子 k 的确定，有以下 3 种情况：

① 直接给出相应的 k 值；

② 当给出或能求出各分量的自由度 v_i 时，可根据其求出有效自由度 $v_{eff}(v_c)$，然后根据 v_c 和设定的置信概率 p（一般推荐为 $p=0.95$）查 t 分布表，得出临界值，$t_p(v_c)$ 便是 k 值；

③ 若包含因子 k 和自由度 v_i 均未给出，则只能根据具体分布或先验分布和相应的置信概率 p 去求 k 值。例如，对于正态分布，通常取 $k=2\sim3$（相应的 $p=0.95\sim0.99$）；对于均匀分布，通常取 $k=3$（相应的 $p\approx1$）。

对于一般的检测和校准实验室，包含因子 k 取 2 便可满足需要。

注：有时将给定 k 值的扩展不确定度表示为 U，而将通过给定概率 p 求得 k 者表示为 U_p，如 $U_{0.95}$ 或 U_{95}。

必要时，可给出相对扩展不确定度：

$$U_{rel} = \frac{U}{|y|}, \quad y \neq 0$$

上述的测量不确定度的评估流程，系通用流程，适用于各个领域。在实践中，不同的领域可根据自身的特点提出相应的要求和做法。

10.7.5 测量不确定度的报告

1）测量不确定度的信息量

测量不确定度的报告应提供尽可能多的信息，诸如：

① 给出被测量的定义及尽可能充分的描述，包括与有关量的关系；

② 阐明由实验观测值和输入数据估算的被测量的测得值及其获得方法；

③ 列出所有不确定度分量（含灵敏系数）并说明它们的评估方法，必要时还应给出相应的自由度；

④ 给出相关输入量（如有）的协方差或相关系数及其获得方法；

⑤ 给出合成不确定度与扩展不确定度的评估方法，必要时给出相应的自由度；

⑥ 给出评估过程中所使用的全部修正量、常数的来源及其不确定度；

⑦ 给出数据分析处理的具体方法，以使其每个重要步骤易于效仿，必要时能单独重复计算所报告的结果。

2）不确定度报告的形式

（1）合成不确定度

合成不确定度主要用于：

① 计量学基础研究；

② 基本常数的测量；

③ 复现国际单位制单位的国际比对。

当不确定度的报告以合成不确定度表述时，测量结果可选用下列 4 种形式之一：

注：为便于表述，设被测量 Y 为标称值 100g 的标准砝码 m_s，其测得值 y 为 100.02147g 合成不确定度 $u_c = 0.35$mg

① $m_s = 100.02147$g，$u_c = 0.35$mg；

② $m_s = 100.02147$（35）g（括号中的数字便是合成不确定度的数值，与测得值的最后位数的数量级相应。该形式一般用于公布常数、常量）；

③ $m_s = 100.02147(0.00035)$g；

④ $m_s = (100.02147 \pm 0.00035)$g。

对于一般测量，按惯例多选用最后一种形式，即 $Y = y \pm u_c$。

注：不确定度本身没有负值（系方差的正平方根），此处的±号是表示测得值 y 的分散范围。

（2）扩展不确定度

除上述的使用合成不确定度的 3 种情况外，一般皆使用扩展不确定度。

当不确定度的报告以扩展不确定度 $U(y) = ku_c(y)$ 表述时，必须注明 k 值，必要时还应给出 k 值的获得方法及其相关参数，如置信概率，合成不确定度的自由度等。

至于用扩展不确定度报告测量结果的形式，原则上与用合成不确定度报告时相同，只不过将 k 换成 U 并应注明 k 值及其来历。例如，上例中 $u_c = 0.35$mg，若取置信概率 $p = 0.95$、合成不确定度的自由度 $v_c = 9$ 的 t 分布临界值 $t_{0.95(9)} = 2.26 = k$，则

$$U(y) = 2.26 \times 0.35\text{mg} = 0.79\text{mg}$$

于是，测量结果可表示为

$$m_s = (100.02147 \pm 0.00079)\text{g}, k = 2.26$$

注：k 值取自置信概率 $p = 0.95$，合成不确定度的自由度 $v_c = 9$ 的 t 分布临界值。

必要时，可给出相对扩展不确定度：

$$U_{rel}(y) = \frac{U(y)}{|y|}, y \neq 0$$

3）不确定度的数值

不确定度的数值要取得适当，其最后的有效数字最多可取两位；相对不确定度的有效数字最多也只取两位。对于化学领域，不确定度的有效数字可只取一位。

当然，对于中间运算环节，为减小舍入误差的影响，不确定度有效数字的位数可适当多取，一般多取一位即可。

4）不确定度的单位

在实际工作中，不确定度是有单位的（与被测量的测得值的单位相同，或者可用其分数单位）。当然，若用相对不确定度的形式，则是比值，单位相消。

5）不确定度的末位数

报告测量结果时，不确定度的末位数应与测得值的末位数的数量级相同。

10.8　质量控制方法

10.8.1　能力验证

能力验证是指利用实验室间比对确定实验室的校准/检测能力或检查机构的检测能力。

目前，能力验证的要求已经从实验室领域拓展到了检查领域，这也和 APLACMR001 相适应。检查机构的能力验证包括检查类型的能力验证和与检查活动相关的实验室的能力验证。

实验室的能力可以通过两种方式来进行评定。其一是由认可机构派出的评审员按照 ISO/IEC17025 标准的要求对实验室进行现场评审；其二是通过能力验证活动来评价实验室的运作。二者结合，互相补充，可以确保实验室认可工作的可信度和有效性。

能力验证也被用于对认可机构的能力的评定，特别是当认可机构寻求加入国际相互承认协议的时候。对认可机构认可的实验室参加能力验证结果的评定可以反映出认可机构对实验室能力评审的有效性。

此外，对于实验室而言，参加能力验证活动也是补充其质量控制技术的有效手段。

能力验证活动当然会受到一些因素的影响。如：方法问题、设备问题、理解问题等均会影响到检测结果。但这也正是实验室和认可机构展示其采取迅速有效的纠正行动去解决问题的能力的最佳时机。

1）能力验证的概念

能力验证，是指利用实验室间比对确定实验室的校准/检测能力或检查机构的检测能力，亦可用来验证特定校准/检测能力的持续性，还可用来识别本身可能存在的技术问题或差距并加以改进，从而使特定技术能力进一步完善和提高。另外，当有的量值的溯源尚难以或无法实现时，可利用能力验证来表明测量结果的可信性。

参加能力验证。不仅为检查机构和实验室提供了一个评价和证明其特定校准/检测能力、出具可信数据和结果的重要手段，而且为其提供了一种有效的外部质量监控方式，是特定技术能力持续性的有力旁证，也可以说是内部质量监控的一种重要补充。另外，前已提及，参加能力验证还可为检查机构和实验室提供一个寻求改进的契机。

可见，参加能力验证的良好（满意）结果，对提高实验室的威信和在市场上的竞争力、增强客户的信任度，都有明显的作用，也就成为客户选择服务对象的一个客观凭证。

就实验室认可而论，能力验证是认可机构评价检查机构和实验室特定技术能力及其持续性的一个重要手段，是评审员、技术专家进行现场评审的一种技术补充。

国际标准化组织（ISO）、国际电工委员会（IEC）编制并公布了《利用实验室间比对的能力验证》（ISO/IEC 导则 43），国际实验室认可合作组织（ILAC）、亚太实验室认可合作组织（APLAC）等国际组织也编制并公布了有关能力验证的文件（如 ILAC G13、APLAC PT001、PT002 等），中国合格评定国家认可委员会亦编制并公布了《能力验证规则》（CNAS-RL02）等文件，为能力验证提供了基本依据和原则，是开展能力验证的规范性、指导性文件。

2）能力验证的类型

根据被测物品的性质、能力验证的目的、所用的方法以及参加实验室的数目等，可将能力验证分为若干类型。其中，最基本的类型是：

（1）量值比对

量值比对，一般是将被测物品按拟定的顺序从一个实验室传送到下一个实验室作为"盲样"（未知量值），按约定的方案进行测量，并由主持实验室将各测得值分别与指定值比对，从而得出相应的结论。

注：①指定值一般由参考实验室（往往是有关测量的权威机构，如国家标准实验室）提供。

②在进行量值比对时，协调者（主持者）要关注各参加者所给出的测量不确定度的水平应相似，其置信概率通常为 95%。

③该类比对是校准实验室能力验证通常所采取的一种类型。

（2）检测比对

检测比对，一般是指从待测物品中随机抽取若干散样，同时分发给各参加实验室按约定方案进行检测，然后由协调者（主持者）求出公议值，并将各测得值分别与公议值进行比对，从而得出相应的结论。

注：①公议值通常由协调者根据各参加实验室的测得值求出（一般为算术平均值或中位值）。在检测实验室的比对中，通常是在检测水平相似的实验室间进行。

②每次比对时，提供给各参加实验室的被测物品的待测参数必须充分均匀，以免出现由于样品本身的差异可能导致的任何离群值。只要可能，对被测物品在分发前应作均匀性检验。

③该类比对能较及时地表明各参加实验室或整体组的检测能力，是检测实验室能力验证通常所采取的一种类型。

除上述两种基本类型外，还有已知量值比对、分割样品检测比对、部分过程比对以及定性比对等。实际上，这些比对都可归纳于量值比对和检测比对两种基本类型之中。

3）能力验证的评价

（1）量值比对的评价参数与准则

对于量值比对，最常用也是被国际认同的一个重要评价参数，就是 E_n。其定义式为：

$$E_n = \frac{A - A_0}{\sqrt{U_{lab}^2 - U_{ref}^2}}$$

式中　A——参加实验室的测得值；

　A_0——参考实验室的参考值（指定值）；

　U_{lab}——参加实验室所报告的测得值的扩展不确定度；

　U_{ref}——参考实验室所报告的参考值（指定值）的扩展不确定度。

注：U_{lab} 和 U_{ref} 两者的置信概率应相同（一般为 95%）。

可见，E_n 所表示的是参加实验室的测得值与参考值之差，与两者给定的不确定度的合成不确定度之比。

显然。E_n 越小越好，即参加实验室的测得值越接近参考值越好。若 E_n 的绝对值大于 1，便不能通过，因为这表明参加实验室的测得值超出了给定的不确定度范围。

若 E_n 始终保持正值或负值，则表明可能存在某种系统效应的影响。

于是，校准实验室能力验证的评价准则为：

$|E_n| \leqslant 1$，满意、通过；

$|E_n| > 1$，不满意、不通过。

如果出现 $|E_n| > 1$ 的实验室，便必须仔细查找原因，必要时，可重新进行测试。否则，便只能作出否定的结论。也就是说，此实验室的该项校准能力验证不满意，不能通过，即不具备该项校准工作的能力。

（2）检测比对评价参数与准则

评价参加实验室的检测能力，通带采用 Z 比分数。Z 比分数的一般表达式为：

$$Z = \frac{A - A_0}{S}$$

式中　　A——参加实验室对散样 A 的测得值；

　　　　A_0——散样 A 的公议值；

　　　　S——样本标准差。

为将离群值的影响降至最小，可采用稳健的统计量（如中位值、标准 IQR）的 Z_r 比分数：

$$Z_r = \frac{A - 中位值(A)}{标准\ IQR(A)}$$

式中　　　　　　Z_r——稳健 Z 比分数；

　　　　　　　　A——参加实验室对散样 A 的测得值；

　　中位值(A)——各参加实验室对散样 A 的所有测得值的中位值；

标准 $IQR(A)$——各参加实验室对散样 A 的所有测得值的标准 IQR。

注：① IQR（四分位数间距）低四分位数值（Q_L）与高四分位数值（Q_H）的摹值，即 $IQR = Q_H - Q_L$。

② 标准 IQR（标准四分位数间距）由 IQR 乘以一个因子（0.7413）所得，从而使其转换为一个标准差的估计值。

根据检测结果服从正态分布以及置信概率（一般为 95%）的设定，可得出检测实验室能力验证评价的准则：

$|Z| \leqslant 2$，满意、通过；

$|Z| \geqslant 3$，不满意、不通过；

$2 < |Z| < 3$，可疑。

所谓"可疑"，实际上也是不满意，只不过离群的程度较小而已。

10.8.2　使用标准物质

定期使用有证标准物质（参考物质）和/或次级标准物质（参考物质）进行内部质量控制是实验室内部开展自我控制的方法。由于标准物的量值或等级或名称是确定的，且经过溯源，所以，可以作为参照物。由于标准物的形式不同，所以这种方法也有定性和定量两种。

（1）标准物的种类

标准物有定量标准物和定性标准物两种。定量标准物质，如：标尺、标准化学试剂等，这类标准物质有量值，有不确定度或偏差；定性标准物质，如：参考菌株（沙门氏菌、单核细胞增生李司特氏菌等），这类标准物质只有名称或等级，没有量值。

（2）标准物的选择

标准物的量值水平、分类水平与预期的使用水平相适应。如化学标准物的含量超出实用的范围，试验结果将可能受到影响。

标准物的存在形式特别是使用时的形式或浓度水平与待测样品应尽可能一致。

标准物的使用形式如果与待测样品不一致，势必造成实验方法不同，至少是制备样品的方法不同，这样的两个实验结果中包含了由于方法不同而带来的波动，干扰了对实验质量的评价。如果样品的存在形式与使用形式不同，在形式的转化中应保证标准物定性定量性质的变化小于实验系统的波动。如微生物菌种以牛奶管的保存形式转变成悬浮液的供试形式，在转接中应保证菌种不能丢失、变异或被其他菌种污染。

标准物的使用应在其注明的有效期内，并符合贮存条件。因为某些标准物质对储存的环境条件或储存时间有比较严格的要求，随着储存时间的延长，标准物质的特性或浓度会发生变化，如有的化学物质会发生转化，生成异构体，有的化学物质会发生分解，原来的浓度水平发生变化。

供试性能随时间变化的标准物对有效期都有明确的规定，有些标准物是用使用次数规定有效期的。无论是哪种形式，使用标准物应严格限定在有效范围中，因为过了这个范围，就不能称为标准物了，误用会导致实验给出错误结论。贮存条件不符合要求直接导致标准物失效。

标准物的不确定度应与方法或客户的要求相适应，对于有量值的标准物，一般应选用其不确定度与被测物不确定度的比小于1/3。

标准物分析结果的控制限，一般以标准物中一组分的分析结果与给定参考值之差在其2倍标准差范围内判为合格。之后才开始试验：

$\left| \dfrac{x - x_{RM}}{S(x)} \right| \leqslant 2$，其中 x_{RM} 为标准物的参考值，x 为某二组分的分析结果值，$S(x)$ 为其标准差，数字 2 表示置信概率取为 95%。

若标准物质价格昂贵或供应量不足，可用次级标准物。标准物质还可用于验证操作人员、试验设备和试验条件。当参与试验的其他条件都经过验证，只有操作者没有验证过，试验的结果就是对操作者验证的结果。其他项目也相同。

10.8.3 利用相同或不同方法进行重复检测及对存留物品进行再检测

（1）方法的比较

利用相同或不同方法进行重复检测或校准及对存留物品进行再检测或再校准都是重复实验，实验的样品相同，可能不同的是实验时间和方法。

表 10-1 控制方法的比较

项　目	标准物实验	重复实验		留样再实验
		相同方法	不同方法	
实验时间	相同	不定	不定	不同
实验方法	相同	相同	不同	相同
被测样品	标准物	相同	相同	相同
操作者	相同	不定	不定	不定
实验设备	相同	相同	相同	相同
实验条件	相同	相同	相同	相同

在以上三种方法中，只有标准物实验的输入与样品实验输入完全相同，重复实验与留样再测的实验输入与样品实验的输入或多或少都有不同。由于实验输入有差异，最终会给实验结果的比较带来干扰。所以，重复实验应尽可能在实验输入相同的前提下进行。

比对测试，用通俗的方式可做以下的理解：对同一样品，采用相同的方法，由不同的检测人员进行测试，即为人员比对。而由同一人员对同一样品，采用相同的方法，在不同的时间段内进行测试，即为留样再测；由同一人员，对同一样品采用不同的方法进行测试，即为方法比对；这些比对的方法是目前检测/校准实验室最常用的质量控制手段。

（2）重复与复现

对一个经过验证的实验系统来说，实验的输入：人、机、料、法、环都是确定的，其中任何一项的改变都会给实验系统的质量带来改变，或者说，由于输入的改变而成为一个新的实验系统，重复实验应该使用相同的实验系统，由此得到的结果间的比较才有意义。所以，重复实验的操作者应与样品实验的操作者尽可能是一个人。每一个操作者都有自己的操作特点，给实验系统质量带来的影响可能不同。

于测量实验，"重复性"指：同一操作者，采用同一测量设备，同一方法，在同样条件下，多次测量同样样品的同一特性时得到的测量结果间的一致性。其反映的主要是测量设备、测量条件、测量方法的波动。在改变了的测量条件下，同一被测量的测量结果之间的一致性称为"复现性"。

当改变的测量条件是操作者，"复现性"反映的是操作者间的差异。当改变的测量条件是不同型号的同类设备，"复现性"反映的是不同型号同类设备间的差异。复现是两个测量系统间数据的比较，其方差含有组间差与组内差，重复是一个测量系统的不同次测量数据的比较，其方差是组内差。

$$S_R = \sqrt{S_r^2 + S_b^2}$$

S_R 是复现标准差；S_r 是重复标准差，也是组内标准差；S_b 是组间标准差。

从上式可以看出，复现的方差显然大于重复的方差，说明数据的离散性更大些。

如果可能，选择相同的实验方法做重复实验。总之，实验的输入越接近，实验的结果才能越少干扰地反映实验系统的质量。

10.8.4 分析一个物品不同特性结果的相关性

这种方法是样品中同时存在若干特性，特性间有确定的关系，当这些特性被实验确定后，通过考察实验结果中表现出的特性间的关系是否违背已知的关系来断定实验结果的正确性。这些相关特性间常存在因果关系。对于样品的被测性能，其他相关特性可以被看做实验条件，只是这些实验条件存在于样品中。正是因为如此，相关特性分析的方法可以用于实验条件与被测性能间的相关关系的分析。

（1）定性关系

定性样品特性的相关关系一般也是定性的，定量样品的特性间的关系也可能是定性的，定性的关系有两种，即：正相关与负相关。如：食品中致病菌的检出与防腐剂的存在成负相关，与食品营养成分的含量成正相关。当中药中检测出抑菌成分，无菌实验的结果是无效的，因为抑菌成分影响无菌检查的结果。定性样品特性间的相关关系常是这种"是"与"否"的关系。对定性特性间的关系分析不能使用统计分析方法。

（2）定量关系

定量样品特性的相关关系可能是连续的，也可能是离散的；可能是线性的也可能是非线性的；相关关系可能存在于两个特性之间，也可能存在于多个特性之间，这些特性间还可能在协同关系。

回归分析是利用样品不同特性间的相关关系预测相关特性的数值或判断实验结果的置信区间的方法，预测是判断的逆方法。步骤如下：

首先，应确定这些特性间的关系。回归分析中包括一元回归和多元回归，一元回归中又有一元线性回归和一元非线性回归。如何确定特性间的关系属于哪种函数式，一是根据专业知识，二是根据数据所画的散布图，将其与标准函数图像相比较后确定。

第二步，统计实验数据，计算出函数式的参数，给出函数式。

第三步，对相关系数做显著性检验，显著性检验的方法有两种，一是显著水平检验，常用于一元回归；二是方差分析，常用于多元回归。相关系数可以反映出相关的程度，根据相关关系的判定标准确定相关关系是否存在。不同的行业采用的显著性水平不一样，常用的显著性水平有 0.01 和 0.05，显著性水平为 0.01 的含义是：H_0 的假设被接受，落在拒绝域 W 的概率为 1％，也就是说，相关的概率为 99％。实验数据离散性大的实验常会要求显著性水平低，如：5％。相关系数的正值代表相关关系是正相关，即两个特性同升同降。相关系数为负，相关关系为负相关，即随着一个特性的升高，另一个特性降低。

第四步，根据确定的函数式预测相关特性的数值或根据已得到的实验结果判断结果的正确性。在使用相关函数式时，应注意适用范围。只有实验条件不变时，相关关系才成立。

附 录

相关标准及技术规程目录

序号	材料	标准号	标准名称
1	硅酸盐水泥	GB 175—2007/XG1—2009	通用硅酸盐水泥
2		GB/T 176—2008	水泥化学分析方法
3		GB/T 2015—2005	白色硅酸盐水泥
4		GB/T 1346—2011	水泥净浆标准稠度用水量、凝结时间、安定性检验方法
5		GB/T 750—1992	水泥压蒸安定性试验方法
6		JC/T 668—2009	水化胶砂中剩余三氧化硫含量的测定方法
7		GB/T 17671—1999	水泥胶砂强度检验方法
8		JC/T 421—2004	水泥胶砂耐磨性试验方法
9	特种水泥	GB 201—2000	铝酸盐水泥
10		GB 20472—2006	硫铝酸盐水泥
11	集料	GB/T 14684—2011	建设用砂
12		JC/T 209—2012	膨胀珍珠岩
13		JC/T 1042—2007	膨胀玻化微珠
14		GB/T 17431—2010	轻集料及其试验方法
15	活性填料	GB/T 2847—2005	用于水泥中的火山灰质混合材料
16		GB/T 1596—2005	用于水泥和混凝土中的粉煤灰
17		GB/T 203—2008	用于水泥中的粒化高炉矿渣粉
18		GB/T 18406—2008	用于水泥和混凝土中的粒化高炉矿渣粉
19		JG/T 3048—1998	混凝土和砂浆用天然沸石粉
20		GB/T 18736—2002	高强高性能混凝土用矿物外加剂
21		GB/T 20491—2006	用于水泥和混凝土中的钢渣粉
22	砂浆原材料	JC 474—2008	砂浆、混凝土防水剂
23		JG/T 164—2004	砌筑砂浆增塑剂
24		JC/T 2189—2013	建筑干混砂浆用可再分散乳胶粉
25		JC/T 2190—2013	建筑干混砂浆用纤维素醚
26	砂浆	GB/T 25181—2010	预拌砂浆
27		GB/T 20473—2006	建筑保温砂浆
28		JGJ253—2011	无机轻集料砂浆保温系统技术规程
29		GB 18445—2012	水泥基渗透结晶型防水材料
30		JC/T 984—2011	聚合物水泥防水砂浆
31		JC 860—2008	混凝土小型空心砌块和混凝土砖砌筑砂浆

序号	材料	标准号	标准名称
32		JG/T 283—2010	膨胀玻化微珠轻质砂浆
33		JC 890—2001	蒸压加气混凝土用砌筑砂浆和抹面砂浆
34		GB 23440—2009	无机防水堵漏材料
35		JC/T 985—2005	地面用水泥基自流平砂浆
36		JC 1023—2007	石膏基自流平砂浆
37		GB/T 9776—2008	建筑石膏
38		JC/T 1025—2007	粘结石膏
39		JC/T 517—2004	粉刷石膏
40		JC/T 2090—2011	聚合物水泥防水浆料
41		C/T 906—2002	混凝土地面用水泥基耐磨材料
42		JC/T 907—2002	混凝土界面处理剂
43		JC/T 986—2005	水泥基灌浆材料
44		JC/T 992—2006	墙体保温用膨胀聚苯乙烯板胶粘剂
45		JC/T 993—2006	外墙外保温用膨胀聚苯乙烯板抹面胶浆
46	砂浆	JC/T 1004—2006	陶瓷墙地砖填缝剂
47		JC/T 547—2005	陶瓷墙地砖胶粘剂
48		JC/T 1023—2007	石膏基自流平砂浆
49		JC/T 1024—2007	墙体饰面砂浆
50		JG 149—2003	膨胀聚苯板薄抹灰外墙外保温系统
51		JG/T 157—2009	建筑外墙用腻子
52		GB/T 23455—2009	外墙柔性腻子
53		JG/T 298—2010	建筑室内用腻子
54		JC/T 2084—2011	挤塑聚苯板薄抹灰外墙外保温系统用砂浆
55		GB/T 10303—2001	膨胀珍珠岩绝热制品
56		JG/T 158—2013	胶粉聚苯颗粒外墙外保温系统材料
57		JGJ 144—2004	外墙外保温工程技术规程
58		GB 50209—2002	建筑地面工程施工质量验收规范
59		JGJ 110—2008	建筑工程饰面砖粘结强度检验标准

相关企业简介

1. 瓦克化学股份有限公司

瓦克化学股份有限公司总部设在慕尼黑，产品范围包括有机硅、多晶硅、硅片、气相二氧化硅、可再分散乳胶粉、聚合物乳液、聚醋酸乙烯酯等。该公司的聚合物是全球高品质胶粘剂和聚合物添加剂的市场领导者，其业务包括建筑化学和应用于涂料、表面涂层及其他工业的功能性聚合物，以及基础化学品如醋酸衍生物等。瓦克聚合物的产品如可再分散乳胶粉、乳液、固体树脂、粉末胶粘剂和表涂树脂等广泛应用在建筑、汽车、纸张和胶粘剂行业，以及印刷油墨和工业涂料的生产。

2. 北京易隆盛兴新型建材有限公司

北京易隆盛兴新型建材有限公司位于北京市通州区漷县镇，是一家集建材研发、生产、销售于一体的专业建材企业，主营各种砂浆、外墙保温类产品、EPS装饰线条及构件等。

公司经过二十多年的经营，已拥有完整、科学的质量管理体系。通过与大专院校、科研院所的合作，不断完善产品体系，优化产品结构，拉动产业链条，发展循环经济，实现了企业的持续、快速、健康发展。

公司始终以"诚信开拓市场、科技创造未来"为宗旨，秉承"开拓、创新、诚信、奉献"的企业精神，服务于建筑市场，期待与各界朋友真诚合作，共同发展。

3. 北京名昂瑞祥科技有限公司

北京名昂瑞祥科技有限公司成立于1999年，是专业的化学建材添加剂公司。公司自成立以来始终秉承"至诚为本，至信以恒"的经营原则，服务于广大化学建材生产企业。

公司自2006年开始在全国建立了十余家销售、服务分支机构，业务遍及全国各地，为客户提供更及时便捷的服务。2009年公司与中国建筑材料科学研究总院合作成立了"特种材料研发与服务平台"，与清华大学土木工程系成立了"干粉建材技术研发平台"。共同进行产品应用的深入研究和新产品开发。

公司由一批长期从事保水剂研发与相关技术服务的业内精英组成。产品主要有：国产可分散乳胶粉、进口可再分散乳胶粉、木质纤维、聚丙烯短纤维、HPMC、聚乙烯醇等聚合物干粉砂浆中的原材料。公司要本着"以质取胜、以量求生存"的宗旨，低价位、微利润占领市场，使砂浆系列早一天实现其最好的性价比。力求在砂浆、腻子、涂料助剂方面做到全面化、多样化，争取给客户提供一站式服务。

4. 德高（广州）建材有限公司

德高（广州）建材有限公司（以下简称德高中国）创建于1998年，是全球著名的干混砂浆领导公司——法国PAREX集团在中国设立的全资企业。

经过十多年的发展，德高中国已成为中国特种干混砂浆行业的领导者之一，德高K11防水浆料、德高瓷砖填缝料、德高TTB瓷砖胶等产品以其可靠的品质深获广大用户的信赖，已成为中国市场的领导产品。

德高中国的总部设立于广州，在上海、北京、成都、武汉设立了子公司、分公司和生产基地，在福州、重庆、南京、杭州、沈阳、长沙设立了办事处，德高销售网络遍布全国。2010年法国PAREX集团（上海）全球研发中心在上海成立，它致力于重组和发展PAREX集团的防水和外墙外保温技术，同时也为德高在中国市场的高速发展添砖加瓦。

德高将秉承在中国十多年的成功发展经验，携全球先进的干混砂浆技术及服务资源，为中国的干混砂浆行业和建筑装饰业继续做贡献。

5. 凯诺斯铝酸盐技术有限公司

凯诺斯公司的前身是拉法基（Lafarge）特种材料公司。2006年公司更名为凯诺斯铝酸盐技术有限公司。从其前身算起，公司至今已有一百多年的历史。

凯诺斯是高度全球化的特种材料产品生产和技术服务商，在五大洲均有工厂、研发中心和销售网络。它既有全球化的产品，也有满足当地特殊要求的本地化产品。在各个应用领域，凯诺斯的产品都因性能优异和质量稳定成为市场的标杆产品和客户的首选。公司的中国总部设在北京，工厂设在天津、郑州和贵州，其亚洲研发中心也坐落在天津泰达经济技术开发区。

凯诺斯（中国）铝酸盐技术有限公司，是制作高性能浇注料用铝酸盐结合剂的世界主导厂商，具有近百年的生产历史。世界范围分布的八个工厂全部按照 ISO 9002 标准生产运作。优异的工业化生产保证了产品的高品质和高稳定性。

投资建立在中国天津的现代化工厂凯诺斯（中国）铝酸盐技术有限公司，于 2001 年初正式投产，是一个拥有世界先进技术和设备的工厂。主导产品铝酸盐水泥（矿物结合剂）SECAR71，用于高性能不定型耐火材料的制造，服务于钢铁、石化和建材等行业的高温窑炉。不仅供应中国市场，还销往亚洲其他市场。公司采用最先进的技术并遵守最严格的国际环境和安全标准，于 2003 年 5 月获得 ISO 9001：2000 质量管理体系认证；于 2004 年 3 月获得 OHSAS 18000：1999 职业健康安全管理体系认证；于 2006 年 5 月获得 ISO 14000：2004 环境管理体系认证。

凯诺斯铝酸盐公司的水泥产品同样被广泛应用于干混砂浆中，诸如自流平、瓷砖胶粘剂、勾缝剂、修补砂浆等，主要产品型号有：Ciment Fondu，Ternal White，Ternal CC，JC81，2013 年产量超过 12 万吨，成为全球客户优选的铝酸盐水泥供应商。

6. 山东迈瑞克新材料有限公司

山东迈瑞克新材料有限公司成立于 2011 年 7 月，坐落在菏泽市牡丹区皇镇，占地 260 亩，一期投资 1.5 亿元。公司致力于成为建材添加剂的优秀供应商，主要提供建材级纤维素醚和可再分散乳胶粉系列产品，并为产品应用提供相应的技术支持。公司产品的主要使用范围是建筑节能，顺应了国家"十二五"规划中的低碳、节能减排、资源节约、再生能源的产业潮流，产品具有巨大市场前景。

作为国内最大的建材用纤维素醚生产企业之一，山东迈瑞克新材料从建立之初就专心致力于纤维素醚的研发与生产，开发适合国内施工习惯及市场要求的产品。公司有三个系列的纤维素醚产品。

标准级产品 Atocell N 系列产品：

低改性的通用型产品，适用于多种砂浆产品，该系统产品对多种砂浆产品都有合适的解决方案，更多着眼于砂浆对高温环境的适应性、对保温砂浆中轻质填料的包裹能力、对薄层施工材料的可操作时间及砂浆产品的早强、润湿能力、开放时间等。

功能性产品 Atocell M 系列产品：

中等改性的功能型产品，更多地关注于产品的综合性能，如砂浆的早期强度、优异的操作性能和快速增稠能力。

高改性产品 Atocell C 系列产品：

适用于多种砂浆产品的功能型产品，显著地提高砂浆的抗下垂、抗流挂能力，改善泵送性、润湿性，开放时间及可操作性能。

7. 江苏兆佳建材科技有限公司

1999 年，苏州鑫龙化学建材有限公司成立，专业生产三聚氰胺类高效减水剂，是国内生产该类产品较早的厂家。经过八年的发展，在 2007 年，为了扩大生产规模，成立徐州市兆佳建材科技发展有限公司，将徐州作为生产基地，苏州为销售总部。产品包括可再分散乳胶粉、三聚氰胺类高效减水剂、聚羧酸减水剂。达到年产可再分散乳胶粉 8000 吨（其中单塔生产能力 4500 吨），聚羧酸减水剂 10000 吨，SM 高效减水剂粉剂 3000 吨。在同行业中，处于先进水平。2012 年，公司改名为江苏兆佳建材有限公司，产品更加丰富，新增上线产品有有机硅憎水剂、保水触变剂等。

兆佳引进了国外全套先进生产和检测设备，并组建了兆佳新型建筑材料研发中心。兆佳企业采用先进的检测仪器，产品检测设备齐全，研发人员充足，为客户提供不同产品的各项性能检测。不断开发新产品，提升产品质量，保证产品质量稳定，提供质量优异、价格合理的产品，使干粉砂浆企业在行业竞争中具有技术和价格的双优势。

兆佳以苏州为销售总部，在国内拥有 20 多家经销商，产品销售覆盖全国，以高品质占领国内市场的制高点，并不断开拓国外市场，产品远销中东、欧洲、美洲等地，2014 年，兆佳企业销售额将超过一亿元，位于国内同行企业前列。

公司产品有：可再分散乳胶粉、聚羧酸高效减水剂、SM-F 高效减水剂、纤维素醚 HPMC、ZJ-KM 保水触变剂、有机硅憎水剂和石膏缓凝剂。

8. 阿尔博波特兰（安庆）有限公司

阿尔博波特兰于 1889 年在丹麦创立，至今已有 100 多年的历史。除丹麦本土公司外，阿尔博公司拥有的白水泥生产子公司分布于美国、埃及、马来西亚和中国等国家和地区。

阿尔博波特兰集团隶属意大利水泥集团-萨门特控股公司，其业务遍布全球 14 个国家，雇员 3300 余人，年销售额达 9.89 亿欧元。到 2009 年底，集团实现年产量 300 万吨白水泥，并以此占据全球 23％的市场份额。除生产白水泥外，在北欧地区，阿尔博波特兰还生产和销售普通波特兰水泥和干拌混凝土。

阿尔博波特兰（安庆）有限公司（APAQ）成立于 2004 年 11 月，隶属于阿尔博波特兰集团。工厂地处安徽省安庆市，水路、陆路和铁路交通便利。公司拥有丰富的原料资源和精良的技术装备。APAQ 讲道德有诚信，注重质量管理，严格监控生产过程，于 2011 年获得 ISO 9001：2008 认证。公司致力于为客户提供质高价优产品的同时，也着力于为客户提供个性化的服务，全方位满足顾客的需求。APAQ 同时在上海、北京、广州与成都设有销售办公室，在广州办与成都办设有仓库。

公司目前主要生产和销售 P·W 52.5 级白水泥（阿尔博牌）、P·W 32.5 级白水泥（仙鹿牌）和外墙饰面白水泥（仙鹿牌）。APAQ 的新生产线已于 2009 年 11 月正式投产，年产量为 72 万吨白水泥。以此成为亚洲大规模的白水泥制造商。

9. 北京华信高技术公司

北京华信高技术公司是建筑材料工业技术情报研究所在北京注册登记的全民所有制高科技企业，已获得北京市科学技术委员会《高新技术企业证书》和《科技企业证书》。

公司位于中国建筑材料科学研究总院内，是建筑工程材料与技术的服务中心。公司携手中国建筑材料科学研究总院、建筑材料工业技术情报研究所的一批科技人员、专家和顾问，为客户提供技术服务、工程服务和咨询服务。

公司业务范围：建筑材料与工程服务，高技术产品开发经营。

公司主要业务：混凝土外加剂及应用技术、矿山采空区充填材料及应用技术、普通砂浆、特种砂浆、泡沫混凝土保温板、建材技术与项目咨询。

参 考 文 献

[1]　朱立德. 有机硅类防水粉剂在干混砂浆中的应用及其防水机理探讨 [D]. 武汉理工大学硕士论文. 2009.

[2]　王稷良，周明凯，朱立德等. 机制砂对高强混凝土体积稳定性的影响 [J]. 武汉理工大学学报，2007，29（10）：20-24.

[3]　陈明辉，Stadtmüller S，朱立德，孙立群，赵青林. 外墙外保温面层体系用防水抗裂砂浆性能实验研究 [J]. 新型建筑材料. 2008，（11）：63-67.

[4]　Zhao Qinglin, Zhu Lide, Li Lei, etal. Chinese steel slag for dry-mix mortar [J]. Cement Lime Gypsum, 2008, 61（2）：77-86.

[5]　朱立德，赵青林，李磊等. 不同防水粉剂对干混砂浆防水性能的影响 [G] //王培铭，张承志. 商品砂浆的研究进展. 北京：机械工业出版社，2007：190-195.

[6]　杨斌，张永明，朱立德等. 干混砂浆及其试验方法标准汇编（上下册）[M]. 中国建材工业出版社，2013.

[7]　朱立德，孙东娟，陈晶. 纯丙烯酸乳胶粉在自流平砂浆中的性能实验研究 [J]. 新型建筑材料，2010，（5）：12-15.

[8]　陈晶. 可控性低强度材料的研究进展 [J]. 商品混凝土，2012，（12）：31-34.

[9]　Zhao QL, Ying GL etc. Trockenmörtel in China. Dry-mix mortar in China [J]. In：ZKG International 2007，60（12）：85-95.

[10]　赵青林，何涛，陶方元，郭王欢，周明凯. 温轮胶对高性能灌浆料流变性能的影响 [G] //第七届高强与高性能混凝土会议论文集. 沈阳，2010：263-270.

[11]　何涛，赵青林，徐奇威，刘源强. 不同外加剂对水泥基灌浆材料流变性能影响 [J]. 硅酸盐通报. 2010，29（3）：728-733.

[12]　Zhao Q L, He T, Zhu H B, Zhu X X, Zhou M K. Research on the Rheological Properties and the Strength of Stabilized Sand of Grouting Materials under High W/C Ratio [A]. In：18. internationale Baustofftagung：Tagungsbericht [C]. 2012. 09, in Weimar Germany（印刷中）.

[13]　赵青林. 冶金渣碱活性及其抑制碱集料反应的研究 [D]. 武汉理工大学博士论文. 2006.

[14]　赵青林，李北星. 生态干混砂浆 [M]. 北京：化学工业出版社，2012.

[15]　王培铭. 纤维素醚和乳胶粉在商品砂浆中的作用 [J]. 硅酸盐通报，2005，（5）：12-16.

[16]　王栋民，张琳. 干混砂浆原理与配方指南 [M]. 北京：化学工业出版社，2010.

[17]　王培铭. 干粉砂浆添加剂选用 [M]. 北京：机械工业出版社. 2005.

[18]　王培铭，张国防. 干混砂浆的发展和聚合物干粉的作用 [J]. 中国水泥，2004，（1）：45-48.

[19]　Stark J, Wicht B. Zement und Kalk：der Baustoff als Werkstoff [M]. Berlin：Birkhauser, 2000.

[20]　本斯迪德（Bensted J），巴恩斯（Barnes P）编；廖欣译. 水泥的结构与性能 [M]. 北京：化学工业出版社，2008.

[21]　Plank J. Bauchemie. In：Zilch K, Diederichs C J, Katzenbach R（Eds.）. Handbuch für Bauingenieure（Technik, Organisation und Wirtschaftlichkeit）[M]. Heidelberg：Springer-Verlag, 2012：158 - 199.

[22]　Plank J, Stephan D, Hirsch Ch. Bauchemie. In：Dittmeyer R, Keim W, Kreysa G, Oberholz A

（Eds.）. Winnacker-Küchler：Chemische Technik-Prozesse und Produkte［M］. Band 7 （Industrieprodukte），Weinheim：Verlag Wiley-VCH，2004：1-168.

［23］ Plank J. Trends and Technologies in the Global Dry-Mix Industry［R］. 第三届全国商品砂浆学术交流会会议报告. 中国武汉，2009.

［24］ Plank J. Applications of biopolymers in construction engineering. In：Steinbüchel A（Eds.）. Biopolymers［M］；Vol 10，General aspects and special applications. Weinheim：Wiley-VCH，2003：29-95.

［25］ Plank J. Applications of biopolymers and other biotechnological products in building materials［J］. In：Applied Microbiology and Biotechnology，2004，66：1-9.

［26］ 马保国，朱艳超等. 外墙外保温抗裂砂浆的抗裂技术研究［A］. 王培铭，张承志. 商品砂浆的研究进展，北京：机械工业出版社，2007：207-212

［27］ 史保欣等. 羟丙基甲基纤维素醚的制备［J］. 河北化工，1991，（2）：6-8.

［28］ 章银祥等. 铁尾矿砂干拌砂浆的性能及其生产技术的研究［J］. 中国砂浆，2008，（1）：17-19.

［29］ 王惠明，陈晓龙，陈集阳，赵波. 聚苯颗粒保温浆料性能影响因素分析［J］. 新型建筑材料，2007，（4）：37-40.

［30］ 胡曙光，王涛，王发洲. 膨胀剂对 CA 砂浆依时变形特性的影响. 西南交通大学学报 2008，43（3）：341-345.

［31］ 曾兴华. CRTS-Ⅱ型板式轨道 CA 砂浆的配合比设计及其性能研究［D］. 武汉理工大学硕士论文. 2009.

［32］ 王新民，薛国龙等. 干粉砂浆百问［M］. 北京：中国建筑工业出版社，2006.

［33］ 沈春林. 聚合物水泥防水砂浆［M］. 北京：化学工业出版社，2007.

［34］ 张国防，王培铭，吴建国. 聚合物干粉对水泥砂浆体积密度和吸水量的影响［J］. 新型建筑材料，2004（2）：29-31.

［35］ 国家认证认可监督管理委员会认证认可技术研究所. 实验室资质认定和认可内审员培训教程. 2013.

［36］ Guide to the Expression of Uncertainty in Measurement，first edition 1993，corrected and reprinted 1995，《测量不确定度的表示指南》Internation for Standardization（Geneva witzerland）.

［37］ International Vocabulary of Basic and General Terms in Metrology，second edition，1993，《国际通用计量学基本术语》International Organization for Standardization（Geneva，Switerland）.